新能源开发与利用丛书

寒冷气候下的风电机组
结冰影响与防治系统

[意] 洛伦佐·巴提斯蒂 （Lorenzo Battisti） 著

孙 羽 范守元 朱向东 等译

机械工业出版社

本书旨在解决在寒冷气候下风电机组运行的关键问题,着重阐述结冰机理,分析其影响以及介绍防治措施,主题涵盖寒冷气候对风电机组设计和运行的影响、风电机组结冰的相关特点、覆冰叶片的气动性能、结冰过程、防冰系统等。本书包含了丰富且细致的科学分析以及与流体动力学和热力学有关的计算和实例,还给出了实用的分析模型和数值模型,用于计算结冰影响和设计评估。

本书可作为风电行业的工程技术人员通用的设计指南和实践手册,也可供相关专业的教师和学生阅读参考。

Translation from English language edition:

Wind Turbines in Cold Climates: Icing Impacts and Mitigation Systems

By Lorenzo Battisti

Copyright © Springer International Publishing Switzerland,2015

This edition has been translated and published under licence from Springer Nature Switzerland AG.

北京市版权局著作权合同登记 图字:01-2020-5832号。

图书在版编目(CIP)数据

寒冷气候下的风电机组结冰影响与防治系统/(意)洛伦佐·巴提斯蒂(Lorenzo Battisti)著;孙羽等译. —北京:机械工业出版社,2021.12

(新能源开发与利用丛书)

书名原文:Wind Turbines in Cold Climates:Icing Impacts and Mitigation Systems

ISBN 978-7-111-69378-9

Ⅰ. ①寒… Ⅱ. ①洛… ②孙… Ⅲ. ①风力发电机-发电机组-防冰系统-研究 Ⅳ. ①TM315

中国版本图书馆 CIP 数据核字(2021)第 214614 号

机械工业出版社(北京市百万庄大街22号 邮政编码100037)
策划编辑:吕 潇 责任编辑:吕 潇 舒 宜
责任校对:刘雅娜 郑 婕 封面设计:马精明
责任印制:张 博
涿州市京南印刷厂印刷
2022 年 1 月第 1 版第 1 次印刷
169mm×239mm·18.25 印张·8 插页·412 千字
0 001—1 600 册
标准书号:ISBN 978-7-111-69378-9
定价:139.00 元

电话服务　　　　　　　　网络服务
客服电话:010-88361066　机 工 官 网:www.cmpbook.com
　　　　　010-88379833　机 工 官 博:weibo.com/cmp1952
　　　　　010-68326294　金 书 网:www.golden-book.com
封底无防伪标均为盗版　机工教育服务网:www.cmpedu.com

译者名单

（按汉语拼音排序）

陈冬梅　范守元　付剑波　刘　宇　路永辉
宁德正　宁海涛　潘基书　卿　山　施　宏
孙　羽　仝旭波　王斯伟　姚凯旋　尹鸿儒
张怀孔　张亚军　周　丰　周　倩　朱向东

译 者 序

在 2020 年召开的第七十五届联合国大会上，中国向世界郑重承诺力争在 2030 年前实现碳达峰，努力争取在 2060 年前实现碳中和。发展可再生能源是应对气候变化的重要途径，也是推动能源低碳转型的主要措施。

风能是一种取之不尽、用之不竭的可再生能源。大力发展风电产业是中国碳中和伟大愿景达成的途径之一。我国风能资源主要集中在冬季气候寒冷的三北（东北、西北、华北）地区和湿度较大的东南沿海地区。在低温潮湿的环境下，风电机组叶片存在严重的冰冻问题。叶片覆冰会影响叶片的空气动力学轮廓，引起在役机组的附加载荷与额外振动，降低叶片及机组的使用寿命，导致机组故障，降低风电场的发电量，甚至形成低效资产。冰冻往往造成风电机组过载运行，甚至造成局部破损或整体坍塌。由此可见，冰冻问题已成为制约寒冷地区风电产业发展的重要因素。

举一纲而万目张，解一卷而众篇明。本书是意大利特伦托大学 Lorenzo Battisti 教授在风电技术方面多年的研究和教学工作的积累。Lorenzo Battisti 教授将理论和实际应用紧密结合，致力于解决寒冷气候下风电机组运行的关键问题，着重于对结冰机理及其影响的分析以及防治措施的研究与应用，主题涵盖寒冷气候对风电机组设计和运行的影响，风电机组结冰的相关特点、结冰过程、防冰系统等。本书内容翔实、取材新颖，是一本较全面介绍当前风电机组覆冰问题的著作。译者将本书翻译成中文，供从事风电行业的工程技术人员参考。

本书由孙羽、范守元、朱向东、刘宇、宁海涛、姚凯旋、仝旭波、尹鸿儒和施宏等翻译，由孙羽、范守元和朱向东负责全文修订和统稿。感谢中国能源建设集团云南省电力设计院有限公司、金科新能源有限公司、华能新能源股份有限公司云南分公司和昆明理工大学有关领导的大力支持，以及付剑波、路永辉、宁德正、张怀孔、潘基书、王斯伟、周丰和卿山等行业资深专家从不同角度给予的关心和指导。

本书所涉及的专业领域很广，由于译者的水平和能力所限，对部分技术理解不一定全面，所以难免有纰漏和不足之处，敬请读者批评指正。

译　者
于昆明

原 书 序

本书涵盖了寒冷气候下风电机组的大部分工程问题，尤其是针对结冰的分析及其缓解方法进行了介绍。近年来，风电机组结冰以及预测其对载荷、控制系统、电力生产等方面影响的研究正日益得到重视。结冰分析和防冰、除冰系统的研究和开发是典型的多学科交叉领域，它涉及气象学、空气动力学、传热学和冰物理学、风电机组运维、经济学、制造产业链以及相关规范和法规等。

寒冷气候下的恶劣环境可能降低风电机组的可利用率。极端事件会造成附加载荷、损坏和突发故障。空气密度的变化（低温、高海拔）会影响风能利用率，并对控制策略产生重大影响。低温同样会影响材料的物理性能和电子元器件的正常工作。结冰还能引起更高的载荷、疲劳、振动和能量损失。为了减轻这些影响，通常需要增设相关辅助设备（防冰和除冰系统）。

尽管航空业对结冰的危害进行了大量的研究工作，但是关于风电机组结冰的研究却很少。大多数情况下，研究人员不得不使用当初为飞机开发的相关方法来处理这些问题。风电机组结冰问题现场观测和公开报告的缺乏使得这些模型的确定和调整收效甚微。风电机组通常不会受到严密监控，而且很难将偶尔的电力损失或一般故障与结冰事件联系起来。结冰情况下功率曲线的衰减虽偶见报道，但很难从业主或制造商那里获得与结冰有关的气象数据，更别说获取与导致功率下降有关的叶片冰粗糙度的信息了。

如本书第3章中案例所示，有关飞机典型机翼（也用于风电机组叶片）的经验表明，大约1m的弦翼前缘有2～5mm的覆冰，会导致最大升力系数下降20%～50%，空气动力效率降至80%。类似情况也会导致风电机组气动效率的大幅下降。

另一个问题是对失速的预测，这不利于控制系统的控制计划，以及覆冰在叶片上不均匀生长导致的质量不平衡。然而，从经济性角度来看，为风电机组安装防冰、除冰系统并不总是经济的。轻微的覆冰对风电机组的影响通常较小，当覆冰较严重时可以选择停机。这些控制策略对可靠而有效的覆冰检测提出了新的要求，这是当前技术发展中一个新的、颇具挑战性的领域。

为阐释这些涉及面较广的问题，作者决定从系统说明的角度来介绍，并提供必要的工程工具。在各个章节中提出的理论已经被简化为易于实施的模型和方法，而不是指向单个问题的详细的数值解决方案。

尽管如此，在必要时对某些环节使用有限元和有限差分模型进行处理，这可以作为更复杂分析的基础。尽管进行了这些数值分析，但仍注重于提供有助于工程实践的相关工程结论。

作者以该领域近十余年的研究为基础，收集了在相关会议演讲、论文、博士课题和相关课程中介绍的一些相关成果编写本书。并且，本书是作者在2004年至2009年期间在位于Lyngby（DK）的丹麦技术大学开设的风能硕士课程的扩展和补充。

Lorenzo Battisti

2014年8月于特伦托

原 书 前 言

本书分为 5 章, 每一章都对相关理论和基础知识进行了简要的讲解。本书在流体动力学和热力学等方面进行了大量分析, 提供了许多计算示例和案例, 最后采用手册的形式, 介绍了将科学分析转化为适合于一般设计任务的技术手段。

第 1 章, 在介绍寒冷气候的特征和类型的基础上, 对安全利用风能所需要的特殊设备进行了综述, 并对当前全球的风能开发进展进行了统计和回顾。然后, 分析了在风电机组设计和风电场开发过程中经常容易被忽略的一个问题, 即海拔对内陆风电场的影响。例如, 偏离标准空气密度会对功率曲线和载荷产生一系列影响, 如果不采取相应措施, 叶轮将会出现低效甚至断裂的情况。最后, 介绍了海上结冰, 简要介绍了结冰条件下的作业问题, 并举例说明了结冰与发电量降低的相关性问题。

第 2 章具体论述了结冰对风电机组的影响, 讨论了常规的覆冰特点、风电机组上的覆冰生长模型、冰的检测和冰传感器的应用等。在对海拔 2000m 设置的一个风观测站分别利用加热和不加热的风速计, 研究直接结冰和结冰的持续现象的基础上, 提出了一种计算全年结冰天数的简单方法。回顾和探讨了相关短期预测方法, 进一步提出了一种基于概率的方法来对覆冰进行评估。覆冰叶片的甩冰问题涉及人员和设施的安全, 该章介绍了采用基于蒙特卡罗方法的专用模型对甩冰风险进行的研究。最后, 通过借助盈亏平衡分析模型对采用和不采用防冰系统的经济性问题进行了介绍, 该分析模型可评估投资可行的最小结冰天数。

第 3 章分析了覆冰对叶片气动性能的影响。在详尽回顾和讨论现阶段研究成果的基础上, 阐述了叶片冰污染面的空气动力学特征。接着, 根据对边界层和空气动力学的影响, 对覆冰的类型进行了分析和分类。为了弥补该领域系统研究的巨大空白 (缺乏对该问题的通用评估), 提出了一种更具一致性的覆冰形状分类方法, 并将其应用于风电机组功率曲线衰减的定量评估中。介绍了基于 WT - perf BEM 模型开发的一个用于预测覆冰机组功率曲线的模型, 以及通过对 Flex - 5 模型的修改, 完成对气动弹性载荷影响的分析。为解决缺乏叶片上真实情境下的冰形态和冰质量数据的问题, 引入了任意覆冰水平和覆冰概率的概念, 用于在实际结冰环境中对风电机组的影响进行评估。

第 4 章介绍了对水滴撞击和冰形成机理的物理过程的模拟, 从离散化、外部流场、温度场及湿度等方面进行了分析, 相关结论为防冰或除冰系统的设计提供了理论基础。结冰过程从热流体动力学的角度进行论述, 其目的不仅是要说明雨凇的生长过程，而且是提供一种确定水滴质量、撞击极限以及表面过程中涉及的热动力学的方法，因为设置防冰系统的初衷是为了保持叶片表面洁净无冰。在固定柱体的情况下，液滴轨迹的通用理论包括零攻角和非零攻角的碰撞率计算。提出并讨论了静止和转动叶片工况对冲击水滴进行计算的差异，并对 NACA 44 × × 翼型的 Tjærborg 叶轮进行数值计算。最后，对适用于风电机组的相关结论进行了总结。该章从冰冻组分的概念出发，分析了结冰的质量平衡和热流体动力学过程。借助能量守恒和质量守恒方程，提出并解析了结冰和防冰系统设计等相关问题。

第 5 章对主要的防冰系统（IPS）进行了分类和阐述，提出了 IPS 评估程序。在此基础上，介绍了 IPS 概念并进行了系统比较。讨论了现有风电机组 IPS 的优缺点。对气动 IPS、微波技术、低附着力涂层材料、间歇式（循环）热气体加热技术、废热回收加热防冰系统、气膜加热技术等新兴技术进行了综述，并借助一些简单的计算对各系统的性能进行了比较，提出了 IPS 能量效率的概念，给出了综合能量效率的评估模型。

第 5 章还在前 4 章的基础上，详细设计了一种热风防冰方案，对叶片的几何离散化、热动力学模型和共轭传热模型进行探讨，给出了相关计算结果和简化设计方法。

目　录

第1章

寒冷气候对风电机组设计和运行的影响

摘要：

本章介绍了寒冷气候的特征，对在寒冷地区安全开发风力发电系统所需的特殊设备及其应用情况进行了综述。分析了海拔对陆上风电场的影响。对于寒冷地区的风电场，在风机设计或风电场开发中，某些因素通常被忽略，如偏离标准空气密度对功率曲线和载荷都会产生一系列影响，若不采取相应措施，风机将出现性能不佳和结构失效的状况。本章还描述了近海冰冻的情况，简述风机在冰冻条件下的运行问题，特别提出在冰冻条件下的运行策略和专用设备，并就其对年发电量的不利影响进行说明。

1.1 引言

目前，寒冷地区的风能开发利用很有价值，比如东欧、北欧、北美和亚洲的高纬度地区等。近年来，在山区安装了大量的风电机组。随着风电机组和风电场数量的增加，风电机组的故障和维护次数也不断增加，因此寒冷气候对风电场运行影响的研究需求也随之增加。如图1.1所示，风电场分类为常规风电场和非常规风电场，寒冷气候风电场是非常规风电场的一类。

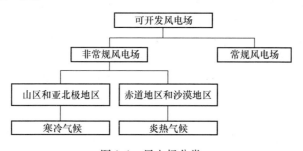

图1.1 风电场分类

常规风电场是指位于开阔和多风地区的场地，其特点是气候温和，实际气象数据全面，在风机附近没有障碍物。选址时需综合考虑能源生产水平、接入系统条件和与居住区的距离。

非常规风电场指的是在气候恶劣地区，风机在极端的环境条件下运行，需要特殊辅助设备才能安全连续地运行的风电场。

对于非常规风电场，本书主要关注寒冷的气候条件，具有下列特点：

1）一年中大部分时间空气温度 $T_a < 0℃$。

2）地形条件复杂。

3）场地海拔在 800m 以上。

4）近地面多云。

5）湿度大。

6）极端条件（强湍流、极端阵风、冰雹、闪电等）。

除了全年大部分时间的平均气温低于 0℃ 外，潮湿的环境还会使风电场建构筑物表面形成覆冰。一般而言，冰冻是指由于水的凝结和沉降引起的大气结冰，包括静止和运动部件上累积的覆冰，进而改变其流体动力学特性，增加覆冰部件重量。

《GL 风力发电准则和指南》（即 GL Wind）将低温定义为小时平均温度低于 −20℃（该温度在风电场中超过 9d）或年度平均温度低于 0℃[1]。关于风电机组的特性，该准则指出：如果现场温度在每天中保持低于 −20℃ 达到 1h 或更长时间，则满足低温标准。在这种情况下，须对风电机组进行特殊设计以适应寒冷气候条件。

国际能源署《寒冷气候中的风能》的附件 XIX 将寒冷气候定义为：在有结冰事件或者气温低于标准风电机组运行极限的场景[2]。

关于寒冷气候区域特征的可靠数据检索仍然是至关重要的。多年来，相关研究根据不同的标准编制了一份结冰地图清单，尽管有一些站点的平均温度和霜冻地图［在图 1.2 中给出了欧洲和北美洲 1 月平均最低温度（1961—1990 年）和平均霜冻日数］，但在寒冷地区风电场初步设计中，可用于评估冰冻严重程度的信息仍十分有限。气象领域常用的结冰评价方法具有一定的实用价值，但尚未得到充分重视，在预测风机零部件结冰严重性方面帮助有限。

结冰预报的最常用方法是将气象信息与覆冰增长模型结合起来。前者来自数值气象模型或气象站的测量数据分析，后者使用 Makkonen[3] 覆冰增长模型，该模型以长 50cm 的自由旋转圆柱体（直径 3cm）作为研究对象。该模型最初是为架空电力线路上的结冰而开发的（此模型的导线等效为旋转的覆冰圆柱体，参考 ISO 12494：结构上的大气结冰[4]）。该模型很难扩展到模拟旋转的风机。如本书各章中所述，主体（即叶片）的维度以及水滴的相对尺寸和相对速度均会影响覆冰。目前尚无成熟的模型可以将圆柱上建模的冰载荷转换为风机叶片上的冰载荷。对寒冷气候下风电场的安全设计，尽管冰冻分布图有利于评估结冰条件，但仍有必要直接测量模型中的结冰参数。

尽管如此，以下寒冷气候地区仍有一定开发潜力：

1）局部高风速点。

2）部分陆上可开发区域（即亚北极地区、中国局部、俄罗斯、芬兰、加拿大、寒冷的沙漠地区）。

3）资源可用区域（即高山地区）。

4）低密度居住区（与安全有关）。

1961—1990年1月平均最低气温/℃

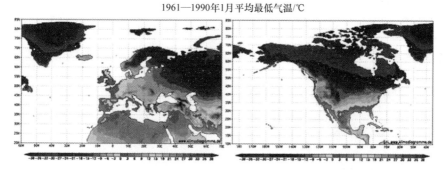

1961—1990年1月平均霜冻日数/d

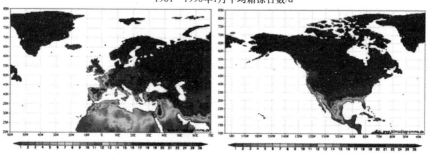

图1.2 欧洲和北美洲1月平均最低温度（1961—1990年）和平均霜冻日数
（来源：www.klimadiagramme.de）（附彩插）

1.2 寒冷地区的风电机组

大多数潜在的寒冷气候场址位于开阔的森林地带，平均风速高于7m/s。总储量约是建设条件较好的近海场址的10倍（基于未发布的相关评估）。场址主要位于瑞典、芬兰、挪威、冰岛以及其他欧洲多山的国家和地区（法国、奥地利、瑞士、列支敦士登、意大利、德国、斯洛文尼亚、罗马尼亚、斯洛伐克、乌克兰、匈牙利、塞尔维亚、黑山和苏格兰）、北美洲（加拿大、美国），亚洲（中国、印度、尼泊尔和不丹）、南美部分地区。

根据国际能源署《寒冷气候中的风能》（Task19）的统计数据，位于北美洲（加拿大）和亚洲（中国北部和俄罗斯）的寒冷气候中的风电装机容量在2008年底达到3GW，到2011年底达到10GW，此时全球风电装机总容量为239GW。表1.1列出了部分国家的风电装机容量和在寒冷气候下的容量（主要是陆上风电场）。

表 1.1 部分国家的风电装机容量[5]和在寒冷气候下的容量[6]

国家	装机容量/MW		
	2010 年	2011 年	2012 年
芬兰（寒冷气候地区）	197（194）	197	288
挪威（寒冷气候地区）	436（48）	520	715
瑞典（寒冷气候地区）	2163（124）	2798	3745
德国（寒冷气候地区）	27191（1000）	29075	31332
加拿大（寒冷气候地区）	4008（1823）	5265	6200

北欧的大气结冰在很大程度上是一种区域现象。芬兰、瑞典和挪威的所有风电场都存在结冰现象，但不同地区的结冰气候差异很大。尽管如此，风电仍是瑞典增长最快的行业之一，到 2012 年底，瑞典风电装机容量达到了 3745MW。在挪威，风电装机已增长到 715MW（2012 年），大部分风电场建在有很大覆冰风险的地区，部分公司有相应的解决方案。芬兰在 2011 年底和 2012 年底的风电装机容量分别为 197MW 和 288MW。与其他欧洲国家相比，芬兰的风电装机容量较低，但预计会有新的项目（其中一些项目计划建设在该地区的北部），这得益于可再生能源发电的长期补贴。

加拿大大部分区域均为寒冷气候，最好的风能资源往往位于重冰区。实际上，在这些地区有许多偏远的社区（即未连接到电网）完全由柴油发电机供电。相关政府、部门和企业目前正致力于在这些地区建设风电场。在德国沿海地区、北部平原和低地地区，观测并发布了大气结冰情况。

1.2.1 阿尔卑斯山地区的风电机组

图 1.3 所示为截至 2012 年的阿尔卑斯山地区风电场分布图。在阿尔卑斯山地区的欧洲国家中，奥地利和瑞士是最早投资开发山地风电的国家。到 2002 年底，瑞士的风力发电装机容量达到了 5MW。

瑞士联邦能源办公室（SFOE）和瑞士风能促进协会（Suisse Eole）在中高海拔地区规划部分有开发价值的场址，拟采用现代化大中型风电机组，到 2010 年达到 80MW 的装机容量。

欧洲最高的风电场位于瑞士境内的阿尔卑斯山脉，靠近 Andermatt，海拔 2350m。该公司拥有 3 台 Enercon 风电机组，1 台 600kW 的 E40（2004 年安装），2 台 900kW 的 E44（2012 年安装），年发电量超过 400 万 kW·h。这是世界上最早的叶片防冰试点风电场之一，所有风电机组都配备了叶片防冰系统。瑞士最大的风电场海拔 1100m，位于伯尔尼侏罗阿尔高山地区的克罗斯山，包括 16 台 Vestas 风电机组（600kW ~ 2MW），年发电 4500 万 kW·h。此外，该风电场已经成为一个著名景点，吸引成千上万的游客前往风电场观光，风电场内设有向游客提供有关能源相关主题信息的设施，特别是太阳能和风能的信息。瑞士进行了相应研究，制定了山区风能开发指南并绘制覆冰分布图，以评估结冰风险。

奥地利从 1994 年开始开发风能，表 1.2 所示为 2010—2012 年意大利和瑞士的风电

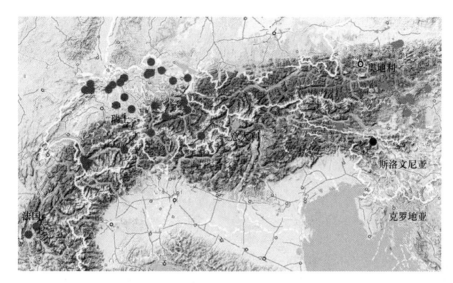

图 1.3　截至 2012 年的阿尔卑斯山地区风电场分布图（附彩插）

注：瑞士（红点）、奥地利（橙点）、意大利（黄点）、法国（绿点）和斯洛文尼亚（蓝点）。

装机容量比较。目前其大部分风电场位于东部平缓山坡或低洼地区，近年来高寒地区风电场数量日益增长。奥地利的 Tauernwindpark Oberzeiring 风电场是欧洲海拔最高的风电场（海拔为 1835m），装机容量超过 20MW。

意大利在阿尔卑斯山地区有一些风电场，更多风电场则位于亚平宁山脉。尽管位于亚平宁山脉中部和南部的山脊上的风电场海拔相对较低，但受到亚得里亚海和第勒尼安海的冷空气影响，覆冰更为严重。

表 1.2　阿尔卑斯山地区部分国家的风电装机容量[5,6]

国家	装机容量/MW		
	2010 年	2011 年	2012 年
奥地利（寒冷气候地区）	1014（200）	1084	1378
意大利（寒冷气候地区）	5797（3）	6737（3）	8124（3）
瑞士（寒冷气候地区）	42（35）	46	52

1.2.2　潜在可开发区域

根据丹麦 BTM 咨询公司 2012 年短期预测（2012—2017 年）[7]，到 2017 年，在寒冷气候地区有 45～50GW 的风电装机，比 2012 年底增加 72%，投资总计约 750 亿欧元。这个市场确实有潜力与近海风力发电竞争。寒冷气候下的风电开发潜力如图 1.4 所示，它反映了现阶段（截至 2012 年底）和潜在（预测至 2017 年底）开发情况。

中国风能专委会估计，在 253GW 的陆上可开发风电中，40% 将位于寒冷的沙漠地区。

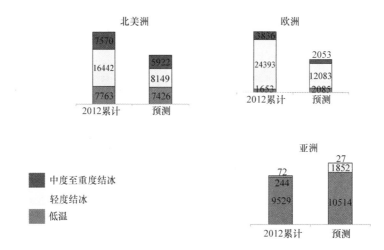

图 1.4   寒冷气候下的风电开发潜力

1.3   寒冷气候下风电机组的运行

通常，如不采取特殊预防措施，寒冷气候将导致风电机组发电量降低。与运行在海平面高度的风电机组相比，1000m 海拔轻冰区和 2000m 海拔重冰区的风电机组均有明显的发电量下降（见图 1.5）。极端事件、低空气密度和结冰的综合作用可导致高达 55%的发电量降低。

本书将在第 2 章中给出覆冰的详细定义，为了更好地理解图 1.5，本章仅做简要介绍。结冰现象可看作直接结冰和间接结冰的结合，前者是指恶劣天气条件下风电机组持续结冰，后者包括直接结冰后的持续性影响，如妨碍正常运行、造成额外的机械或电源故障，以及辅助设备的功率消耗等，这些已在在役风电场内得到验证。

低温微气候对风电机组的影响如图 1.6 所示，图中列出了导致风电机组可利用率降低的因素。极端事件会导致额外的载荷、疲劳、损坏和突然失效；降雨、停机时间延长和风机利用率的降低将导致能量损失。空气密度的变化（低温、高海拔）会改变风能的利用方式，并且会对控制策略产生重大影响。低温会影响材料的物理性能以及电子设备的正常运行。覆冰导致额外的载荷、疲劳、振动、可利用率降低以及发电量损失。为了减轻上述影响，需要额外的辅助设备（如防冰、除冰系统）。

1.3.1   大雨

小雨或中雨不影响风电机组的性能。然而，在大雨期间，大量的水滴冲击在叶片上，使叶片周围的流场受到较大干扰。瞬时测量表明，强降雨可引起高达 30%的电量损失。

如图 1.7 所示暴雨对风电机组功率曲线的影响。冰雹的发生是罕见事件，很难测量

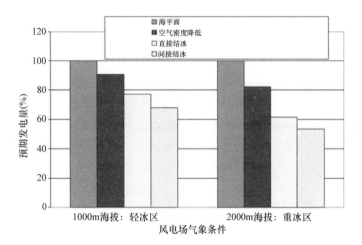

图 1.5　与常规风电场相比，寒冷气候风电场的能量损失

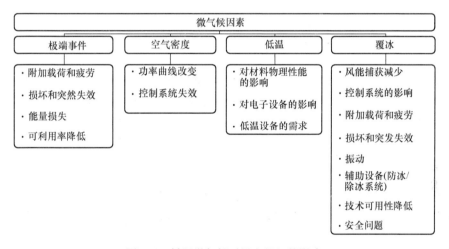

图 1.6　低温微气候对风电机组的影响

冰雹导致的年发电量损失。更重要的是，冰雹在超过临界速度 100m/s 时对叶片前缘的冲击可能造成损坏。

1.3.2　雷击

雷击通常对风电机组来说是致命事件，山区更易受雷击的影响。在某些地区，每平方公里每年发生高达 5~10 次雷击。雷击会严重损坏甚至摧毁发电机和电气部件。雷击有两种类型：

1）直接雷击：风电机组被直接击中，通常是在叶片上，高电流从雷击点经过轮毂、轴承、塔筒和基础，最后流入地面。即使避雷器嵌入叶尖，也可能对风机叶片和电气部件造成严重损坏。

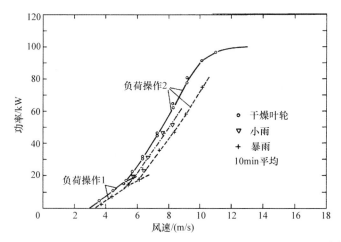

图1.7 暴雨对风电机组功率曲线的影响（Energiewerkstatt 1995）[8]

2）间接雷击：雷击落在风电机组附近，作用在中压电网上，产生的过电压沿着配电线路传播，通常损坏没有足够过电压保护的部件。

表1.3为德国1992—1994年雷击灾害的区域分布。在亚高山地区，这种现象经常发生。

表1.3　德国1992—1994年雷电灾害的区域分布[9]

区域	滨海	德国北部平原	亚高山区	合计
风机数量（台）	584	455	263	1302
年内雷电次数（次）	1251	936	465	2652
观测数（全部）（次）	85	64	109	258
直接雷击（次）	25	16	22	63
观测数/年内雷击次数	7%	7%	23%	10%
直接雷击/年内雷击次数	2.0%	1.7%	4.7%	2.4%

1.3.3　寒冷气候辅助设备

配备特殊寒冷气候辅助设备时，风电机组可在寒冷的气候中生存。除了评估给定主机/塔架的设计和施工符合公认标准（设计载荷、施工材料和方法、控制系统和安全裕度）的一般认证外，需要进一步注意寒冷气候下的系统设计和建设方案对现场特定条件的适应性。风电机组制造商都为其设备规定了温度操作阈值。材料和润滑油的设计能够承受规定范围内的温度，当环境温度超过阈值时，设备寿命将会加速衰减，需要更多的维护。根据风电机组中使用的材料和润滑剂的特性，运行中最重要的限制因素是最低环境温度，低于该温度时风电机组停止运行。生存温度是指风电机组在不运行时能够承受的极限温度。

生存温度反映了风电机组材料在不超过正常或可接受的磨损程度的情况下承受环境温度的极限。尽管一些厂商的机型参数中，运行温度下限达 – 30℃，生存温度下限达

－40℃，但根据许多制造商的说明书，多数风电机组设计运行环境温度下限为－20℃。对于特殊工况，特殊机型（寒冷气候型、北极型及增加寒冷气候辅助设备等）可适应更宽的工作温度范围（见图1.8）。

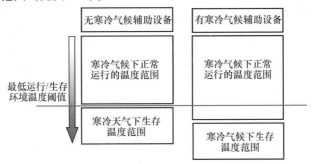

图1.8　最低运行和生存温度的定义

表1.4为有/无寒冷气候辅助设备时风电机组（1~3MW）的最低温度（2012年）。从制造商产品手册和数据表（2012年更新）中收集的有/无寒冷气候辅助设备时风电机组（1~3MW）的最低温度（2012年）。小型和微型风电机组很少配备寒冷气候辅助设备。首选的运行原则是在极端情况或整个恶劣气候期间停机。表1.5列举一些用于小型风电机组的寒冷气候辅助设备（更新至2004年）。

寒冷气候的特殊要求如图1.9所示，寒冷气候辅助设备与寒冷天气特殊要求有关，在风机停机期间需提供额外电力，以防止机组损坏。

表1.4　有/无寒冷气候辅助设备时风电机组（1~3MW）的最低温度（2012年）

制造商	最低运行/生存温度	
	无寒冷气候辅助设备	有寒冷气候辅助设备
ENERCON	－10℃/－20℃	－30℃/－40℃
Gamesa	－10℃/－20℃	－30℃/－40℃
GEwindturbine	－10℃/－20℃	－30℃/－40℃
Nordex	－10℃/－20℃	－30℃/－40℃
REpower	－10℃/－20℃	－30℃/－40℃
Siemens	－10℃/－20℃	－30℃/－40℃
WinWinD	－10℃/－20℃	－30℃/－40℃
Vestas	－10℃/－20℃	－30℃/－40℃

表1.5　用于小型风电机组的寒冷气候辅助设备（更新至2004年）

制造商	容量/kW	数量（台）	安装年份	位置	最低工作温度/℃	是否在运行
Bonus	150	1	1993	Yukon	－30	是
Vestas V47 LT II	660	1	1999	Yukon	－30	是
AOC	66	10	—	Alaska（Kotzebue）	－40	是
Northwind	100	1	—	Alaska（Kotzebue）	－46	是

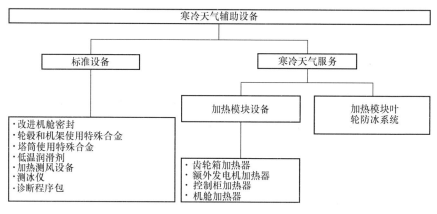

图 1.9　寒冷气候的特殊要求

1.4　山地区域风电机组的运行

1.4.1　高海拔的影响

山地属于非常规地区的一种，具有地形复杂、风流不规则、低温和极端天气的特点。此外，风速时空分布的确定性和随机性还受热气流等微气候现象的影响。"山地"一词具体是指海拔在 800～2500m 的地区。据权威机构（如欧洲风能协会）估计，到 2020 年欧洲风电装机容量将达到约 60GW，20%～25% 位于寒冷气候地区，其中一部分建在丘陵和山脉上。这些区域的场址与常规地区场址的差异，不仅体现在景观、环境以及社会接受度方面，还体现在更恶劣的微气候条件会对风电机组的出力和发电量产生不利影响。大量研究[10]表明，山地的风能资源通常比山谷或近地面处要好，但由于特殊地形的强烈影响，其空气密度低，湍流机制复杂，并且冬季温度低，有利于覆冰的形成和生长。此外，也需要认真评估某些山地场址的特殊运输的可通达性。在山地建设风电场需要在资源评估和风电场设计阶段进行深入分析，因而不能直接使用常规场址开发的流程和技术。山地场址的流场影响更复杂，国际电工委员会（IEC）标准最初是为了常规场址而制定的，并不适用。因此，有必要根据 IEC 标准要求，分析山地风电场的主要特征，并严格评估这些特征对风机结构的影响。IEC 1400 - 1 和后续的 IEC 61400 - 1[11,12]主要提供 Ⅰ～Ⅳ 类风电场的评估准则，并将在非常规场址运行的特殊风机定义为 S 类。IEC 建议由复杂地形和极端事件（如极端湍流）的组合来确定其产生的影响，但未具体说明采取何种程序。《GL 风力发电准则和指南》[13]把覆冰对结构的影响作为认证规则的一部分。

1.4.2　山地环境的特点

在海拔高于海平面的地方，气压降低，空气密度也相应降低。低温是外部结构上产生覆冰的先决条件。

在风机选型和布置时，除了考虑风资源的特点（与常规场址相比，山地的风资源有其独特性），还需要考虑其他与场址相关的因素，如电网接入、交通运输以及安装和维护条件。此外，与景观和土地使用相关的限制因素（鸟类迁徙通道以及特定场地的动植物等）可能会影响风电机组的尺寸和布置。

山地区域单位面积年遭受雷击的频率也很高。

以上因素对风能资源评估以及山区风电机组的功能和结构特征有决定性的影响。

1.4.3　风能资源

山地风电场风况的威布尔（Weibull）形状参数值很少超过 1.8，高集中度的风频分布意味着高能量密度。采用实际的 Weibull 分布计算形状参数 k 值，而不是由 IEC 标准建立的瑞利分布，该值（如前所述）远低于 2。这对于计算极限载荷和评估风机疲劳至关重要。输入参数包含定量和变量，例如平均风速 V_{ave}、垂直风廓线、参考速度 U_{ref}、极限速度 V_{e1} 和 V_{e50}，以及描述风速和风向的瞬时变化的参数（如在机舱高度处测得的湍流强度）。

极端事件用于分析导致结构损坏或失效的临界应力。极端事件中通常伴随着阵风、风速和风向的快速变化。因此，业界更关注风电机组全生命期临界状态发生的次数或其发生的可能性。IEC 61400 - 1[11] 区分了风机使用寿命内的正常和极端风况。对后者（3s平均值）的阵风特性时间进行了 1 年和 50 年的评估［EWM（Extreme Wind Speed Model，极端风速模型）］，用于计算风机的极限应力。两者均基于 U_{ref}，并为高度 z 的函数，使用以下公式：

$$V_{e1}(z) = 0.75V_{e50}(z) \tag{1.1}$$

$$V_{e50}(z) = 1.4U_{ref}\left(\frac{z}{z_h}\right)^{0.11} \tag{1.2}$$

由于阵风特性时间是指定的，所以事件发生的概率也是已知的。参考风速 U_{ref} 定义为机舱高度处 10min 的平均风速，超越概率为 2%（50 年一遇）。对于 Ⅰ ~ Ⅳ类风机，IEC 标准规定了参考风速与机舱同等高度上的年平均风速之间的恒定比率为 5：

$$\frac{U_{ref}}{V_{ave}} = 5 \tag{1.3}$$

假设 Weibull 分布的统计模型和正态湍流模型是适用的，就可以推导出极端事件发生的概率。在 10min 平均值的基础上，极端年平均风速的概率分布为：

$$F(V) = 1 - \exp\left[-\left(\frac{V}{C}\right)^k\right] = 1 - \exp\left[-\left(\frac{V}{V_{ave}}\frac{V_{ave}}{C}\right)^k\right] \tag{1.4}$$

前述 U_{ref} 为具有阵风特性时间 T 的极端年平均风速（10min 平均值），并假设[14] 为若干个独立的观测记录（52560 个 10min 观测序列）的特性时间与事件概率之间的关系如下：

$$F(V) = \frac{T}{1 - F(U)} \tag{1.5}$$

极值年风速概率为：

$$F(U_{ref}) = \exp\left[\frac{\ln\left(1 - \frac{1}{T}\right)}{N}\right] \tag{1.6}$$

将 U_{ref} 带入式（1.4）并将结果与（1.6）相等，可以得到 U_{ref}/V_{ave} 的比值：

$$\frac{U_{ref}}{V_{ave}} = \frac{1}{\frac{V_{ave}}{C}} \ln\left\{1 - \exp\left[\frac{\ln\left(1 - \frac{1}{T}\right)}{N}\right]\right\}^{\frac{1}{k}} \tag{1.7}$$

Gamma 函数：

$$\frac{V_{ave}}{C} = \Gamma\left(1 + \frac{1}{k}\right) \tag{1.8}$$

式（1.7）表示为特性时间和 Weibull 形状因子的函数：

$$\frac{U_{ref}}{V_{ave}} = \frac{1}{\Gamma\left(1 + \frac{1}{k}\right)} \ln\left\{1 - \exp\left[\frac{\ln\left(1 - \frac{1}{T}\right)}{N}\right]\right\}^{\frac{1}{k}} \tag{1.9}$$

用 Gumbel 分布代替 Weibull 分布可以计算出相似的表达式。由于 N（10min 平均风速的年记录数）假设的数值较高，所以该方程实际上与 N 无关。

对于中纬度地区的平地，k 值（10min 均值）可以从 1.8（内陆地区）变化至 1.9（沿海地区）及 2.1（近海），可以保守地取参考风速与平均风速之比为 5。山地和复杂场地（$k<1.8$），U_{ref}/V_{ave} 高于标准规定的 5。以 $k=1.5$ 的场地为例，由式（1.9）得到的图 1.10 中的曲线表示该比值为 6.5，即比标准规定的值高 25%。对于标准中给出的 U_{ref} 值，认证为 I 级的风机只能在年平均风速低于约 7.8m/s（而不是轮毂高度的 10m/s）的山地使用，认证为 II 级的风机只能在年平均风速低于约 6.6m/s（而不是轮毂高度的 8.5m/s）的山地使用。U_{ref} 值的增加也会使 V_{e50} 和 V_{e1} 相应增加。山地较低的空气密度减

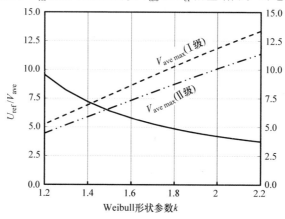

图 1.10　I 级风机 Weibull 形状参数 k 与 U_{ref}/V_{ave} 和最大 V_{ave}

弱了这些因素对机械应力的影响（尽管只是轻微的），使气动力与风速呈线性关系，而非平方关系。随机效应对疲劳载荷具有主导作用。试验和数值研究[15,16]表明，对疲劳影响最大的参数是纵向速度的标准偏差。

通常，湍流强度的值域为 0.08（空气稳定分层条件下的平地）~ 0.5（地形复杂和气候条件不稳定的地区）。但在复杂地形（城市中心）中可以接近 0.8。IEC 61400 - 1 表示 I_{15} 的平均参考值为 0.18 或 0.16。

在大气稳定的陆地条件下，z_0 取值相同，可采用以下简化表达式：

$$I(z) \approx \frac{1}{\ln\left(\dfrac{z}{z_0}\right)} \tag{1.10}$$

式中　z——离地高度。

该表达式表明，湍流强度随着离地高度的增加而减小。

为了计算相关应力，标准假定湍流强度为描述不同位置湍流水平差异的参数：

$$\sigma_u = I_{15}\frac{15 + aV_u}{a + I} \tag{1.11}$$

式中　I_{15}——15m/s 时的特征湍流强度；

　　　a—— I ~ IV 类风机的有关系数。

测量和理论分析表明，在山地风电场中湍动能的水平更高，与常规风电场相比，山地风电场应力的三个分量存在更复杂的分布机制。与传统的平地风电场不同，山地风电场的三个分量比例通常如下：

$$\sigma_u : \sigma_v : \sigma_w = 1 : 0.9 : 0.8$$

另一方面，湍动能 K_I 参数的定义为：

$$K_I = \frac{\sigma_u^2}{2}\left[1 + \left(\frac{\sigma_v}{\sigma_u}\right)^2 + \left(\frac{\sigma_w}{\sigma_u}\right)^2\right] \tag{1.12}$$

K_I 的表达式取决于 σ_u，需要知道 σ_v/σ_u 和 σ_w/σ_u 的关系。

对于平地风电场，湍动能为：

$$\sigma_u = \frac{\sqrt{K_I}}{0.97} \tag{1.13}$$

对于复杂的场址：

$$\sigma_u = \frac{\sqrt{K_I}}{1.1} \tag{1.14}$$

这说明在复杂地形中，湍流能量的纵向分量比平坦地形中要小。

在标准偏差恒定的情况下，由于平均纵向速度的局部加速（加速效应），山地场址的湍流强度往往比常规场址低。

应该用速度在纵向的标准偏差或湍动能（而非湍流强度）来描述复杂场地中可检测到的疲劳损伤增加的参数。

等效疲劳载荷 R_{eq}[11]根据 Palmgren - Miner 法则中的 Wohler 曲线（斜率为 $1/m$）来

定义：

$$R_{eq} = \left(\frac{\sum\limits_{i=1}^{N} R_i^m N_i}{N_{eq}} \right)^{\frac{1}{m}} \tag{1.15}$$

式中　N_i——第 i 个载荷范围内的循环次数；

　　　R_i——每个载荷等级假定的最大值；

　　　N_{eq}——恒定振幅循环的等效数量；

　　　m——材料 S—N 曲线的斜率，可通过公式（1.16）进行计算。

$$N = kS - m \tag{1.16}$$

已知 Weibull 系数 C、k，平均速度和方差可表示为：

$$V_{ave} = C\Gamma\left(1 + \frac{1}{k}\right) \tag{1.17}$$

式中　Γ——gamma 函数标识。

$$\sigma_u = C\left[\Gamma\left(1 + \frac{2}{k}\right) - \Gamma^2\left(1 + \frac{1}{k}\right)\right]^{\frac{1}{2}} \tag{1.18}$$

根据以上公式，考虑标准差随着尺度参数 C 的变化而增大，得到了如图 1.11 所示的曲线图。

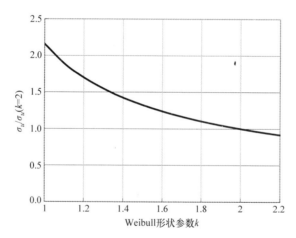

图 1.11　标准差与 Weibull 形状参数 k 的关系

因此，假设场址湍流强度是恒定的，不随着平均风速的变化而变化，得到如下函数关系[17]，表明等效疲劳载荷 R_{eq} 可以表示为标准差的函数：

$$R_{eq} = \alpha V_{ave}^2 + \beta V_{ave} = \beta(\varepsilon V_{ave}^2 + V_{ave}) \tag{1.19}$$

$$R_{eq} = \alpha \sigma_u^2 + \beta \sigma_u = \beta(\varepsilon \sigma_u^2 + \sigma_u) \tag{1.20}$$

式中　α——模拟风机响应的二次参数；

　　　β——模拟风机响应的线性参数。

等效疲劳载荷 R_{eq} 是标准偏差 σ_u 的二次函数。该方程可通过使用方差或标准差、

Weibull 形状参数和 Gamma 函数之间的关系进行转换，得到以下函数关系：

$$R_{eq} = f(\varepsilon, \beta, k, m, \Gamma, C) \tag{1.21}$$

或

$$R_{eq} = f(\varepsilon, \beta, k, m, \Gamma, V_{ave}) \tag{1.22}$$

等效疲劳载荷 R_{eq} 引起损坏因子 D：

$$D = \frac{N_{eq}}{q \, (pR_{eq})^{-m}} \tag{1.23}$$

式中 q——一个分量常数；

p——与特定位置和载荷有关的参数。

式（1.20）变为：

$$R_{eq}^m = \beta^m \, (\varepsilon \sigma_u^2 + \sigma_u)^m \tag{1.24}$$

式（1.24）可以展开为指数级数，忽略包含 ε 二阶项后（$\varepsilon \ll 1$），变为：

$$R_{eq}^m = \beta^m \, (\sigma_u^m + m\varepsilon\sigma_u^{m+1}) \tag{1.25}$$

将标准偏差和平均风速引入 Gamma 函数的解析表达式后，可以定义变量 RR_{eq}（等效疲劳载荷比），将式（1.24）根据 IEC 标准（$k=2$）计算出的等效疲劳载荷归一化为：

$$RR_{eq} = \frac{f(\varepsilon, k, m, \Gamma, \sigma_u, V_{ave})}{f(\varepsilon, 2, m, \Gamma, \sigma_u, V_{ave})} \tag{1.26}$$

该参数表示常规场地相对于具有瑞利分布特征（$k=2$）的场地的等效疲劳载荷的增量。

估算等效疲劳载荷比的假设条件见表 1.6，图 1.12 显示了等效载荷与 Weibull 形状参数 k 的关系。表 1.6 和图 1.12 表明，对于具有相同平均风速的场地，k 值越低，等效疲劳载荷越高。如果使用 m 值较低的材料，这种相关性就不那么明显。部件性能（即叶片）偏离线性的程度越大，这种影响越严重。

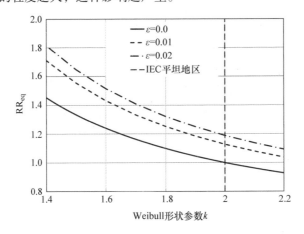

图 1.12 等效载荷与 Weibull 形状参数 k 的关系

表 1.6　估算等效疲劳载荷比的假设条件[17]

参数	值
k	1.4 ~ 2.2
ε	0 ~ 0.01 ~ 0.02
m	10
V_{ave}	8.5

k 值为 1.4 时，RR_{eq} 的取值范围在 1.45 ~ 1.80。因此，安装在 k 值低于 1.8 的场址的风机应保守地归入特殊等级 S。

该图还显示了（见虚线曲线）场址在海拔 1000m 左右引起的低空气密度的影响。然而，较低的空气密度对等效疲劳载荷的缓解作用几乎可以忽略不计。

1.4.4　空气密度随海拔的变化

在热力学上，空气近似为理想气体，遵循理想气体定律。将空气视为主要由干燥空气和水蒸气组成的混合物，其密度可表示为：

$$\rho = \frac{p}{\overline{R}_{air}T}\left[1 - \phi\left(1 - \frac{\overline{R}_{air}}{\overline{R}_{vap}}\right)\right] \tag{1.27}$$

ϕ 表示比湿度，$\overline{R}_{air}$ 和 $\overline{R}_{vap}$ 分别表示空气和水蒸气的气体常数。式（1.27）表明空气密度是压力、温度和比湿度的函数。

定义标准大气条件在 $T_{st} = 15\text{℃}$、$p_{st} = 101325\text{Pa}$，由此得到的标准干空气密度 $\rho_{st} = 1.225\text{kg/m}^3$。

表 1.7 为场址位置对空气密度、雷诺数、功率和气动力的影响。空气密度对力和功率的影响分为直接影响和间接影响。功率（和能量）和力与空气密度（直接影响）成正比，而雷诺数（修正的空气密度和动力黏度的函数）以更微妙的方式影响叶片的气动效率（间接效应），这种影响将在下文阐述。对于非常规场址的风电设施，例如高海拔地区（海拔 750m 以上），应考虑空气密度与标准值的偏差，国际电工委员会的国际标准（IEC 61400）也建议如此。

表 1.7　场址位置对空气密度、雷诺数、功率和气动力的影响

场址位置	T_{ave}	p_{ave}	ρ_{ave}	Re	功率	气动力
沙漠	+	st	-	-	-	-
温带高原	+	-	≈	≈	≈	≈
亚北极	-	st	+	+	+	+
山地	-	-	+	+	+	+

注：st 表示标准值，+ 表示大于标准值，- 表示小于标准值，≈ 表示约等于标准值。

假设空气干燥，温度梯度随海拔线性变化，可以采用以下多变模型来计算给定海拔 z 处的空气密度：

$$\rho(z) = \rho_{st}\left(1 - \frac{m-1}{m}\frac{z}{T_{st}}\frac{g}{R_{air}}\right)^{\frac{1}{m-1}} \tag{1.28}$$

多变指数 m 取决于当地的垂直温度梯度（环境温度递减率，ELR），大气特征在一段时间内是变化的。

在大气中运动的空气体积受到多变指数的影响：

$$pv^m = \text{const} \tag{1.29}$$

多变指数 m 定义为：

$$m = \frac{c_p - c}{c_V - c} \tag{1.30}$$

式中　c——多变过程比热容（c_p 为比定压热容，c_V 为比定容热容）。

这个关系式描述了所考虑空气体积与相邻介质交换的质量和热量，以及由于黏性力引起的耗散在内部产生热量的过程。因此，多变指数与所谓的大气稳定度有关，表示大气的混合状态。

根据《美国标准大气》中的数据，垂直热梯度的平均值为 $-0.65℃/100m$。不同大气稳定度时，相对空气密度随海拔 z 的变化趋势如图 1.13 所示，该图显示了 $\rho(z)/\rho_{st}$ 随海拔和大气稳定度的变化。

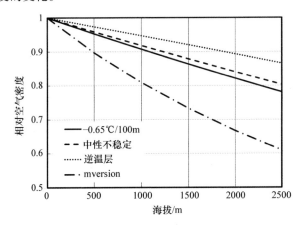

图 1.13　不同大气稳定度时，相对空气密度随海拔 z 的变化趋势

注：标准空气密度为 $1.225kg/m^3$。

当温度随高度以约 $1℃/100m$ 的速率降低时，干燥大气处于中性状态。如果该梯度值较高，则大气变得不稳定；如果该梯度较低，甚至变为正值，则大气变得稳定，直至出现逆温。在中性大气条件下，海拔 1000m 处的空气密度为 $1.125kg/m^3$，约为标况下空气密度的 91%，海拔 2000m 时空气密度为标况的 83%。如图 1.13 所示，这些值在逆温工况下会发生显著变化。

雷诺数对空气密度和动力黏度的双重依赖关系促使人们考虑不同场址的温度对雷诺数的影响。雷诺数与场址温度的关系如图 1.14 所示。

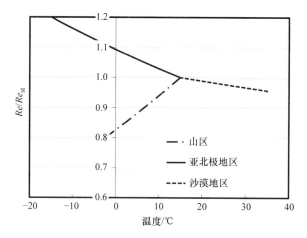

图 1.14　雷诺数与场址温度的关系

对于在平均温度约为 0℃ 的亚北极地区（视为海平面）运行的风机，雷诺数增加约 10%，导致更高的空气动力性能和更强的气动力。雷诺数影响阻力系数和升力系数，并对预期功率产生影响。这种影响对小叶片更显著，最大升力和攻角的变化与雷诺数的降低有关。图 1.15 为部分 NACA 翼型的最大升力系数与雷诺数的关系。在高 Re（$>2.0 \times 10^6$）下，大翼型对 Re 变化的敏感性较低，而小翼型的气动性能下降更明显。

DU 系列翼型最大升力系数与雷诺数的关系如图 1.16 所示。由图可见 DU 翼型系列表现出相同趋势，这类翼型的升力系数对雷诺数的敏感性要小得多。

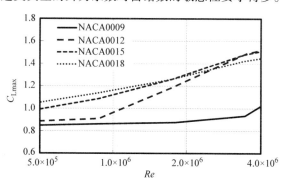

图 1.15　部分 NACA 翼型的最大升力系数与雷诺数的关系[18]

1.4.5　风机在不同空气密度下的功率和推力

为分析空气密度对功率、功率系数、推力和推力系数的影响，本书设计了三种类型相同叶轮直径的风机：失速型、变桨型和变桨变速型。对风机特性和运行数据进行适当的设计，借助 WT_ Perf 边界元代码[19]，计算了其在标准和非标准空气密度下的性能。

一台直径为 66m 的风电机组在不同工况下运行的数据与结果见表 1.8。对表 1.8 中

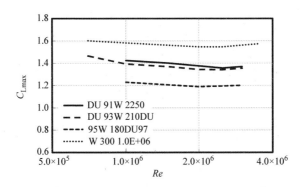

图 1.16　DU 系列翼型最大升力系数与雷诺数的关系

所述的工况计算风电机组的功率曲线和推力系数曲线。类型 A 代表失速调节，B 代表变桨调节，C 代表变桨变速调节。工况 1 代表标准空气密度，2 代表低空气密度，3 代表低空气密度、增加叶轮直径并保持翼型相同，4 代表高于标准空气密度。低空气密度造成部分能量损失，增加叶片尺寸是一种常见的补偿方式。由于叶片的叶根最大可增长约 1.5m，所以这种操作对大叶片的效果是有限的。在计算中使用直径 66m 的基于 NACA44XX 翼型的叶片，优化叶片节距和转速，以使每个工况下都达到最大风能利用率，同时考虑了雷诺数对叶片升力和阻力的影响。

表 1.8　一台直径为 66m 的风电机组在不同工况下运行的数据与结果

工况	失速调节				变桨调节				变桨变速调节			
	A1	A2	A3	A4	B1	B2	B3	B4	C1	C2	C3	C4
$\rho/(\text{kg/m}^3)$	1.225	1.00	1.00	1.35	1.225	1.00	1.00	1.35	1.225	1.00	1.00	1.35
D/m	66	66	69	66	66	66	69	66	66	66	69	66
$\Omega/(\text{r/min})$	20.0	20.0	19.27	20.0	20.0	20.0	19.27	20.0	—	—	—	—
桨距/(°)	−4.6	−4.6	−5.1	−4.6	−4.5	−4.5	−5.25	−4.5	−4.6	−4.6	−5.1	−4.6
$V_{\text{tipmax}}/(\text{m/s})$	69.1	69.1	69.6	69.1	69.1	69.1	69.6	69.1	106.6	114.1	112.4	103.2
C_{pmax}	0.53	0.53	0.526	0.53	0.53	0.53	0.52	0.53	0.53	0.53	0.52	0.53
$V_{\text{r}}/(\text{m/s})$	—	—	—	—	14.47	16.73	15.78	13.55	12.19	13.04	12.75	11.80
P/P_{st}	1.00	0.82	0.86	1.102	1.00	1.00	1.00	1.00	1.00	1.00	1.00	1.00
$\lambda/\lambda_{\text{st}}$	1.00	1.00	0.98	1.00	1.00	1.00	0.98	1.00	0.98	0.98	0.99	0.98

模拟的主要结果汇总如图 1.17 ～图 1.19 和表 1.8 所示。对于失速调节风电机组，空气密度降低（类型 A2）会导致功率的普遍下降，而增加（A4）则会导致各风速段下的功率提高（许多观察记录显示，失速调节型风电机组在极低温度下运行时出现一些高功率记录）。对于推力，也被证实了有同样的趋势。额定风速及以上风速段几乎不受影响。增加叶轮直径（A3）可以补偿空气密度降低带来的功率损失，但对于更大的叶轮直径和推力，必须对塔架进行结构验证。对变桨型和变桨变速型风机（类型 B 和 C），风机将在所有条件下提供最大功率，但对于空气密度降低的条件（B2、C2），额

定风速将变大，对于更高空气密度工况（B4、C4），额定风速将降低，峰值推力也随着空气密度的下降而减小。

高于标准空气密度的工况，推力增加远超过标准条件下的阈值。功率曲线的这种偏移也会对最佳机位布置产生不利影响，如果不考虑这种影响，则会导致失配。如果不修正控制设置，功率曲线最优位置点将发生改变。

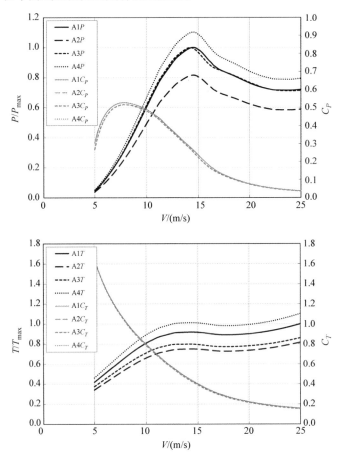

图 1.17　空气密度变化对失速调节型风电机组（类型 A）功率、功率系数、推力和推力系数的影响

1.4.6　非标准空气密度下的功率曲线

前已述及，空气密度变化对发电量有直接和间接影响。空气密度降低会导致额定风速增加。如果没有修正控制策略，将导致风电场的容量系数降低。一个被称为"最优功率曲线"的设计功率曲线（根据文献［18］中的程序生成）用于分析与给定场址最佳匹配的功率曲线。

如图 1.20 所示为变桨变速型风电机组的理想功率曲线。

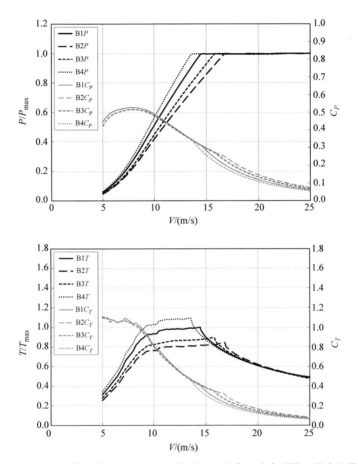

图 1.18　空气密度变化对变桨调节型风电机组（类型 B）功率、功率系数、推力和推力系数的影响

由于风速低于 $V_{cut,in}$ 和高于 $V_{cut,out}$ 时无功率输出，平均功率的积分可表示为：

$$\overline{P}(V) = \int_{V_{cut,in}}^{V_{max}} b(V) V^k f(V) \mathrm{d}V + \int_{V_{max}}^{V_{cut,out}} P_{el,max} f(V) \mathrm{d}V \tag{1.31}$$

最大功率 $P_{el,max}$ 用下式表示：

$$P_{el,max} = \frac{1}{2} \rho V_R^3 A C_{P,R} \tag{1.32}$$

式中　V_R——额定风速；

$C_{P,R}$——该风速时的额定功率系数。

通过将式（1.32）乘以 Weibull 尺度因子 C，可以得到：

$$P_{el,max} = \frac{1}{2} \rho C^3 \left(\frac{V_R}{C} \right)^3 A C_{P,R} \tag{1.33}$$

因为

$$V_{ave} = C\Gamma \left(1 + \frac{1}{k} \right) = C\Gamma(k) \tag{1.34}$$

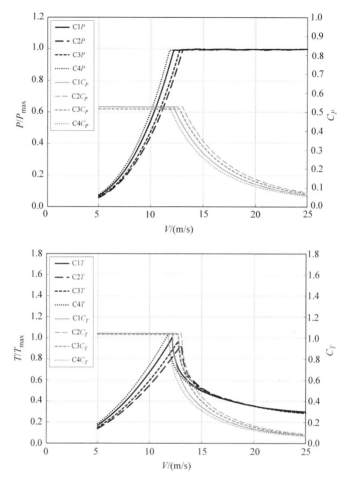

图 1.19 空气密度变化对变桨变速调节风电机组（类型 C）功率、
功率系数、推力和推力系数的影响

设

$$\frac{V_{R}}{V_{ave}} = k_{v} \tag{1.35}$$

得到：

$$P_{el,max} = \frac{1}{2}\rho C^{3}\left[k_{v}C\Gamma(k)\right]^{3}AC_{P,R} \tag{1.36}$$

根据上述方程，得出了 $V_{cut,in}$ 与 V_{R} 之间的 $b(V)$ 分布和最大产能：

$$b(V) = \frac{1}{2}\rho C_{P,R}V^{3-k} \tag{1.37}$$

$$b(V_{R}) = \frac{1}{2}\rho C_{P,R}V_{R}^{3-k} \tag{1.38}$$

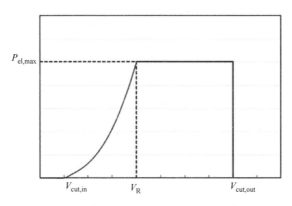

图 1.20　变桨变速型风电机组的理想功率曲线

V_R 与 $V_{cut,out}$ 之间的 $b(V)$ 分布：

$$b(V) = \frac{1}{2}\rho A C_P V^{3-k} = \frac{1}{2}\rho A \frac{P_{el,max}}{\frac{1}{2}\rho a V^3} V^{3-k} = P_{el,max} V^{-k}\qquad(1.39)$$

基于此模型，计算了叶轮直径、额定功率和最大功率系数均相同的风机在不同空气密度下的功率曲线。计算输入数据见表 1.9。

表 1.9　计算输入数据

[Weibull 尺度因子/(m/s)]/[平均风速/(m/s)]	6.1/5.51
风机输出功率 SRO/(W/m²)	0.25
$C_{P,R}$	0.30
切入风速/(m/s)	4
切出风速/(m/s)	25
标准空气密度工况/(kg/m³)	1.225
空气密度工况 1/(kg/m³)	1.100
空气密度工况 2/(kg/m³)	1.000

最佳功率曲线随空气密度的变化如图 1.21 所示，与标准空气密度相比容量系数下降百分比如图 1.22 所示。

计算容量系数的方法如下：

$$F_u = \frac{\int_0^{8760} P(t)\,\mathrm{d}t}{8760 P_{el,max}}\qquad(1.40)$$

如图 1.21 所示，当空气密度分别从 1.225kg/m³ 降至 1.1kg/m³ 和 1.0kg/m³ 时，额定风速从 11m/s 分别偏移到 11.5m/s 和 11.86m/s。根据场址年平均风速的不同，这种变化会导致容量系数不同程度地降低。场址年平均风速越低，容量系数越低。对于 5.5m/s 的平均风速，相对密度为 0.9（海拔约 1000m）时，现场风机功率曲线不匹配造

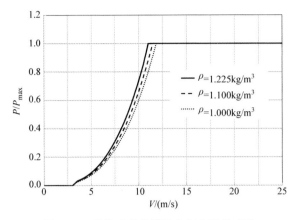

图 1.21 最佳功率曲线随空气密度的变化

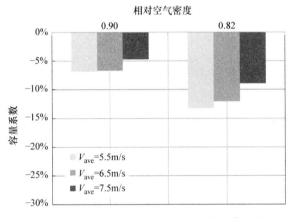

图 1.22 与标准空气密度相比容量系数下降百分比

成的损失高达 7%，而在相对密度为 0.84（海拔约 2000m）时，损失可达到 13%。所以，调整控制系统对于高海拔场址风机的运行至关重要。

1.4.7 低空气密度的对策

可以采用不同的策略使风机适应非标准空气密度工况。该方案适用于低空气密度环境，以补偿由于空气密度对风机性能的直接或间接影响造成的能量损失。IEC 标准[20]给出了非标准空气密度下功率曲线的校正建议（但是没有对雷诺数校正做任何说明）。

对于失速型风电机组：

$$P_n = P_T \frac{\rho_0}{\rho_T} \tag{1.41}$$

对于变桨型风电机组（达到额定功率的 70%以上），对风速进行修正：

$$V_n = V_T \left(\frac{\rho_T}{\rho_0}\right)^{\frac{1}{3}} \tag{1.42}$$

其中，T 代表实际工况。

对于失速型风机，低空气密度环境严重影响峰值功率控制，因为叶尖翼型截面不再能够承受标准条件下设计的最大升力系数。当空气密度降低时，较厚的翼型有助于承受较高的升力系数。

对于变桨型风机，叶片变桨至失速以控制峰值功率（主动失速），限制最大升力系数是可取的。这种策略能补偿空气密度的降低，从而提高性能。

这类策略下的发电量增加不足以补偿相应的能量损失，因为这些控制策略需要在原始设计上进行相应调整，投资成本相对较高。有限的空气密度变化仍然可以通过低成本的控制策略调整进行补偿。

下面从额定功率的公式讨论补偿策略：

$$P_R = \frac{1}{2}\rho A V_R^3 C_{P,R} \qquad (1.43)$$

其中

$$C_{P,R} = C_{P,aero}\eta_{m,R}\eta_{el,R} \qquad (1.44)$$

式中 $\eta_{m,R}$——额定功率下的机械效率；

$\eta_{el,R}$——额定功率下的发电机效率。

如果发电机不变，则该策略会导致：

$$P_R = \frac{1}{2}\rho A V_R^3 C_{P,R} = \frac{1}{2}\rho' A' V_R'^3 C'_{P,R} \qquad (1.45)$$

或

$$\rho D^2 V_R^3 C_{P,R} = \rho' D'^2 V_R'^3 C'_{P,R} \qquad (1.46)$$

其中，上标"'"表示低于标准空气密度的工况。可能有两种情况：

1）V_R 和标准空气密度下的值保持相同。在这种情况下，保持最佳的、经济有效的设计，必须改变发电机的容量。定制发电机相较于标准化发电机成本更高，因此建议采用折中方案。

2）V_R 是为了达到标准的额定功率而调校的。在这种情况下，将不再保持成本效益高的设计，但采用标准发电机可能会更有利。

第一种情况下，风机功率曲线线性下降，这并不需要从空气动力学角度进行详细的分析。

第二种情况下，需要设计一个新的 V_R 值和变桨系统。

1. V_R 为定值

这种情况下，由于额定速度固定，不会偏移到更高值以补偿密度下降，因此需要根据以下关系增加叶轮直径：

$$\frac{\rho D^2}{\rho' D^2} = K = 1 \qquad (1.47)$$

在不同的空气密度条件下，认为 $C_{P,R}$ 是不变的，或者改变较小。如果叶片足够长，空气动力特性不随雷诺数变化，则假设成立。增加叶轮直径以补偿空气密度下降带来的功率损失见表 1.10。

表 1.10 增加叶轮直径以补偿空气密度下降带来的功率损失

海拔/m	温度/℃	密度/(kg/m³)	密度降低（%）	直径增加（%）
0	+15	1.225	0	0
250	+13.4	1.196	2	1
500	+11.8	1.167	5	2
750	+10.1	1.139	7	4
1000	+8.5	1.112	9	5
1250	+6.9	1.085	11	6
1500	+5.3	1.058	14	8
1750	+3.6	1.032	16	9
2000	+2.0	1.006	18	10
2250	+0.4	0.9815	20	12
2500	-1.3	0.9572	22	13
2750	-2.9	0.9331	24	15
3000	-4.5	0.9093	26	16

从表 1.10 可看出，根据这种策略，需要增加叶轮直径来补偿空气密度下降带来的功率损失。

可以通过叶根延长器来实现叶片长度增加，而无须改变叶片。这种解决方案对扩展器的最大长度有一些限制，对于 30m 长的叶片，扩展长度约不超过 1.5m。在空气密度减小的环境中，直径增大，推力理论上保持不变。实际上，由于叶轮直径增加，推力会有所增加。如果转速不增加，则叶尖速比和叶尖线速度将相应增加。

2. V_R 为变值

这种情况下，通过改变桨距设置来部分提高额定速度，以补偿空气密度下降的影响，而不是一味地增加叶轮直径，因此：

$$\frac{\rho D^2}{\rho' D'^2} = K' \tag{1.48}$$

$$\left(\frac{V_R'^3}{V_R^3}\right)^3 \frac{C_{P,R}'}{C_{P,R}} = K' \tag{1.49}$$

在这种情况下，额定速度的增加伴随着容量系数的降低。因此，与相应的海平面风机相比，不能补偿低空气密度带来的发电量损失。

无论是单独或同时增加额定速度、叶轮直径或轮毂高度，每种解决方案都会或多或少地增加投资成本。直径可以被认为是独立于另外两项的，可如前文一样进行讨论。如果与标准空气密度条件相比，当叶根的扩展长度相对叶轮直径较大时，则叶轮直径的增加带来的额定功率提升更为显著。额定风速的增加会导致发电量降低，因为它增加了额定功率，同时降低了容量系数。

通过对表 1.10 中参数的全面试验，可以获得直径和空气密度之间的最佳关系。以不违反设计功率和设计功率系数为约束条件，建立优化问题的目标函数：

$$F_{\mathrm{ob}} = \{ \min D \mid P = f(\rho, V, \theta, D), (P - P_{\mathrm{el,max}} = 0, C_P - C_{P,\mathrm{R}} = 0) \} \qquad (1.50)$$

直径与空气密度的关系为：

$$\frac{D}{D'} = \left(\frac{\rho}{\rho'} \right)^{-0.7} \qquad (1.51)$$

式中变量在最佳叶尖速比（$\mathrm{TSR}_{\mathrm{opt}}$）和最佳桨距（$\theta_{\mathrm{opt}}$）附近变化不大时，该结论适用于变桨变速型和变桨型风机。对于失速型风机，该式仅在最佳 C_P 附近适用。

1.5　覆冰期间风电机组的运行

如果风电机组在运行期间会遭遇覆冰，则有必要使用防冰系统（Ice Prevention Systems，IPS）$^{\ominus}$。这类系统通常需要使用风机自发电或电网的电能驱动。因此，为防止风机停机或在停机期间损坏，需要为该类辅助设备和防冰系统提供额外电力。

上述问题需要在设计阶段统筹考虑，忽略这些问题将导致发电量损失、出于安全目的的主动降功率运行甚至长时间停机。额外的成本增加和能源消耗使得如表 1.11 所示的设备在经济上更适用于大型风机。

覆冰是寒冷气候条件下风电机组异常停机和可利用率降低的主要原因。覆冰时，功率曲线通常会出现明显的衰减。图 1.23 为覆冰对 Neg/Micon 637 风机的影响[21]。

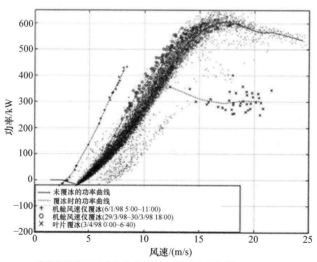

图 1.23　覆冰对 Neg/Micon 637 风机的影响[21]

$\ominus$　原文中的"Ice Prevention System"与"Anti‑Icing System"，在本书中均译作"防冰系统"；原文中的"De‑Icing System"与"Ice Mitigation System"在本书中均译作"除冰系统"。当指"Ice Prevention System"这个专用词时，会使用缩写"IPS"，特此说明。——译者注

表 1.11 列举了主要风电机组的防冰或除冰系统（2013 年）。

表 1.11   主要风电机组的防冰或除冰系统（2013 年）

制造商	防冰或除冰系统
ENERCON	热风加热防冰系统，新的混合热风 – 电加热系统正在开发中
Leitwind	电加热除冰系统
Nordex	电加热防冰系统（N100/2500 型和 N117/2400 型）
REpower	特殊涂层被动除冰
Siemens	电加热除冰系统
WinWinD	电加热除冰系统
Vestas	电加热除冰系统，新的热风加热除冰系统正在开发中

覆冰对风电机组的影响如图 1.24 所示。

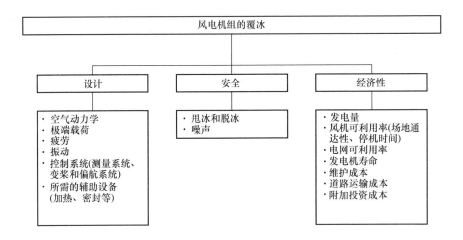

图 1.24   覆冰对风电机组的影响

ISET 250MW 风电项目[9]及其相关研究分析了大约 55350 份数据。其中，风机总停机时间约为 2000000h。880 多个案例（1.6%）记录中提到了覆冰导致的停机时间约为 64200h（3.2%）。

覆冰导致各种结果的概率分别是：

1）风电场停运（89%）。

2）发电量降低（13%）。

3）噪声（2%）。

4）振动（5%）。

5）超速（1%）。

6）过载（1%）。

7）后续影响（1%）。

8）其他（4%）。

在大多数情况下（90%），风机覆冰导致风电场停运。ISET 研究[9]表明，在某些情况下，风机带冰运行会产生附加噪声（2%）、功率降低（13%）和附加振动（5%）。

图 1.25 为德国风电场停机时长和结冰事件统计结果[9]。

在寒冷气候下运行的风机必须考虑运行安全。可以参考表 1.12 所示的寒冷气候下风机覆冰运行的建议措施，选择相应策略和特殊设备，并综合考虑其额外成本及收益。

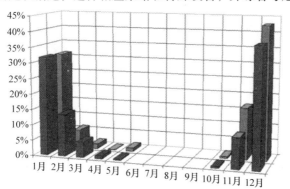

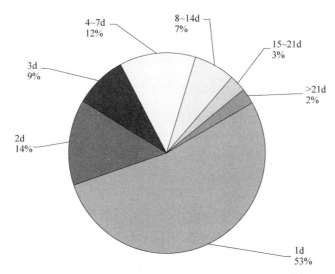

图 1.25　德国风电场停机时长和结冰事件统计结果[9]

表 1.12　寒冷气候下风机覆冰运行的建议措施

气候特点	措施
低温（−3~0℃）和轻微覆冰	无停机或偶尔停机
非常低的温度（低于−3℃）和中度覆冰	寒冷天气辅助设备
高覆冰风险	防冰系统

采用覆冰减缓措施（如 IPS、增加预防性维护、在现场或每个风机附近预先储备替换零件）可提高风机的可利用率和性能。因此，相对于常规风电场，在寒冷气候条件下，必须考虑相应的额外成本和性能下降。主要经济风险来自以下几点：

1）安装专用设备（如寒冷气候辅助设备或防冰系统）的额外费用及其运行成本。

2）周期性（降雪和结冰事件）和突发性（疲劳载荷增加导致故障）维护导致成本增加。

3）结冰事件导致停机时长或功率损失增加。

4）极端低温导致停机时长增加。

5）场地通达性降低导致维修间隔增加。

6）顾及人身财产安全（叶片甩冰和塔筒落冰）而增加风机停机时长。

公开的安装有防冰系统的风机数据非常少。Enercon 公司于 2009 年和 2010 年冬季分别在瑞典 Dragaliden 地区和捷克 Krystofovy Hamry 地区对叶片除冰系统进行了长达五个月的测试，分别对两台相邻的 WEC E – 82 型 2MW 风机进行了比较。一台风机启用叶片加热系统，而另一台风机停用。

根据 Enercon 技术服务报告[22]，在捷克和瑞典的试验期内，启用除冰系统的风机发电量提升比例分别为 54% 和 48%。图 1.26 和图 1.27 分别为瑞典 Dragaliden（SE）地区和捷克 Krystofovy – Hamry 地区 WEC E – 82 型 2MW 风机每月加热除冰和未加热除冰的发电量差异。但是，该报告并未公开现场的气象条件和覆冰严重程度等相关数据。

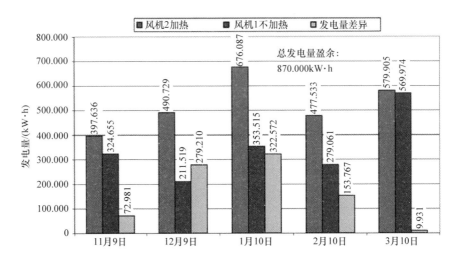

图 1.26　瑞典 Dragaliden（SE）地区，WEC E – 82 型 2MW
风机每月加热除冰和未加热除冰的发电量差异[22]

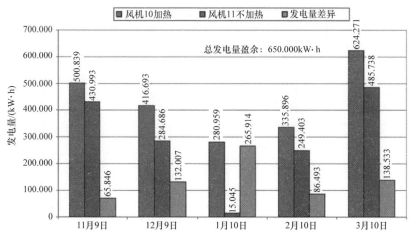

图 1.27　捷克 Krystofovy - Hamry 地区，WEC E - 82 型 2MW 风机每月
加热除冰和未加热除冰的发电量差异[22]

1.6　海上结冰

结冰一直是影响船舶和海洋建构筑物的一个严重问题。造成海上结冰的原因按重要性排序如下：①海水汽化；②大气结冰。

这两种现象可能同时发生，其程度取决于建构筑物离海面的高度，根据不同情况，海雾高度通常不超过 15 ~ 30m。

空气中的含水量随高度增加而下降，在海拔 4m 且风速小于 25m/s[23]时，空气含水量比大气结冰过程中观测到的典型最大值小 1 ~ 2 个数量级。

海冰（浮冰、流冰、固定岸冰）是寒冷气候下海上风电机组的另一个重要问题。

在近海条件下，海面上的浮冰或流冰群的影响表现为机械冲击和振动增加，会对风机结构产生额外的静载荷和动载荷。

海上风电机组受到固定岸冰的影响比浮冰的影响大得多。对于固定岸冰，建构筑物通常或多或少地被均匀的冰包围。与风机结构相互作用的冰层产生了大范围的变形，对风机结构产生不同程度的反作用力[24]。静载荷是由冰与风机塔筒的静接触引起的，表面力是由风、流动牵引和热膨胀共同作用的载荷产生的，这些载荷将冰缓慢地推向风机结构。塔筒表现为一个独立的锚点，抵抗分布在塔筒表面的驱动力。气象条件、作用力大小和结冰—融冰循环过程决定了冰和结构相互接触的均匀性。海水中的厚冰有时会导致海洋悬臂结构的不可逆损伤而产生连锁反应。风电机组附近的海面结冰现象如图 1.28 所示。每年冬天都会有一定数量的流冰群产生，通常是在春季海冰开始移动的时候。

动载荷来自多块浮冰或覆盖数平方公里的冰原（见图 1.29）以一定的速度（甚至高于 1m/s）撞击建构筑物。冰的持续时间和作用力取决于冰的动能及其特征。浮冰、流冰群以及大气结冰会导致风电机组过度振动。冰的移动和撞击可能引起结构振动，甚至引起塔筒共振，从而造成损坏，而叶片结冰也会引起振动，但主要影响仍在塔筒[27]。

图 1.28 风电机组附近的海面结冰现象[25]

图 1.29 在 Bothia 湾，漂浮的海冰被风吹到了岸边[26]

冰在塔筒上的堆积会改变塔筒的重量和气动性，从而改变基础的载荷。此外，不同的研究[28]指出，如果不采用海上防腐蚀系统，覆冰会加剧塔筒和基础的腐蚀。

参 考 文 献

1. Germanischer Lloyd Industrial Services GmbH (2005) Business segment wind energy, guideline for the certification of offshore wind turbines
2. Laakso T, Holttinen H, Ronsten G, Horbaty R, Lacroix A, Peltola E, Tammelin B (2010) State-of-the-art of wind energy in cold climates. http://www.vtt.fi/publications/index.jsp
3. Makkonen L (2000) Models for the growth of rime, glaze, icicles and wet snow on structures. Philos Trans R Soc Lond 358(1776):2913–2939
4. International Standard ISO 12494:2001. Atmospheric icing on structures. ISO/TC 98/SC3
5. The wind power: wind turbines and wind farms database (2013) http://www.thewindpower. net, last upload: May 2013
6. Peltola E et al (2012) State-of-the-art of wind energy in cold climates. http://www.vtt.fi/ publications/index.jsp
7. BTM wind report (2012) World market update 2012, Navigant Research. http://www. navigantresearch.com/research/world-market-update-2012

8. Dobesch H, Kury G (2006) Basic meteorological concepts and recommendations for the exploitation of wind energy in the atmospheric boundary layer. Zentralanstalt fur Meteorologie und Geodynamik. Vienna

9. Durstewitz M (2005) A statistical evaluation of icing failures in Germany - 2050 MW windprogramme. Institut fr Solare Energieversorgungstechnik e.V. (ISET). http://renknownet2.iwes.fraunhofer.de

10. Botta G, Cavaliere M, Casale C (2006) Exploitation of wind energy: ENEL's first experience at a mountain test site. In: Proceedings of the EUROSUN conference. Glasgow

11. International Electrotechnical Commission (2005) International standard IEC 61400-1. Wind turbine generator systems - part 1: safety requirements, 3rd edn

12. International Electrotechnical Commission (2001) International standard IEC 61400-13. Wind turbine generator systems - part 13: measurement of mechanical loads, 1st edn

13. Germanischer Lloyd Industrial Services GmbH. Business Segment Wind Energy (2010) Guideline for the certification of wind turbines

14. Spiegel MR (1975) Probability and statistics. Schaum's outline series in mathematics. McGraw-Hill

15. Mounturb (1996) Load and power measurement program on wind turbines operating in complex mountainous regions, vol I–III. CRES, Pikermi

16. Winterstein SR, Kashef T (1999) Moment based load and response model with wind engineering applications. Wind energy symposium AIAA/ASME, p 346

17. European commission non nuclear energy Joule-III RD (1998) European Wind Turbine Standard - II, ECN Solar & Wind Energy Publishing

18. Battisti L (2012) Gli impianti motori eolici. Lorenzo Battisti (ed) ISBN: 978-88-907585-0-8

19. Buhl M (2012) NWTC design codes WT_Perf a wind-turbine performance predictor. National renewable energy laboratory, official web site: http://wind.nrel.gov/designcodes/simulators/wtperf/. Accessed 6 Nov 2012

20. International electrotechnical commission (2005) International standard IEC 61400-12-1. Wind turbines - Part 12–1: power performance measurements of electricity producing wind turbines, 1st edn

21. Tammelin B, Seifert H (2000) The EU WECO-project wind energy production in cold climate. In: Proceedings of an international conference BOREAS V. Finnish Meteorological Institute, Levi

22. Jonsson C (2012) Further development of ENERCONs de-icing system. Winter wind. Skelleftea

23. Makkonen L (1984) Atmospheric icing on sea structures. Army Cold Regions Research & Engineering Laboratory, CRREL Monograph, 84–2. US

24. Mróz A, Holnicki-Szulc J, Karna T (2005) Mitigation of ice loading on off-shore wind turbines, feasibility study of a semi-active solution. II ECCOMAS thematic conference on smart structures and materials. Lisbon, 18–21 July 2005

25. Eranti E, Lehtonen E, Pukkila H, Rantala L (2011) A novel offshore windmill foundation for heavy ice conditions. In: Proceedings of the 30th international conference on ocean, offshore and arctic engineering OMAE 2011 Rotterdam, The Netherlands 19–24 June 2011

26. Battisti L, Fedrizzi R, Brighenti A, Laakso T (2006) Sea ice and icing risk for offshore wind turbines. In: Proceedings of the OWEMES 2006. Civitavecchia, Italy 20–22 April 2006

27. Battisti L, Hansen MOL, Soraperra G (2005) Aeroelastic simulations of an iced MW-class wind turbine rotor. In: Proceedings of the VII BOREAS conference. Saarisalkä, Finland 7–8 March 2005

28. Morcillo M (2004) Atmospheric corrosion of reference metals in Antarctic sites. Cold Reg Sci Technol 40:165–178

29. Tammelin B, Cavaliere M, Holtinnen H, Morgan C, Seifert H (2000) Wind energy in cold climate - final report WECO (JOR3-CT95-0014), Finnish Meteorological Institute, Helsinki. ISBN: 951-679-518-6

30. EWEA (2004) Wind force 12. http://www.ewea.org

第2章

风电机组结冰的相关特点

摘要:

本章具体论述了结冰对风电机组的影响,讨论了风电机组结冰的特点、发生结冰的前提条件以及结冰的形成过程,并讨论了结冰检测问题、主要检测系统以及结冰传感器的工作特性。对海拔 2000m 的测风塔分别用加热和不加热的风速仪进行试验,观测直接结冰和结冰持续现象,并提出计算年结冰天数的方法。结冰的预测问题具有双重性。风电场的设计不仅需要历史数据和空间外推,对结冰事件、结冰强度和结冰持续时间的不间断预测也很重要。事实上,合理使用防冰系统(IPS)可以预测给定时间段内的发电量。因此,本书在对短期预测方法进行研究和讨论后,进一步提出了一种基于概率的用于评估气象信息较少地区结冰周期的方法。甩冰涉及人身和财产安全,本章采用基于蒙特卡罗方法的专用模型分析了甩冰的风险。最后,借助盈亏平衡模型,分析了防冰系统的经济性,并在此基础上计算 IPS 投资经济可行的最小结冰天数。

2.1 结冰对风电机组的影响

如图 1.24 所示,叶片或风电机组其他部件结冰会影响风机的设计(空气动力学、极端载荷、控制系统等)、安全(甩冰和脱冰、噪声)和经济性(发电量、发电机寿命等)。重冰区场址甚至会导致风机完全停机,通常冰在叶片上的持续时间会比气象结冰的时间长得多。如图 1.26 和图 1.27 所示,在重冰区场址的机组若不配置防冰系统,机组将长时间处于结冰状态。在某些特定场址,叶片覆冰时间长造成的长期停机会带来严重的电量损失。

根据 1998 年 BOREAS 第四次会议估计,在覆冰严重地区,机组年发电量损失约 20%;在覆冰恶劣地区,机组年发电量损失甚至高达 50%[1-4]。

由于目前公开文献中仅有少量观测数据,不足以从统计学上判断大型海上风电场覆冰问题的严重性,因此大型海上风电场覆冰问题的严重性目前尚不清楚。

典型场址的风电机组覆冰现象如图 2.1 所示。覆冰现象广泛存在,山地、内陆和沿海的许多场址都可能出现结冰。

对这些不同的地理位置,研究冰本身的结构非常重要,因为它可能会完全阻碍机组正常运行,或改变其空气动力学轮廓,造成能量损失。图 2.2 是从网上获取的不同场址

图 2.1　典型场址的风电机组覆冰现象

a）内陆场址　b）沿海场址　c）山地场址

（来源：国际能源署）

图 2.2　不同场址的风电机组叶片和机舱覆冰照片

（Maissan, J. F. "亚北极地区严重雾凇条件下的风能开发"，Yukon 能源公司技术服务—2001 年环极地气候变化峰会与博览会，网站图片：Kent Larsson, ABVee）

的风电机组叶片和机舱覆冰照片，显示了冰的形成及对风机结构的影响。

业界对风电机组在结冰状态下的运行情况早已进行了多项研究：NEMO（1988—1992 年），NEMO 2（1993—1998 年）和欧盟资助的 WECO "寒冷气候中的风力发电"等课题[3]。这些研究工作结束后，世界各地又安装了许多更大尺寸的风电机组，并从中积累了更多经验。几乎每年都有不少与风机覆冰相关的研究文献，这也表明业界对该问题的研究兴趣日益高涨。其中，芬兰 VTT 技术研究中心的公开报告 Elforsk Reports，引用于 Boreas 和 Winterwind 两项国际会议。2011 年秋季，北欧能源研究机构委托 WSP Environmental 编制了《寒冷气候中的风能》，报告附录详细汇总了各个主题的研究与开发项目[5]。

覆冰对风电场造成的影响主要包括以下方面：

1）测风仪器失效或停机（风资源评估和机组运行阶段）。

2）机组性能迅速下降。

3）噪声增大。

4）风电机组和塔架疲劳增加。

5）振动过大导致风机停机。

6）风轮转速低于临界值导致脱网（低速脱网）。

7）甩冰、冰块脱落影响（威胁公众、维修人员和附近财产的安全）。

8）输电线路损坏。

9）测量仪器、防冻设备和防冰系统加热装置的电能消耗。

10）其他危害（场址交通和通信）。

特别是风电机组的融冰、甩冰和脱冰等对周边人员和设施造成了一定的安全风险。甩冰的覆盖面积取决于冰块的质量和大小，也与风电机组的尺寸和主导风向有关[6]。

从维护的角度来看，在寒冷季节的很长一段时间内，因风机位置通常比较偏远，场区进入较困难，有时仅能携带轻型维修工具进入。因此，场地通达性的降低也影响了风电机组的可利用率。

基于以上原因，除冰和防冰系统成为一个快速发展的领域。从 2004 年的首台商用防冰系统开始，越来越多的公司提出了基于不同防冰原理的系统，其中一些仍处于研发或小规模生产阶段。目前，在芬兰、瑞典、瑞士和其他国家，有部分新建风电场中采用了叶片加热系统。尽管全球已经安装了大量的风电机组，但公开的除冰和防冰系统的运行数据仍很少。在结冰概率较高的地区，例如每年结冰持续几周的区域，建议叶轮上安装主动或被动除冰和防冰系统[2]。但从经济性角度看，覆冰地区盲目安装防冰系统是不明智的。如场址覆冰每年只发生几天或一周，风电机组应在发生覆冰时主动停机，或在设计之初就将覆冰产生的附加载荷考虑在内[6]。不同叶轮尺寸的防冰系统所需电能 $\dot{Q}_{IPS}$ 对比图如图 2.3 所示。风轮尺寸增大，加热面积增加，叶片防冰系统热功率 $\dot{Q}_{IPS}$ 也随之增加。第 3 章中的模型建立了为保持叶片不结冰所需的热能与风轮尺寸和叶片参数（扭角和弦长）的函数关系。如图 2.4 所示为不同叶轮尺寸的防冰系统能耗与机组额定功率的比值 $\dot{Q}_{IPS}P_R$ 对比，从 4% ~ 10%（最大三叶片风轮）增长到 11% ~ 16%（最小三叶片风轮)[7]。鉴于防冰系统消耗的电能需从机组年发电量中扣除，因此该比例对小型机组相对不利。

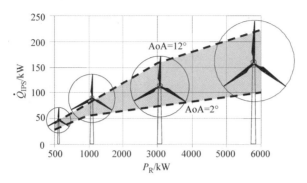

图 2.3　不同叶轮尺寸的防冰系统所需电能 $\dot{Q}_{IPS}$ 对比图[7]

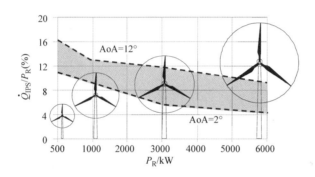

图 2.4　不同叶轮尺寸的防冰系统能耗与机组额定功率的比值 $\dot{Q}_{IPS}/P_R$ 对比[7]

　　对于风电场开发商来说，用可靠的方法来评估是否安装除冰系统至关重要。最困难的问题之一是评估给定场址的覆冰风险。遗憾的是现有的气象和气候数据尚不足以评估覆冰对风电机组的影响程度，只能对其潜在风险进行初步预警。

　　当前市场上尚无足够可靠的风电机组覆冰检测系统。正如下文所述，在这个特定的应用领域中，传感器的性能仍然达不到预期要求。

2.2　风电机组上的覆冰生长

　　通常风机发生结冰时有三种状态：发电、空转（叶片在旋转，但未并网）和停机（风轮处于静止状态）。图 2.5 显示了不同工况下变桨控制风机叶片上的覆冰情况。

　　在发电过程中，叶轮旋转会对叶片前缘的冰产生离心力。离心力与气动力相结合，在冰和叶片之间产生剪切力和弯矩使冰提前脱落。积冰一般取决于风电机组功率控制系统：变桨控制或失速控制。在变桨控制的风机上，由于桨距角减小，转子转速较低，在空转时也可以观察到前缘（Leading Edge，LE）处的覆冰增加到 100% 弦长[8,9]。在水平轴风机中，由于沿半径方向增大的横向相对风速和弦长减小的共同作用，冰更多地积聚在叶片的外侧，并呈线性增加。叶片外侧的冰在风暴期间裂开并再次积聚，形成典型的锯齿形分布（见图 2.6）。

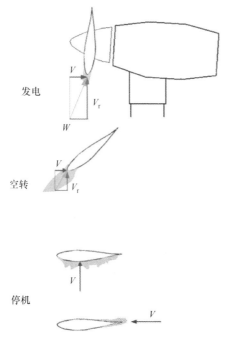

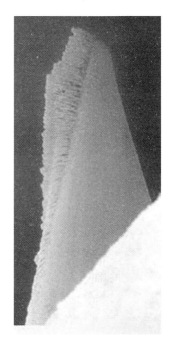

图 2.5　不同工况下变桨控制风机叶片上的覆冰情况　　图 2.6　典型覆冰锯齿形分布示例[10]

　　空转和停机状态下的结冰也是如此，根据风向，叶片的大部分区域可能会暴露在结冰和中等风速环境中，只对叶片前缘的小部分区域进行除冰是完全无效的，尾缘也有可能积冰。

　　根据德国船级社 2010 年实地观察结果（第 4 章）[10]，前缘处质量分布（质量/单位长度）应假定为：顺着转子轴向从零线性增加到 μ_{ICE}（50% 半径处），在达到最外层半径之前保持不变。以下是经验公式：

$$\mu_{ICE} = \rho_{ICE} k c_{min} \left(c_{min} + c_{max} \right)$$

$$\rho_{ICE} = 700 \text{kg/m}^3$$

$$k = 0.00675 + 0.3 \exp \left(-0.32 r/r_1 \right)$$

$$r_1 = 1\text{m}$$

式中　μ_{ICE}——叶片半径一半处每米叶片的覆冰质量分布；

　　　c_{min}——从叶片轮廓线性外推的叶尖弦长；

　　　c_{max}——最大弦长。

　　在不考虑环境和风机工作条件时，这种关系是相当简单的。这种方法得到的不同叶轮直径的叶片覆冰质量分布如图 2.7 所示，图中模拟了三种不同尺寸转子的覆冰分布。大量覆冰给叶轮直径为 80m 的叶片质量额外增加了 1066kg。对于叶轮直径为 61m 的风机，每片叶片附加重量约为 605kg，这些附加重量与静、动载荷分析相关。

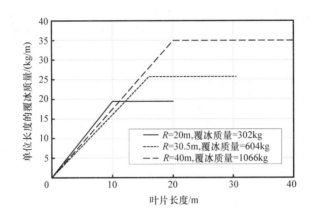

图 2.7　不同叶轮直径的叶片覆冰质量分布[10]

该模型存在一些问题，实际上，由于大尺寸叶片不易集水和结冰，大型风机较少发生大量积冰的情况，详见第 4 章和第 5 章。当大型风机处于静止状态时，该结论仍是合理的。

一般而言，考虑转子的空气动力学和气动弹性作用，可以对边界条件进行以下修正：

1）单位长度叶片的质量变化。

2）翼型气动性能（受力）的变化。

3）材料力学性能随温度的变化。

4）对控制系统的影响（对制动器和传感器的影响等）。

有关叶轮结冰时气动特性的更多信息，请参见 EC 项目 NNE5 2001 - 00259（New Icetools[11]）中的 WP3，该课题旨在对覆冰条件下风电机组的载荷和设计提出改进建议。WP3 研究了覆冰载荷条件下的结构动力学和机组安全性（标准功率曲线、标准振动频谱），从而为叶片设计建立新的原则。

垂直轴风电机组安装较少而分散，公开文献中也尚未提及有关垂直轴风机上覆冰的研究。

VAWT 叶片和悬臂连接处的结冰示例如图 2.8 所示。垂直轴风电机组由于旋转过程中的离心力作用，叶片和悬臂之间的连接处可能成为水、雪和冰积聚的区域。在该位置，雪和冰被压实并使转子高度不平衡，进而导致风机停机。现场观测表明，相对较高的离心力和叶片变形可以适当降低正常运行期间的积冰风险。

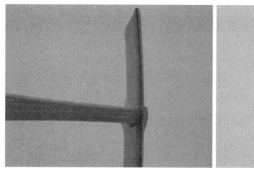

图 2.8　VAWT 叶片和悬臂连接处的结冰示例

2.3　覆冰的前提条件

　　"大气结冰"一词是由于降雨或降雪引起的结冰现象,而"海雾结冰"则表示由海水喷溅到建筑上或风中携带的水滴撞击物体引起的结冰。国际标准《大气结冰》(ISO 12494:2001)[12]对导致结冰的天气条件和不同结冰类型进行了描述。

　　大气结冰有三种不同的形成过程:降水结冰、云中结冰和白霜(水蒸气直接冻结和凝华形成的一种霜)。降水结冰和云中结冰(见图 2.9)是风机运行中最常见的情况。

图 2.9　风机在云间运行

　　降水结冰是由冻雨或湿雪形成的。降水结冰的累积速率通常高于云中结冰,冰的密度和冻雨的附着力很高。适当的温度(即 -3 ~ 0℃)会出现湿雪。湿雪通常导致屋顶、塔架和输电线等竖直结构以及静止状态的风机重量增加并造成危险。湿雪的密度范围为 200 ~ 990kg/m³。

当过冷液滴（通常为云）与运动的结构碰撞并在上面冻结时，就会发生云中结冰，冰层通常较厚。在云层下可以观察到两种类型的冰：雾凇和雨凇。降雨过程中天气条件的变化还会形成混合（交替的雾凇和雨凇）积聚。在暴风雨期间，大气条件通常也在发生变化，故很难针对一组特定的结冰条件来预测结冰的类型和形状。

根据周围环境温度的变化范围可以预测冰的不同类型。图 2.10 为 ISO 12494：2001[12] 中的图，从中可以看出冰的类型与风速和温度之间的关系。实际上，更合理的分析还应考虑物体表面的热平衡。通常，在 −15 ～ 0℃ 易产生雨凇和雾凇（软或硬）。在此温度以下，水滴在云中易冻结形成雪，不太可能发生冻雨结冰。

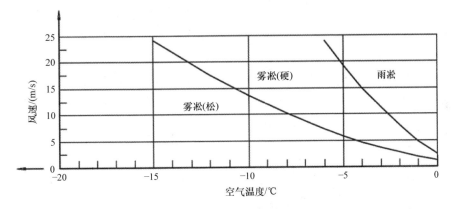

图 2.10　冰的类型与风速和温度的关系
（来源：ISO 12494—2001[12]）

更确切地说，雨凇与雾凇取决于冰在形成过程中的热力条件，这导致表面上存在两种不同的热力学过程。雨凇和雾凇的形成原理如图 2.11 所示。

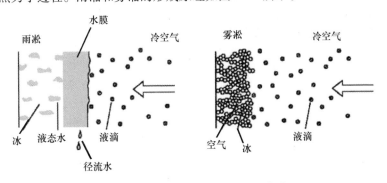

图 2.11　雨凇和雾凇的形成原理[13]

雨凇通常与空气中的液态水含量（Liquid Water Content，LWC）、液滴尺寸（0 ～ 500μm）和温度（−5 ～ 0℃）有关。它在物体表面形成类似玻璃状的透明冰覆盖层。冰层可以适应封闭物体的形状，而且很难被去除。从外表看，这种积聚物坚硬、致密、几乎透明、无气泡且附着力强，密度接近900kg/m³。

雨凇一般是透明的，其特征是存在较大的凸起，通常称为冰凌角，如图2.12所示。

雾凇通常与雾滴大小为0~10μm的冻雾有关。当空气温度远低于0℃（低于-5℃）时，过冷液滴在撞击物体时会立即冻结。可以通过外表识别两种类型的雾凇：

1）硬雾凇：颗粒状，白色或半透明，密度600~900kg/m³（见图2.13）。

2）软雾凇：白色或不透明，密度100~600kg/m³。

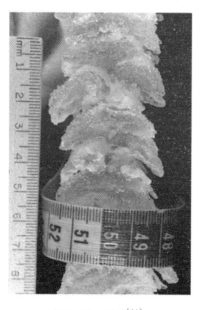
图2.12　雨凇[14]

图2.13　硬雾凇[3]

这种特性取决于表面的热力学过程。结冰过程越快，越多空气积聚在冰结构内部（见图2.14），从而降低了冰块的重量并使之变脆。

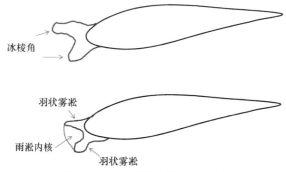
图2.14　雨凇形状和混合凇示例

混合凇同时具有雨凇和雾凇的一些特征。如图2.14所示，混合凇的中心部分具有雨凇的特征。中心部分的雨凇内核被雾凇包围，其具有稀薄的羽毛状形状，通常被称为

"羽状雾凇"。

白霜是水蒸气直接凝结形成的。白霜的密度和持久性很低，对风机的影响可以忽略不计。

总之，大气结冰或海雾结冰时，叶轮（即转子叶片）必须满足以下两个条件：

1）表面暴露在过冷水滴（即温度低于0℃的液态水）的冲击下。

2）表面温度必须低于0℃。

注意，由于叶尖的相对速度较高，即使在低风速时（云中结冰）条件1也是满足的。

冰的密度是评估叶轮结构上冰载荷的重要参数之一，因为：

1）大多数对冰结构的观察都仅报告了冰的厚度，需要密度来确定覆冰的质量。

2）冰的黏合强度及其力学性能取决于密度。

根据 Makkonen 经验公式[15]：

$$\rho_{ICE} = 0.11 \left(-\frac{dW_0}{2T_s} \right)^{0.76}$$

W_0是末端速度，它与撞击的物体有关，因此在相同的大气条件下，尺寸较大的结构物上覆冰的密度相对较小。结果表明，在结冰期间，覆冰的密度随着附着物尺寸的增加而降低。

Makkonen[15]的结论表明，雨凇和雾凇的脱落是由于单纯的黏结失效，而软雾凇的黏结强度更高。冰的脱落主要跟其黏附性有关，在底层附近只有非常薄的一层冰会反复形成，并且这层原始积累的冰往往比覆冰的主要部分更接近湿生长极限。因此，它有一个明确的密度。

在结冰过程中，黏结作用取决于基体的类型和温度，并且随着空气温度的降低和风速的增加而增加[15]。

2.4　结冰过程相关参数

前文介绍了结冰过程、类型和严重程度与许多变量有关。例如，相同的天气条件下，不同风机的防范措施不同。相同条件对小型风机产生的结冰结果不同于兆瓦级风机，也不同于失速型与变桨型风机。同一风机在相同的天气条件下可能由于转子、攻角、转速等不同工况而产生不同的结冰效果。

与结冰有关的参数通常可以分为三类[16]：

1）场址相关参数。

2）风电机组相关参数。

3）组合参数。

结冰过程中涉及的基本参数如图2.15所示。

场址相关参数依次为：气候参数（包括气压、气温和风速）和气象参数（例如空气湿度、每立方米空气中的水含量和水滴尺寸）。

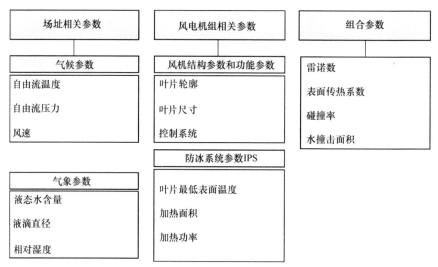

图 2.15 结冰过程中涉及的基本参数

风电机组相关参数主要包括风机结构参数（叶片的数量和长度、弦长、扭角和附加径向分布角度）和功能参数（功率曲线、叶尖速比和控制系统类型）。此外，风电机组相关参数还包括防冰系统参数，如叶片表面的温度分布、防冰区域范围和防冰系统的热流量。

组合参数同时取决于气候和叶轮数据，并由雷诺数、表面传热系数、局部水碰撞率和叶片上的水撞击面积等衍生而来。

场址相关参数决定了冰生长的物理机理，是设计防冰系统时必须考虑的因素。这已在航空领域超过 50 年的试验研究中得以验证。实际测量表明，云中液态水含量（LWC）为 $0 \sim 5\text{g/m}^3$，层状云的 LWC 很少超过 1g/m^3，而对流（积雨云）云中的 LWC 可能更高。在 Cober[17] 的试验过程中，液滴尺寸、液态水含量与空气温度的关系如图 2.16 所示。随着液滴尺寸的增加，LWC 会呈现降低的趋势。实线代表直径为 3cm 的

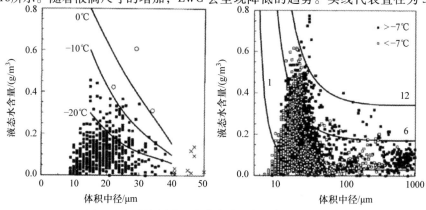

图 2.16 液滴尺寸、液态水含量与空气温度的关系

（测量数据来自参考文献 [17]）

圆柱体上冰的潜在累积量，单位为 $g/(cm^2 \cdot h)$。

在与结冰相关的研究中，云中液滴尺寸分布用液滴的体积中径（Median Volume Diameter，MVD）这一单一变量表示。MVD 亦是雾滴大小范围内 LWC 分布的平均点。MVD 随每种尺寸分段中液滴数量的变化而变化。因此，MVD 可以用于简单描述冰块积聚和防冰分析中全部液滴的尺寸分布。其范围从 $10\mu m$（冻雾）到 $5000\mu m$（冻雨）。MVD 超过 $1000\mu m$ 的液滴称为超大液滴（Super Large Droplets，SLD）。联邦航空局[18]的数据表明，层状云中液滴尺寸的平均值约为 $15\mu m$，对流云中液滴尺寸的平均值为 $19\mu m$。

表 2.1 列出了航空领域和风能领域结冰参数的适用性[19]。在航空领域，尽管某些参数（如 LWC 和 MVD）可通过机场（地面检测）或飞行器（机载检测）的专用仪器进行常规测量和收集，但在风电机组中并不常用，它们的时空分布也不常用，仅温度和压力是常规测量的，而相对速度 W 可以计算。

表 2.1　航空领域和风能领域结冰参数的适用性[19]

参数	LWC/(g/m³)	T/℃	MVD/μm	W/(m/s)	p/Pa
航空领域	可用	可用	可用	可用	可用
风能领域	不可用	可用	不可用	可用	可用

2.5　结冰事件的定义

结冰事件是评估结冰对风电机组经济性影响的关键参数。结冰事件是一个概率概念[19]，取决于图 2.17 中所示的各种参数的交集。

COST 727 项目[20]特别指出了与结冰传感器有关的以下定义：

1）气象结冰：引起结冰的气象事件或扰动的持续时间（以时间为单位）。

2）仪器结冰：仪器由于结冰引起的技术扰动的持续时间（以时间为单位）。

3）潜伏时间：气象结冰开始到仪器结冰之间的间隔时间。

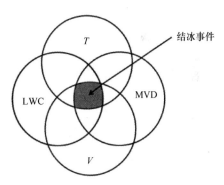

图 2.17　直接结冰事件的定义

4）恢复时间：气象结冰结束到仪器性能完全恢复的间隔时间。

气象结冰和仪器结冰如图 2.18 所示，其中显示了两种不同类型的结冰事件（即气象结冰和仪器结冰）之间的差异[21,22]。根据前面的定义得到气象仪器的性能指标 PI。

$$PI = \frac{I_{icing}}{M_{icing}}$$

式中　I_{icing}——仪器结冰事件持续时间；

　　　M_{icing}——气象结冰事件持续时间。

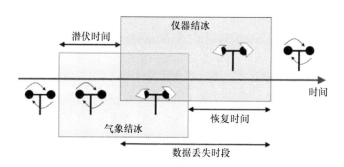

图 2.18　气象结冰和仪器结冰[21]

当性能指标接近零时，气象仪器结冰不敏感性增加，而 PI 大于 1 表明结冰敏感性增加。可以利用该参数对冰传感器进行分类。

这种方法在风机结冰中也非常重要，它将直接结冰和间接结冰（参见参考文献［23］）等参数的意义以更科学、更直观的方式呈现出来。直接结冰是指冰在建构筑物上形成的阶段，而间接结冰表示直接结冰后建筑物上冰持续存在，且对其运行产生不利影响的阶段。相应地，还描述了其持续时间。

本书建议未来风电标准使用航空领域的气象数据。尽管该方法目前由于风能领域中严重缺乏相关基础数据而不一定能够适用，但仍可采用该方法来定义直接结冰持续时间。

结冰的概率可用一组具有相同概率的气象参数数据来进行分析。

航空领域的模型用 LWC、MVD、V 和 T 等大气参数定义结冰事件，其特征值范围为：LWC > 0，MVD $>$ MVD$_{min}$，$T < 0℃$ 和 $V > 0$，当这些参数同时超出阈值时则认为发生结冰。MVD$_{min}$ 是液滴的最小临界尺寸，液滴的轨迹将影响冰的结构，而不受机体产生的空气动力场影响（详见第 4 章）。

直接结冰时间定义为 LWC > 0，MVD $>$ MVD$_{min}$，$T < 0℃$ 和 $V > 0$ 同时发生的单一事件的最小持续时间，并表示为

$$t_i = t_{LWC > 0} \bigcap t_{T < 0} \bigcap t_{V > 0} \bigcap t_{MVD > MVD_{min}} \tag{2.1}$$

通过连续的观测和场址气象数据，可以建立表 2.2，并通过公式（2.1）计算结冰事件的持续时间。

表 2.2　评估结冰事件数据 – 结冰表

事件序号	$V/(m/s)$	$T/℃$	LWC$/(g/m^3)$	MVD$/m$	T_i/h
1					
2					
⋮					
n					

　　总结冰时间不仅取决于直接结冰持续时间（即结冰事件），还取决于冰在结构上的存续并导致风机无法继续发电的时间（间接结冰）。通常，若没有结冰传感器记录，则很难从中推断间接结冰，但是调查[24]表明，间接结冰时长可能达到直接结冰时长的100%，并可能造成高达50%的可利用率损失。

　　结冰传感器提供的大多数数据不足以得出关于总结冰天数（直接结冰+间接结冰）的明确结论。目前尚无方法（试验或数值方法）来帮助预测总结冰时间，尽管笔者认为该研究对于经济性的可靠评估至关重要，但也只能通过适当的安全裕度来处理。

　　图2.19中，给出了直接结冰和间接结冰测量示例[23]。要对结冰造成的经济性影响进行正确的评估，这种深度的基础资料是必需的。

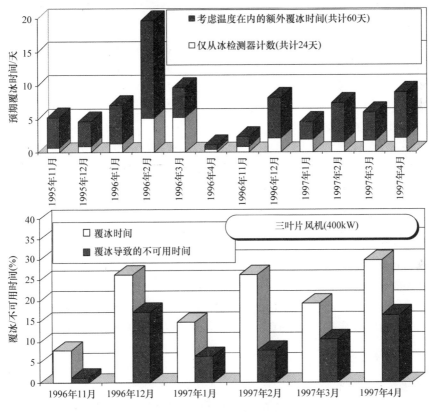

图2.19　直接结冰和间接结冰测量示例[23]

2.6　结冰检测

　　如前所述，冰的形成和生长不仅取决于气象条件还取决于物体本身，所以检测结构上的冰形成过程是很复杂的。与单纯地预测气象结冰相比，其还需要更多信息来评估风电机组的结冰风险（图 2.15）。对于风电而言，形成可靠且有用的结冰检测是一项艰巨的任务。近些年来，人们对各种传感器系统进行了测试，但仍没有得到足够可靠或有效的成果。

对科研论文、专利和相关技术的调研表明，结冰探测器可以分为直接结冰检测技术和间接结冰检测技术。在 Homolosa 等人的最新研究中可以找到非常全面的综述[25]。

直接结冰检测技术可以检测由结冰引起的物理量变化机电系统（微机械和电子设备的集成）、电子系统和光学系统。以下描述主要的测量原理，其中大多数是相关专利和专有知识的内容。

2.6.1 机电系统

1. 测量信号衰减
该方法基于声波衰减方法来测量信号（通常是超声波或微波）的衰减。典型的波导管可以由钢或镍制成。分别在波导管的两端产生和收集信号，并利用压电元件等测量声波衰减。冰的存在导致超声波信号的衰减，而液态水导致的衰减更多，因此可以与表面上的冰区分开来。

2. 测量共振频率的偏移
该方法基于物体表面覆冰而导致其共振频率的变化进行检测。根据经典力学定律，物体（通常是圆柱体）的固有频率会随着质量的增加而降低，并且可以通过压电和磁致伸缩设备对该频率的变化进行检测。机电系统可以通过焦耳热效应加热融化冰，以重复测量结冰过程并提供结冰速度的相关信息。

2.6.2 电子系统

测量电性能变化
该方法测量冰水两相介质电学参数（如介电常数）变化引起的阻抗、电感、电容等参数的变化。电容和阻抗检测技术已经在航空领域成功应用。传感器可以检测相当大区域的结冰情况。传感器很薄，很容易在叶片上进行安装，同时电子元件的功耗也很小。

2.6.3 光学系统

1. 直接测量反射光
该方法测量物体反射或发射的光源。冰积聚在物体上，其表面的发射率和反射率会发生变化。通过对信号进行数字采样，将信号输出差异与冰的生成和消融联系起来。此外，该技术可以通过表面的循环加热来测量结冰速度。

2. 红外光谱法
此方法基于冰对红外线的吸收和反射。因冰的类型会影响其反射率，该技术无法测量冰的厚度。该方法的优点在于不需要在叶片表面铺设电线。潜在缺点是，如果反射区域受到污染，则传感器的效率就会降低，而且光纤必须嵌入叶片中，安装作业比较困难。

3. 全反射法

该技术基于斯涅尔定律。光束（如发光二极管）从光密介质射向光疏介质时，当入射角超过临界角时，折射光完全消失，只剩下反射光。由于冰和水的折射率约为 1.3（在 0℃时，冰的折射率为 1.33049，水的折射率为 1.3354），与非常接近 1 的空气相比，只要表面没有覆水或冰，光就可以被完全反射，而若水或冰存在将不能完全反射。该方法的缺点在于冰和水的折射率大致相同，很难将之区分开来，这就需要额外对环境温度进行测量。

4. 网络影像记录

该方法是结冰有关参数的间接测量方法，这些测量值可以组合起来作为诊断分析的输入条件。

基于图像分析技术的网络摄像机的缺点是需要光源来记录图像，在光照不足的情况下，必须进行人工辅助照明（超出可见光范围以避免环境干扰）。

2.6.4 风机参数

叶片结冰的直接后果便是气动性能下降，从而导致输出功率降低。结合环境温度和叶片加速度的检测，可以避免由于机械故障而产生错误信号。此外，可通过测量由于覆冰导致的叶根处弯矩变化来计算叶片质量增加。还有一种方法是测量轮毂的扭矩，该方法的原理是叶片上的覆冰是不均匀的，会导致叶片质量不平衡。尽管不平衡测量可以集成到传动链的状态监测系统中，但只有叶片质量存在很大偏差时才有效。典型的叶片质量不平衡量计算见第 3 章。评估覆冰引起的质量不平衡，必须有较大的质量或动量偏差，这只能在静止或停止状态下实现。在此情况下，覆冰质量可能会相对较大（见图 2.7）。实际上，任何空气动力学波动都可能导致有关覆冰的错误提示。该方法必须确定所监测的气象条件和运行条件是否与叶片结冰一致。因此，在采用叶片不平衡法测量覆冰时，还需要测量环境温度、湿度和偏航角。因为偏航角也可能导致叶片不平衡，为避免错误检测，有必要使偏航角接近零。

2.6.5 噪声测量

Seifert[2]证明了当叶片结冰时，噪声水平会增加，尤其是叶片噪声的频率会向更高频率偏移。该系统需要针对特定位置和风机（或风电场）进行定制，以消除背景噪声的影响。

2.6.6 叶片表面的热力学状态

监测叶片表面温度和水的存在可以预估结冰的风险。如果表面温度低于预设的临界值（即 $T_s \leq 0℃$），并在表面上检测到水滴，便可以精确评估其结冰风险。检测表面热力学状态的判断逻辑如图 2.20 所示，其他条件的组合在使用该方法时可忽略。该测量所需的传感器非常简单、轻便，可以在叶片上安装、更换。当叶片通过塔架前方时，传感器在叶片表面发出的信号（有风险/无风险）可以由安装在塔架上的接收器接收。

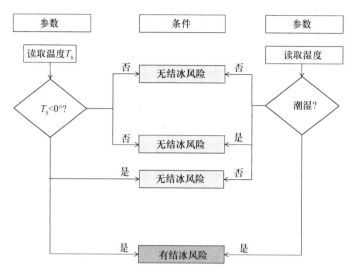

图 2.20　检测表面热力学状态的判断逻辑

2.6.7　加热和未加热风速计的读数差异

该方法基于对加热和未加热的风速计或风向标的读数进行测量。未加热的风速计可能会结冰、阻塞或延迟，而加热的风速计会在结冰期间继续准确测量。在风速测量过程中，它可以用作现场潜在结冰危险的预警器，并明确指示是否需要加热风速计（比标准风速计价格高）来控制风轮。

2.6.8　风机结冰检测系统综合评价

风电机组结冰检测系统的特殊性决定了其必须考虑以下特殊要求：

（1）检测效率　这是一个基本要求，因为检测的几分钟延迟将产生足够的冰粗糙度，并恶化其气动性能。启动防冰/除冰设备的时间延迟达到数分钟也将削弱其除冰效果。

（2）可靠性　系统应防止误报。要实现此目标，必须满足两个先决条件：

1）检测区域应足够广，以避免误检。

2）传感器对污秽不敏感。

可以在叶轮上对传感器进行冗余配置，无论是对于单个或多个叶片，还是对于叶尖上的危险区域，保证传感器数量可以克服某些传感器测量面积较小的局限性。此外，传感器可以检测弦向的重复结冰。增加其他参数的测量（如功率曲线）将有助于提高测量系统的可靠性。

（3）安装位置　用于固定工况（气象应用）或飞行应用（航空）的结冰探测器很重，只能安装在风机的固定部件上（如机舱）。但是结冰过程取决于局部传热系数，叶尖的相对速度远高于机舱处的相对速度。例如，机舱处的绝对风速为 12m/s，对应于叶尖处的相对风速至少为 70m/s。最常见的是，当记录到机舱开始结冰时，叶片已经处于完全结冰状态，并且风机的振动传感器可能也已启动。因此，推荐将结冰检测传感器安装在叶片外侧、靠近叶尖的三分之一处。

（4）方便更换　当传感器发生故障时，应易于更换。

（5）易被雷击　尽管现代叶片集成了防雷保护装置，但一旦发生雷击，传感器的细线易被烧毁，这是有线连接系统的缺点。此外，还需要通过轮毂的旋转支架来传递信号。如果使用无线通信来克服上述问题，还会存在信号源电池续航问题。

（6）小巧轻便　由于最佳安装位置在叶片上，因此此类设备的必要条件是质量要小，并且不会影响风机的气动性能。

2.6.9　测量现场的结冰情况

通常对比加热和未加热风速计或风向仪读数的差异，结合环境温度等参数的测量可以对直接结冰进行评估。当温度降至 0℃ 以下时，加热的和未加热的仪器输出曲线会发生偏离，可以认为此时正在结冰。一年中这些事件的持续时间之和便是全年总的直接结冰时长。在位于意大利北部特伦托省（阿尔卑斯地区）的一个配有 20m 高测风装置（图 2.21 左）的气象站，对该方法进行了测试。该站于 2006 年底安装在阿加罗山（Monte Agaro）附近（海拔 2062m）（见图 2.22）。阿加罗气象站的测风塔位于海拔 2018m 处，并在其顶部 20m 处安装了加热风速计和未加热风速计。数据记录时段为 2007 年 1 月 20 日—2010 年 5 月 6 日。

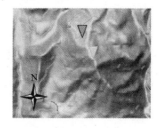

图例
气象站(海拔2018m)
阿加罗山(海拔2062m)

图 2.21　阿加罗山（左）和气象站（右）相对位置

表 2.3 统计了意大利阿加罗气象站测风塔安装概况。两个加热的传感器都有一个内置的电子元件，以充分加热设备并防止结冰（等级 0）。图 2.23 为该测风塔覆冰照片。塔上的覆冰清晰可见。

图 2.24 和图 2.25 显示了一个以大雪为特征的月份的记录数据。如图 2.25 所示，在短暂的潜伏期之后，加热和未加热的风速计的记录曲线在结冰期间发生偏离。未加热的风速计和风向标上的覆冰导致了 10d 的休眠期（约占整个月持续时间的 30%）。

图 2.22　阿加罗气象站

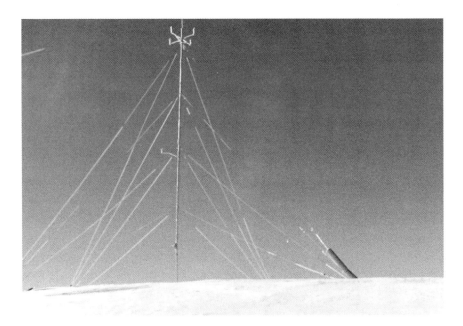

图 2.23　测风塔覆冰照片

表 2.3 意大利阿加罗气象站测风塔安装概况

坐标（UTM）	东：705 221—北：5108 587
海拔/m	2018
加热风速计安装高度（离地高度）/m	20
加热风向仪安装高度（离地高度）/m	20
非加热风速计安装高度（离地高度）/m	20、10
非加热风向仪安装高度（离地高度）/m	20、10
温度传感器安装高度（离地高度）/m	4
测量周期	2007 年 1 月 20 日 ~2010 年 5 月 6 日
记录步长/min	10

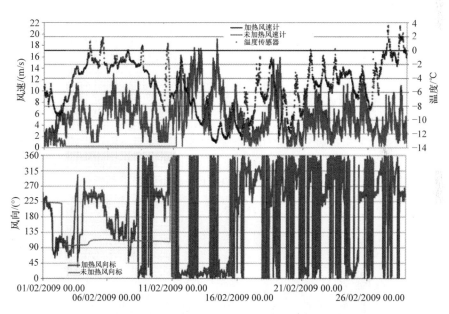

图 2.24 2009 年 2 月（意大利阿加罗气象站）加热的（红线）和
未加热的（蓝线）风速和风向对比（附彩插）

　　该方法在预测直接结冰时有足够的可靠性。由于风速计风杯的尺寸和风机叶片的实际尺寸相差很大，因此该预测并没有准确给出风机叶片可能结冰的天数。由于风杯的小尺寸使风速计比叶片更容易发生潮湿和结冰事件（详见第 4 章相关内容），故该方法是相对保守的。

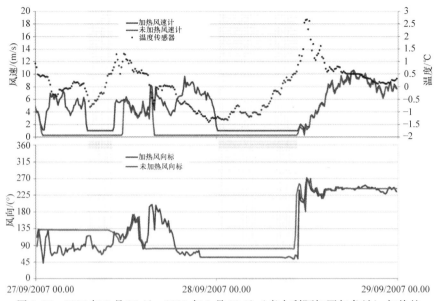

图 2.25　2007 年 9 月 27 日—2007 年 9 月 29 日（意大利阿加罗气象站）加热的
（红线）和未加热的（蓝线）风速和风向对比（附彩插）

2.7　冰冻气候下测风仪的运行情况

杯式风速计和风向标对结冰非常敏感。少量的结冰就能显著降低风速测量值，大量结冰甚至会阻塞风速计：当风速为 10m/s 时，风速计的风杯和转轴上的少量结冰会导致风速测量值降低约 30%。图 2.26 显示了风速计和风向标严重结冰而完全停止的情况。

图 2.26　风速计和风向标严重结冰

如控制器无法准确跟踪风速大小和风向变化，则可能导致风机故障。如果在运行期间风电机组不能随风向偏航，则会产生能量损失、振动，甚至停机。如果风机处于静止状态，则当 $V > V_{cut,in}$ 时，风机可能以相反的转向起动，或者因风速测量值低于实际值而无法起动。风电机组运行时使用部分结冰的风速计会产生较大的功率波动。

　　未加热的杯式风速计上的少量冰、雪会影响风速计的系统响应，当在寒冷天气运行时应对其进行仔细检查。寒冷干燥条件下风洞试验中的杯式风速计覆冰案例如图2.27所示，其摘自《Eumetnet Sws II 项目 2004 年终期报告》[26,27]，显示了风速计逐渐结冰的

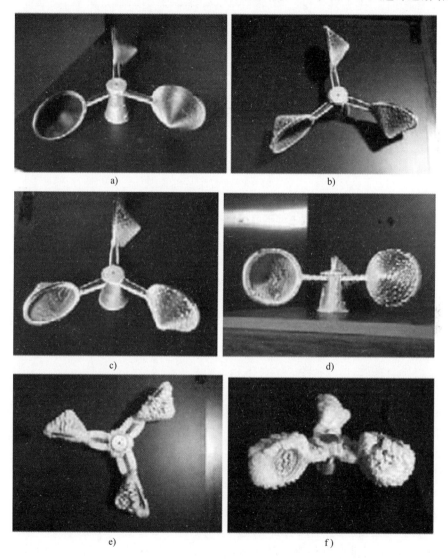

a)　　　　　　　　　　　　　　b)

c)　　　　　　　　　　　　　　d)

e)　　　　　　　　　　　　　　f)

图2.27　寒冷干燥条件下风洞试验中的杯式风速计覆冰案例[27]

a) 10min　b) 20min　c) 30min　d) 60min　e) 120min　f) 180min

过程。覆冰会改变风速计的气动性能、使风杯质量和阻力比增加（凹面阻力系数高/凸面阻力系数低）、阻碍润滑剂进入轴承，从而影响标定曲线和风速计的响应。

采用 Pedersen 等人[28]的研究成果建立一个简单的模型，模拟覆冰对理想杯式风速计动态和静态性能的影响（见图 2.28）。该模型将覆冰厚度和冰质量通过简单的数学关系相关联。

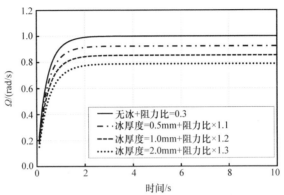

图 2.28　10m/s 风速时理想杯式风速计在无冰与覆冰时的响应对比

注：阻力比定义为 $C_{D,2}/C_{D,1}$。

参考图 2.29，每个风杯产生的瞬时空气动力扭矩由下式给出：

$$M(\theta) = \begin{cases} \dfrac{1}{2}\rho A_c C_{D,1}(V\cos\theta - \Omega R)^2 R, & \Omega R < V\cos\theta \\[2mm] -\dfrac{1}{2}\rho A_c C_{D,2}(V\cos\theta + \Omega R)^2 R, & \Omega R > V\cos\theta \end{cases} \tag{2.2}$$

式中　　R——支撑臂长；

　　　　A_c——迎风面积；

$C_{D,1}$、$C_{D,2}$——风杯的凹面和凸面的阻力系数。

由于支撑臂的机械摩擦和气动阻力，气动扭矩与阻力扭矩 M_r 保持平衡。假设风速计处于均匀流中，可以模拟不同结冰条件下的动态特性，如图 2.28 所示。覆冰改变了风速计的加速度，且平衡状态下的转速降低，导致风速测量值低于实际风速。风杯上均匀分布的 2mm 覆冰，在风杯上产生的阻力比为 1.3，与无覆冰的风杯相比，转速下降约 20%，风速测量值也相应下降（风速计的风速和转速存在线性关系）。Fortin[29]等人的试验研究证实了上述影响，提出

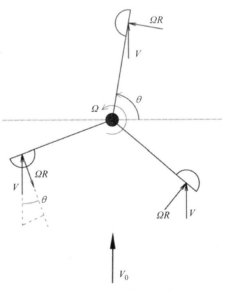

图 2.29　风速计转动示例

了一个半经验公式，该公式采用风速、温度、LWC 和 MVD 来预测覆冰中的风速计失效。

可以通过加热的方法来防止测风仪结冰。根据防护程度不同，可以分为 0 ~ 3 级，共 4 类：

1) 0 级：无冰（完全加热）。

2) 1 级：在支架和撑杆上有余冰，测量元件上无冰。

3) 2 级：测量元件上有余冰。

4) 3 级：传感器不加热。

等级越低，所需热（电）功率越大，0 级所需功率通常高达 200 ~ 300W。由于必须提供较多的电能来加热传感器，致使采用加热测风技术非常困难且昂贵。加热耗能远超过常规（非加热）测风所需的电能。由于加热测风技术的复杂性，即使有结冰的风险，也较少采用。

通常建议在结冰环境或经常降雪的地点使用加热测风仪，不仅要加热传感器（风杯和支撑臂），加热支架也很重要。实际上，由于结冰会引起局部流场变化，风传感器支架上大量覆冰也会显著改变测量值（见图 2.30）。

在极端条件下，完全加热传感器也不能保证没有覆冰。例如，电源可能断电（见图 2.25）或低于所需功率（在非常冷的环境中）。在这种情况下，必须使用数据过滤技术来消除覆冰影响。

图 2.30　风传感器支架上大量覆冰，显著改变测量值[27]

2.8　覆冰预测模型

2.8.1　短期覆冰预测

短期覆冰预测对于以下应用场景非常必要：

1) 2 ~ 3d 的预测对于现货能源市场的生产计划至关重要。

2) 预测风机功率曲线和发电量的下降对风电机组的辅助系统和维持电网稳定也至关重要。

3) 6h ~ 1d 的预报对于防冰系统的启动和避免因误报造成的电能浪费非常重要。

4) 确定直接和间接结冰时间，估算风电场的脱网时间。

现行的结冰预报方法如图 2.31 所示。根据图 2.31 的方案，最合理的覆冰预报是将气象信息与覆冰模型相结合：

该方法利用气象模型（MM）的输出结果，结合先进的物理结冰模型，最后提供数值天气模型（NWM）。

MM 的网格大小主要取决于所调查站点周围地形的复杂性。实际上，复杂的地形需要更高的分辨率（25m×25m的高分辨率地形网格）以充分评估影响天气变量的物理过程。但是，模拟的最终分辨率要在足够精细的分辨率与计算成本之间平衡，能够为覆冰模型产生实时输入变量。MM将提供相关的气象和气候变量（LWC、MVD、T、V、p）。这些变量将输入到不同复杂程度的覆冰生长模型（IGM）中，如图2.31所示。

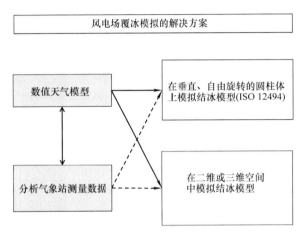

图2.31 现行的结冰预报方法

从网络获取的最新气象数据主要用于测量而不是评估覆冰状况[3,30,31]，生成的图谱不足以评估风机的结冰频率和严重程度。Harstveit[32]提出的方法可以从常规气象数据和云层高度获得LWC和云层以上的液滴直径。这种相关性对于特定场地条件是有效的。

如今，挪威、芬兰和瑞士根据数值天气模型与ISO 12494[12]（Makkonen关于自由旋转圆柱体的文献）结冰公式，制作了各自国家的覆冰地图。

这种方法有如下缺点。首先，垂直、自由旋转圆柱体的结冰模型仿真结果适用于输电线路导线，但与风机叶轮却差异较大。通过比较覆冰量和叶片的相对速度以及叶片的形状可以明显看出，其撞击和积聚效率与3cm直径的旋转圆柱体产生的效果完全不同。因此，覆冰的积聚和覆冰的风险预测与观察收集结果相差甚远。此外，在风电场中，叶片的上叶尖通常在距离地面100～200m的高度运动，其气候条件与近地面不同。风机在云层内部（结冰频繁）和水分含量较高的环境（结冰严重）运行的概率更高。现在还没有一种简单的算法可以将圆柱体上建模的冰载荷直接转换为风机叶片上的冰载荷。

第4章中讨论了用于模拟2D和3D机翼覆冰的专用数值模型（见图2.31），外部条件保持不变，结果是一致的。不过这种方法很少用于风电领域中，因为LWC和MVD并不是常规测量参数，也不能与常规参数（相对湿度）相关联。此外，模拟运行时间很长，而且过程当中并没有考虑叶片的旋转，结果导致所收集的水量远远小于实际量。到目前为止，仅模拟了结冰过程，尚未涉及融化和升华过程。因此，在结冰过程中，结冰模型尚未考虑数值天气模型的结果和其他覆冰时间段的气象数据。另一个缺点是，使用2D和3D模型只能模拟短时间（几分钟）的结冰。在长时间的数值模拟中（2～6h）

（如暴风雨）如果未考虑叶轮的实际运行工况（转速、振动等导致冰块破裂），将造成结果失真。

仅将 NWM 与 IGM 结合尚不足以对覆冰风险进行可靠的预测并选择适当的防冰策略，还需要一个模型来评估覆冰对叶片和传感器的影响，进而评估对功率曲线（潜在的电量损失）和结构（附加疲劳、不平衡等）产生的影响（见图 2.32）。

天气模型 → 风机结冰模型 → 风机的性能和结构影响

图 2.32　完整的风机结冰预测模型

使用简化的覆冰模型（RPIM）能够使该模型计算更快、更有效。第 5 章便给出了一个示例。该模型能输出冰污染等级（CL）（叶片上冰的质量、厚度和分布）和事件频率等级（EFL）等综合变量。基于 CL 和 EFL 两个变量可以建立损伤等级矩阵（DLM），如图 2.33 所示。

		冰污染等级(CL)			
		0级	轻度(1级)	中度(2级)	重度(3级)
事件频率等级(EFL)	0级	$D<D_{critical}$ $E_{IPS}=0$ $\Delta E=0$	$D<D_{critical}$ E_{IPS}=预设值 ΔE=预设值	$D<D_{critical}$ E_{IPS}=预设值 ΔE=预设值	$D<D_{critical}$ E_{IPS}=预设值 ΔE=预设值
	轻度(1级)	$D<D_{critical}$ E_{IPS}=预设值 ΔE=预设值	$D<D_{critical}$ E_{IPS}=预设值 ΔE=预设值	$D>D_{critical}$ E_{IPS}=预设值 ΔE=预设值	$D>D_{critical}$ E_{IPS}=预设值 ΔE=预设值
	中度(2级)	$D<D_{critical}$ E_{IPS}=预设值 ΔE=预设值	$D>D_{critical}$ E_{IPS}=预设值 ΔE=预设值	$D>D_{critical}$ E_{IPS}=预设值 ΔE=预设值	$D>D_{critical}$ $E_{IPS}=0$ 风电机组停机 ΔE=预设值
	重度(3级)	$D<D_{critical}$ E_{IPS}=预设值 ΔE=预设值	$D>D_{critical}$ E_{IPS}=预设值 ΔE=预设值	$D>D_{critical}$ E_{IPS}=预设值 ΔE=预设值	$D>D_{critical}$ $E_{IPS}=0$ 风电机组停机 ΔE=预设值

图 2.33　基于冰污染等级（CL）和事件频率等级（EFL）建立损伤等级矩阵（DLM）
注：$D_{critical}$ 代表临界严重程度。

利用不同污染等级下叶片表面覆冰时的空气动力学数据库和由此造成的破坏程度并考虑覆冰的持续性，可计算风机的功率曲线。在这个阶段，可以从经济性的角度（评估风机部件的结构完整性和使用寿命降低、IPS 能量需求和功率曲线下降）来做出决策。图2.34为覆冰应对策略评估流程，包括：

　　1）结冰的风险概率。

　　2）冰载荷（和结构破坏）和防冰热流量。

　　3）对功率曲线和发电量的影响。

　　4）运行策略（风机结冰立即停机、带冰运行等）。

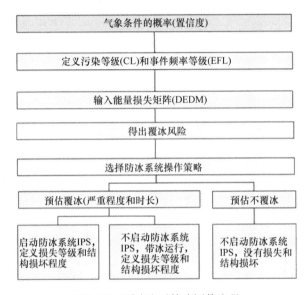

图2.34　覆冰应对策略评估流程

2.8.2　超短期覆冰预测

　　通过对气象参数的实时测量可以获得1h以内的超短期预测。超短期覆冰预测通常用于收集评估防冰系统启动需要的信息。该方法基于航空领域应用的结冰遥感系统。在风电场或中央控制中心，设计应用于风机的结冰遥感系统，监测、处理并有效传递环境相关信息。它应能检测易于结冰的条件，包括云和降水中的液态水含量、液滴尺寸分布和温度。雷达和微波辐射测量是目前最可行的技术，可以通过从地面基站或机舱扫描风机前方空域来完成。雷达具有的测距能力使其成为一种探测LWC、液滴尺寸和温度的关键技术。雷达可以多方位探测，既可以从地面垂直扫描，也可以从空中水平扫描，从尺寸、重量和功率需求等方面考虑，地面雷达正成为一种目前更可行的技术。微波辐射测量技术的发展落后于雷达技术，但最近引入的一种用于扫描和分析温度、水蒸气和云中液态水，并且使用水平探测模式的辐射计（以及更传统的垂直或近垂直模式）是非常有前景的[33]。现有的地面系统（机场）可以为探测所需的陆地气象数据提供重要依据，同时结合风机的特点，构建DLM，如图2.33所示。图2.35所示为风电机组机舱遥感系统，它表现一种中短期应用场景。基于环境参数的持续检测，机舱的遥感系统可以为风电场的短期最佳运行提供基本条件[34]。

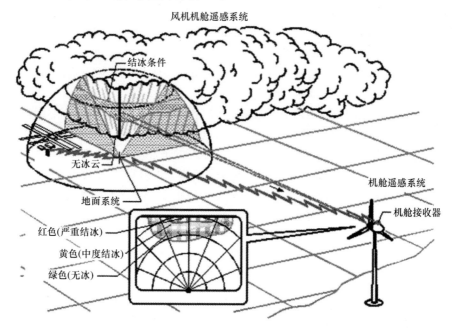

图 2.35　风电机组机舱遥感系统

2.8.3　缺乏相关信息的场址覆冰风险评估

表 2.4 在表 2.1 的基础上，重构了评估覆冰风险所需的气象和气候参数以及它们在航空和风能领域的可用性。尽管相对湿度是风机现场测量设备中的基本参数，但笔者认为此参数对评估覆冰严重性的意义不大。大多数实际记录中，即使相对湿度低于 70%时，覆冰也非常严重（大滴冻雨条件）。

另一方面，覆冰可能发生的海拔范围是特定的，因此从航空数据来推断会产生不确定的结果。对于山地地形，问题更加复杂。

在航空领域评估中，获取覆冰的基本参数非常昂贵，在风电领域很少使用表 2.4 中的全部参数。因此，没有定量数据来评估给定地点的覆冰频率或覆冰严重程度。

表 2.4　防冰系统设计需要的主要气象参数表

参数	液态水含量/（g/m³）	液滴尺寸/m	风速/（m/s）	压力/Pa	温度/℃	相对湿度（%）	云层水平距离/m
航空领域	可用	可用	可用	可用	可用	可用	可用
风能领域	不可用	不可用	可用	可用	可用	可用	不可用

当风电开发商试图评估覆冰的严重程度时，通常面临如下问题：

1）建立某场址 LWC、MVD、V 和 T 的联系。

2）确定这些因素如何影响叶轮，进而导致覆冰（覆冰严重程度）。

3）评估与覆冰有关的危害（电能损失和设备损耗）。

4）评估防除冰系统（加热防除冰、机械除冰等）的能量和功率需求。

特伦托大学流体机械实验室开发了一种方法[19]，用于快速、可靠地估算防冰所需热量和功率，并可在缺乏完整气象数据的情况下进行评估。利用典型的概率分布，该方法可以预测风电机组的结冰频率和严重程度。

当现有结冰参数的观测和记录不连续但足够分析其分布规律时，可以利用复合概率定理来预测结冰事件的发生概率。当 $V = V_1$、$T = T_1$、$LWC = LWC_1$、$MVD = MVD_1$ 时，给定的潜在结冰事件发生的概率密度，由 V 大于 V_1 的条件下的概率密度 $p(V)$ 乘以 T 大于 T_1 条件下的概率密度 $f(T)$，乘以 LWC 的条件概率密度 $f(LWC)$，如果 $V > V_1$ 和 $T > T_1$ 满足，得 $LWC > LWC_1$，再乘以条件概率密度 $f(MVD)$，如果 $V > V_1$ 和 $T > T_1$ 和 $LWC > LWC_1$，得 $MVD > MVD_1$。具体表现如下：

$$f_1 = f_{V_1} f_{T_1}(V) f_{LWC_1}(V,T) f_{MVD_1}(V,T,LWC) \tag{2.3}$$

这些变量之间存在一些关系，例如 LWC 与液滴直径、速度与温度分布之间的关系。然而，对于风电领域的评估仍是不确定的。在航空领域，尽管发现液滴直径与水含量、温度相关性较差，但 FAR 准则[18] 提供了间歇性和连续性云层的 LWC 和 MVD 的关系图表，但仍然很难将其扩展到风电领域。观测结果表明，速度和温度分布与场址类型的相关性较弱，但总体趋势不太可能出现。式（2.3）中所示的模型考虑了变量之间的相互依赖关系，但其假设气象变量是独立的。简化带来的误差估计与由气象参数测量不确定性引起的误差在相同的数量级上。因此，结冰事件的综合概率为单个概率的乘积。式（2.3）简化为

$$f_1 = f_{V_1} f_{T_1}(V) f_{LWC_1} f_{MVD_1} \tag{2.4}$$

根据公式（2.4），防冰热通量由下式给出：

$$\dot{Q} = \dot{Q}[\cdots, f(V)^{-1}, f(T)^{-1}, f(LWC)^{-1}, f(MVD)^{-1}] \tag{2.5}$$

全年防冰耗能为

$$E_1 = 8760 \int_0^\infty \int_{-273.15}^\infty \int_0^\infty \int_0^\infty \dot{Q} f_V f_T f_{LWC>0} f_{MVD} \, dVdTdLWCdMVD \tag{2.6}$$

其中 $f_{LWC>0}$ 表示 $LWC > 0$ 的概率。与单个结冰变量相关的防冰时间曲线为

$$D(\dot{Q}) = 1 - \int_0^{\dot{Q}} f(\dot{Q}) \, d\dot{Q} \tag{2.7}$$

图 2.36 为防冰热功率持续时间曲线，以无量纲形式表示。曲线下的面积代表在某一环境条件下完全除冰所需的总能量（极端条件）。

例如，最大防冰热功率的概率小于 1%，其计算式为

$$\dot{Q}_{max} = \{\dot{Q} : P(\dot{Q}_{max}) < 0.01\} \tag{2.8}$$

当现场有完整数据（见表 2.4），式（2.8）变成

$$\dot{Q}_{max} = (\cdots, V_{max}, T_{min}, LWC_{max}, MVD_{max}) \tag{2.9}$$

以上情形可以通过使用参数分布而不是离散数据来进行概括。该方法适用于所有风

电场的研究。

在图 2.37 中，通过平均值 μ 和标准差 σ 来定义温度的正态分布，而 V、LWC 和 MVD 使用 Weibull 分布，其特征参数分别为 (k_V, c_V)，(k_{LWC}, c_{LWC})，(k_{MVD}, c_{MVD})。LWC 的分布是指以 LWC > 0 为特征的事件。假设 $f_{LWC} = 0.2$，该概率是由风电场含水量严重程度的合理假设确定的。例如，文献［31］中概述的方法根据可见度对其进行评估。

随机生成一些现场参数，使用蒙特卡罗方法求解式 (2.6) 和式 (2.8)[35]。

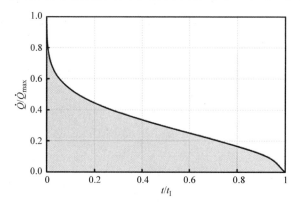

图 2.36　防冰热功率持续时间曲线

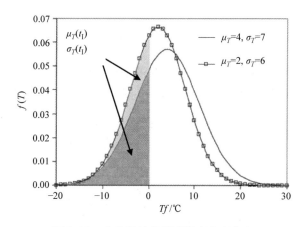

图 2.37　实验场址的温度概率密度分布

使用上述方法对三叶片、变桨和变速控制的兆瓦级风机进行测试。叶片剖面图见图 2.38，覆冰预防策略相关参数见表 2.5。表 2.6 列出了用作模拟的典型数据样本，根据所需防冰能量、结冰时间和功率，使用式 (2.6) 和式 (2.8) 获得的结果。

表 2.5　风电机组和防冰系统的主要参数

P_R/kW	直径 D/m	叶片数 Z	风轮转速 Ω/(r/min)	风速 V_R/(m/s)	翼型	最低温度 $T_{s,min}$/℃	ε_{IPS}	A/m²
1200	62	3	22	13	NACA632 – 4××	0.5	1	7.5

表 2.6　表 2.5 和图 2.38 中描述的输入（分布参数）和输出（能量 E_I 和最大热功率 $\dot{Q}_{max}$）样本

序号	μ_T/℃	σ_T/℃	c_V/ (m/s)	k_V	c_{LWC}/ (g/m³)	k_{LWC}	c_{MVD}/μm	k_{MVD}	t_I/h	E_I /(kW·h)	$\dot{Q}_{max}$(99% t_{ice})/kW
1	6	6	7.5	2.5	0.6	1.5	30	2	288	2273	28.0
2	0	7	6	2	0.9	2	25	2	876	11582	40.8
3	2	7	9	2	0.9	2	22.2	1.5	679	10318	42.3
4	4.3	7.9	5.7	1.8	0.8	1.5	20	1.8	518	6101	39.2
5	8	4	7.9	1.5	0.7	2	30	2	40	180	16.5
⋮											
N											

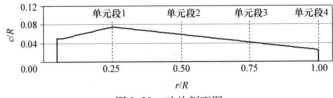

图 2.38　叶片剖面图

使用表 2.6 中第三组数据可获得图 2.39 的结冰频率和结冰强度示意图。图中示出了直接结冰的小时数和防冰耗能 E_I 与气温和风速的关系。由图所示，在风速不同、温

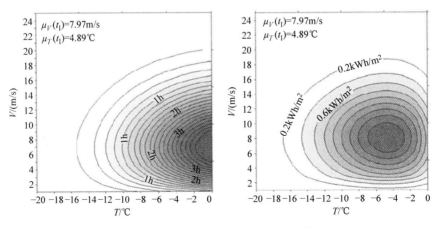

图 2.39　结冰频率（h）和结冰强度（kW/m²）示意图

度相同时，结冰小时数是相同的。由于结冰参数对热流量和结冰持续时间的复杂影响，结冰时间越长，所需的防冰能量越高。

1. 防冰能量需求

只有在整个结冰期间各项参数的分布规律都已知的情况下，才可以使用式（2.6）确定防冰耗能。由于大多数场址的情况并非如此，因此研究了一种利用上述参数的离散代表值来计算防冰能力和耗能的简化方法。采用结冰期间的平均值 $\overline{V}$、$\overline{T}$、$\overline{\mathrm{LWC}}$、$\overline{\mathrm{MVD}}$，将式（2.6）转化为式（2.10）：

$$E_{\mathrm{I}} = 8760 \dot{Q}(\cdots, \overline{V}, \overline{T}, \overline{\mathrm{LWC}}, \overline{\mathrm{MVD}}) \int_{\infty}^{0} p(T) p_{\mathrm{LWC}>0} \mathrm{d}T \qquad (2.10)$$

如图 2.40 所示，将式（2.10）提供的解决方案与式（2.6）进行比较，对引入的误差进行评估，以百分比表示。在速度范围 5~10m/s 和温度范围 -7~-1℃ 时，计算结果平均高估 5%。该结果对现场覆冰严重程度的初步评估具有实际意义。现场温度也是重要的变量，该参数通常由非专业观测机构收集，而平均值法在多数情况下具有统计学意义。

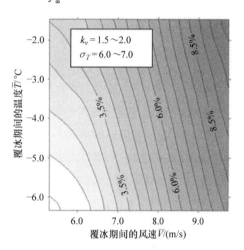

图 2.40　结冰参数采用平均值时
防冰耗能估算中的误差百分比

2. 防冰装置的最佳功率选择

从第 4 章和第 5 章的相关内容可得出结论，根据最大热功率需求设计 IPS 将导致高投资成本和过低的 IPS 利用系数。最大防冰功率每年运行次数较少，对于某些防冰技术（例如叶片内热空气循环加热法），这种功率水平的成本也难以承受。

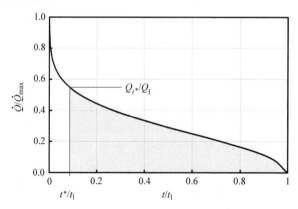

图 2.41　最佳防冰功率和耗能

此外，该技术不适用于非常严重的覆冰情况。图2.41的持续时间曲线表明，如果选择了低于最大功率的加热功率，则减小的功率 $\Delta \dot{Q} = \dot{Q}_{max} - \dot{Q}_{t^*}$ 会节省相应的能量 $\Delta E^* = E_1 - E_{t^*}$。这意味着存在一个时间段 t^*，叶轮在这段时间没有受到防冰保护。此时必须关闭风机，并且与电网断开。因此将 $\Delta \dot{Q}$，ΔE^* et^* 作为 IPS 盈亏平衡分析的经济量。

标准差（计算平均值周围的离散度）将能量和功率离散程度与平均值联系起来。标准差始终与数据序列相关，并且在历史数据序列不完整时进行估计。

对于任意结冰危险期 t^*，比实际的 t_1 短，通过以下式评估降低的功率 $\dot{Q}_{t^*}$，该式可代替式（2.9）：

$$Q_{max} = \left[\cdots, \overline{V} + \sigma(V), \overline{T} + \sigma(T), \overline{LWC} + \sigma(LWC), \overline{MVD} + \sigma(MVD) \right] \quad (2.11)$$

结冰参数表示为平均值 $\overline{V}$、$\overline{T}$、$\overline{LWC}$、$\overline{MVD}$，对应着标准差 $\sigma(V)$、$\sigma(T)$、$\sigma(LWC)$、$\sigma(MVD)$ 的函数。下文介绍结冰强度参数 K。

通过以下过程并结合表2.5和表2.6中的数据可以获得 $\Delta \dot{Q}^*$、ΔE^* 和 t^* 之间的关系。首先考虑表2.6的试验情况1。假设 K 值（$K = 0 \pm 1.4$），使用式（2.11）计算 Q_{t^*}。根据图2.41，其中 $\dot{Q}_{t^*}$ 的值给出了相应的 t^* 和 E_{t^*}。如果 K 值从0到1.4并重复此过程，使用蒙特卡罗方法处理，将获得图2.42。（$1 - t^*/t_1$）表示 IPS 结冰时间中保护叶轮的时间占比，而（$1 - E_{t^*}/E_1$）表示以功率 $\dot{Q}$ 运行 IPS 节省的能量占比。在减小的时间段（$t_1 - t^*$）里，功率 $\dot{Q}_{t^*} < \dot{Q}_{max}$。随着参数 K 的增加，防冰的持续时间和所需的能量逐渐接近 t_1 和 E_1。结冰强度参数 $K > 1.4$ 时也适用。

假设采用表2.5和图2.38中的风机参数以及表2.6的试验样本，防冰耗能使用式（2.10）计算。如指定 IPS 不可用的最大时间段，即 $t^*/t_1 = 0.2$，则图2.42a的曲线表示 K 的范围在0.4～0.7。假设 $K = 0.55$，则从式（2.11）推导相应的功率 $\dot{Q}_{t^*}$。同样，在图2.42b 中输入 $K = 0.55$，比率 E_{t^*}/E_1 的值介于58%～61%。如果假设 $E_{t^*}/E_1 = 0.59$，则易计算80%结冰时间的能耗。这与防冰装置的投资成本、防冰耗能的运行成本以及停机期间 t^* 的电量损失相关。

上述方法将低于最大功率（小于1%的概率）的功率与不加防冰保护的运行时间和相应的耗能联系起来。考虑到可能的误差来源和复杂性，不可能对整个过程的准确性进行估计。影响本文提到的概率分析的因素主要有三个：①结冰参数测量误差；②现有数据的数量和代表性；③简化热力学模型。此外，如果不对测量气象站点做周期性评估，还需考虑气候和海拔的限制。实地观测对改进该方法有很大帮助。所提出的耗能评估方法本身的整体准确性误差在10%～15%。

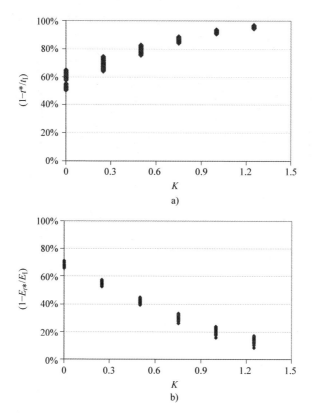

图 2.42　IPS 保护持续时间百分比（$1 - t^*/t_1$）和能量节省的百分比（$1 - E_{t^*}/E_1$）与 K 值的关系

2.9　甩冰和结冰风险

　　风机部件（主要是叶片）的覆冰不仅会影响系统性能，还会带来一定的安全问题。在停机、空转和运行过程中，不同质量和形状的冰块可能会从塔架、机舱和叶片表面脱落。堆积在叶片上的冰块脱落可能是由自然条件或除冰作业引起的。当采用周期性除冰实现除冰防护时，允许在叶片表面上残留少量的冰。在风机运行期间，通过短暂的强化加热或物理手段定期清除积冰[36]，冰块因重力、空气动力和离心力等作用而被甩出（见图 2.43）。

　　甩冰覆盖面积取决于风速、风向以及冰的质量和大小等参数。风机旁边人员和设施的安全、除冰系统运行成本以及风机

图 2.43　冰从叶轮脱落[4]

结构动态不平衡都与这些变量有关。除冰作业有助于控制脱冰的大小，因此不同的除冰控制策略可能导致不同的风险。

关于风机甩冰的文献相当匮乏：WECO 项目的其中一部分涉及了风机周围地面上冰块的观察和测量结果[3]。Frank 和 Seifert[37] 通过试验研究了覆冰后翼型和碎冰二者的空气动力学问题。基于上述结果，Morgan 等人提出了第一个甩冰数值模型[38]，确定了叶轮直径为 50m 风电机组的在相应允许风险等级时的安全距离（见图 2.44）。该结果假定的平均结冰速度为 75kg/d，并建议在不同的条件下应按比例缩放安全范围以规避风险。

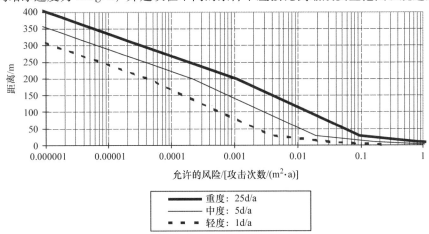

图 2.44　不同覆冰程度的安全距离（叶轮直径为 50m）[38]

Seifert 等人[39] 提出了风机附近的冰击概率分布图。DEWI[39] 根据 WECO 数据库[3] 中冰块和其他相关数据，收集整理了甩冰相关数据（见图 2.45），冰块的大小是估算出来

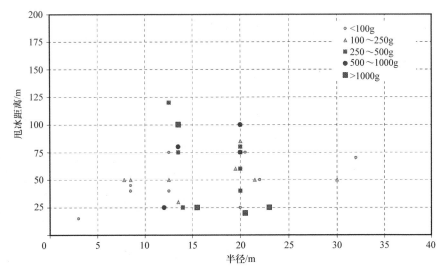

图 2.45　WECO 数据库中记录的甩冰相关数据[39]

的。观察结果表明，冰块不会以细长、完整的形状撞击地面，而是在从叶片上脱落后立即碎成小片。

根据 WECO 项目积累的经验，在进行甩冰分析时先定义一个区域表示冰块在地面上的可能撞击点。根据冰块质量、升力、阻力与周边地形图能够计算出甩冰轨迹，得到典型风速椭圆曲线（见图 2.46），在地图上标注风险区域。不同风向将生成不同地图。

在 WECO 项目中引入了简化公式，用于绘制风险分布图，无须进行详细计算即可确定风机周围的安全区域。经验公式为

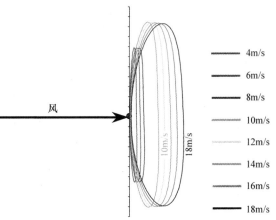

图 2.46　甩冰计算结果（附彩插）
注：曲线表示各风速下的最大范围。[39]

$$4d = 1.5(D + H)$$

式中　d——最大抛掷距离（m）；

　　　D——叶轮直径（m）；

　　　H——轮毂高度（m）。

进一步分析风电机组在静止状态下叶轮的典型落冰距离，得出如图 2.47 所示的曲线。图中显示了不同风速和叶轮位置的落冰轨迹以及冰块质量的对应关系。

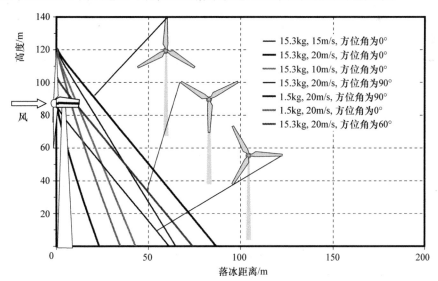

图 2.47　静止状态下叶轮的典型落冰距离（参数：风速、叶轮位置和冰块尺寸）[39]（附彩插）

通过观察，可以确定对静止风电机组有效的简化公式：

$$D = V_{hub} \frac{\dfrac{D}{2} + H}{15}$$

式中 V_{hub}——轮毂高度处的风速（m/s）；

D——最大下降距离（m）。

其他参数与之前定义的一致。

2004 年的一项安装 IPS 进行甩冰相关问题的研究可能是目前已知的唯一研究项目。该课题对一台安装在瑞士 Gtsch 山上，海拔为 2300m 的 600kW Enercon E - 40（直径 40m，轮毂高度 46m）风机进行了研究。因风机靠近滑雪场，甩冰是很重要的安全问题。本章参考文献［40，41］为 2005—2009 年共 4 个冬季的观测结果。将收集到的冰块大小、质量和距风机的距离记录下来，形成一个数据库，但该研究并没有对脱冰和甩冰进行区分。如图 2.48 所示为碎冰片风机周围的分布示意图。[42]

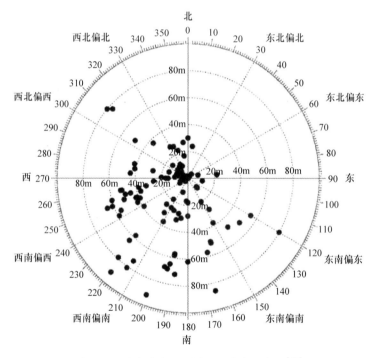

图 2.48　碎冰片在风机周围的分布示意图[42]

数据样本共计 250 余条（包含夏季），最大距离为 92m，最大质量为 1.8kg。截至目前，尚未达到 Seifert 经验公式[39] 得出的 135m 的理论最大距离。该图证实了结冰期间，盛行风况对甩冰的影响非常大。

以下模型对带除冰系统的风机叶片甩冰进行风险评估。该研究将蒙特卡罗方法应用于甩冰的弹道模型，从而得出冰块的运动轨迹。为轨迹方程中每个输入参数设置合适的概率密度函数。冰块在地面上的分布以概率和重现期的形式表示。为此，对不同的冰块质量和形状进行了参数化分析。

甩冰的轨迹可以通过牛顿第二定律来计算，如微分方程式（2.12）所示：

$$m\ddot{x} = m\bar{g} + \bar{D} + \bar{L} \tag{2.12}$$

该方程涵盖任意质量和形状的冰块受到质量和表面力的影响，考虑了冰块的重力、阻力和升力。

图 2.49 为速度和力的矢量分析示意图。阻力和升力的计算公式为

$$L = \frac{1}{2}\rho C_L A \bar{W}^2 \tag{2.13}$$

$$D = \frac{1}{2}\rho C_D A \bar{W}^2 \tag{2.14}$$

设定 A 为空气动力学面积，W 为相对速度，根据式（2.15）计算：

$$\bar{W} = \bar{V} - \dot{x} \tag{2.15}$$

确定脱冰的初始位置和速度，就可以求解微分方程式（2.12）。参考风与叶轮相对角度（见图 2.50），建立了相对于三维空间分量 x、y 和 z 的初始条件：

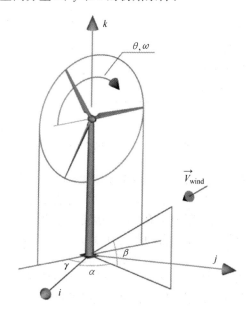

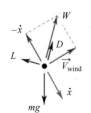

图 2.49 速度和力的矢量分析示意图　　　图 2.50 风与叶轮相对角度

对于 x_{in}：

分量 i：$r\cos\theta\cos\gamma$

分量 j：$r\cos\theta\sin\gamma$

分量 k：$r\sin\theta + H_{tower}$

$$\tag{2.16}$$

对于 $\dot{x}_{in}$：

分量 i：$-r\omega\sin\theta\cos\gamma$

$$分量\ j:-r\omega\sin\theta\sin\gamma$$

$$分量\ k:r\omega\cos\theta \tag{2.17}$$

式（2.17）和式（2.18）中假定：

1）叶轮始终与风速方向垂直（既不考虑阵风，也不考虑瞬态动作），即 $\gamma=\alpha-\pi/2$。

2）叶片相对于风的来流方向顺时针旋转。

3）叶片倾斜对冰块的影响可以忽略不计。

4）轮毂中心位于塔架纵轴上。

5）忽略叶片弹性对冰块初始加速的影响。

输入变量可以分为风机特征、风电场特征和冰块特征，如图 2.51 所示。

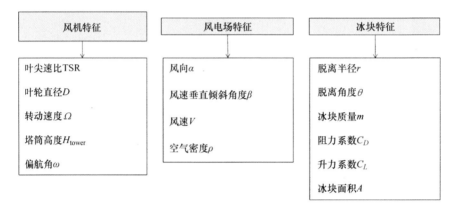

图 2.51　用于模拟的相关变量

在风机运行期间，由于风速和风向的变化范围较大，这些参数随风机工作条件的变化而变化。任意质量和形状的冰块会从叶轮上的任意位置（r，θ）脱落，从而导致每个冰块的升力和阻力系数不同。因此，冰块的轨迹是各不相同的。蒙特卡罗方法是处理这种多个随机变量组合问题的有效方法。它将输入变量生成分布函数，然后计算得到许多轨迹。通过这种方式，在输入参数的任意组合下能计算每个冰块的着陆位置和速度。图 2.52 为蒙特卡罗方法进行轨迹计算的流程。每个模拟使用 $10^4\sim10^5$ 个样本，以确保拥有足够的数据量以获得可重复的结果。下面介绍各输入变量的分布函数。

2.9.1　场址参数

以一定的角度步长对风机周围区域进行离散化处理。然后计算如图 2.48 所示的风向玫瑰图，该图显示了每个扇区内风向 α 和方位角 β 的时间分布。该分析的参考时段可以是季节或年份。

按照此过程，可以给每个扇区定义风向（α 和 β）密度函数。由于本研究关注的是覆冰，因此进行评估时须考虑全年覆冰时间的风向图，即考虑覆冰期间的风向。

以常规场址为例，在 120° 的扇形区域上绘制覆冰风向玫瑰图，然后选择如图 2.53

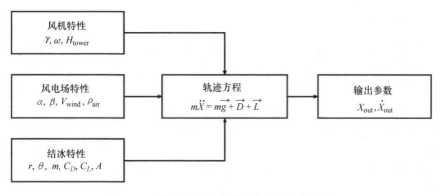

图 2.52　蒙特卡罗方法进行轨迹计算的流程

所示的 30° 径向扇形区域进行模拟。利用各扇区内的矩形密度函数建立风向密度函数，使风向分布函数的最大值等于 1。图 2.53 为从风向 α 的密度函数中提取 10^5 个随机数的结果。建立轨迹模型时需考虑风的方位角 β，但考虑到下文的模拟地形选用平坦地形，因此 β 值取为零。

　　每个扇区的风速分布按 Weibull 分布处理。设置每个扇区中的 Weibull 函数的形状和尺度参数，得到玫瑰图的 120° 范围内轮毂中心处的平均风速为 6.5 ～

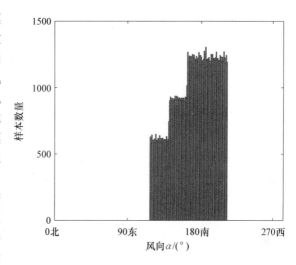

图 2.53　10^5 个样本的风向分布示意图

7m/s。风速最高上限值为 50m/s，这是 I 类风电机组的最大风速极值（IEC 61400 标准）。根据式（2.18）对风切变进行建模：

$$V(x,y,z) = k_t(x,y,z) V_{hub} \left(\frac{z}{V_{hub}} \right)^{\delta} + c_s \tag{2.18}$$

　　设幂值 $\delta = 0.2$，对应于在平坦地形上有一些高于 8m 的房屋和树木时的风况[43]。参数 k_t 和 c_s 表征风廓线的局部变形（塔影效应、附加切变和阵风）；以下仿真过程中忽略这两个参数的影响。

　　风机的叶尖速比 TSR 表征风机每种工况下风速与叶片转速间的关系。考虑到叶片循环除冰，因此叶片上有限覆冰对风机的性能影响可忽略不计，则 TSR 在潮湿和干燥条件下均相同。在此处的分析中，假设风速在 0 至额定转速范围内 TSR 恒定不变。恒定转子转速设置在额定风速至切出风速（$V_{cut-off} = 25m/s$）范围内。

2.9.2 甩冰质量

与甩冰质量有关的研究数据非常少，主要参考 Seifert[38,39] 的研究成果（风电机组周边冰块的有限观测记录）。据估计，冰块的质量在 0.1 ~ 1kg。循环除冰系统等新技术的应用，使从叶片上脱离的冰块质量服从随机分布，提出计算其密度的函数非常困难。因此提出一种类 Weibull 密度函数的改进方法用于研究冰块质量分布。第一次模拟过程中，设置相应的形状和尺度参数，使模拟数据的平均值等于 Seifert 数据的平均值（0.36kg），并且 95% 的计算样本落在 0 ~ 1kg 区间内（见图 2.54）。接着进行参数分析，改变质量密度函数的平均值，根据兆瓦级风机叶片在平均结冰期间内最大覆冰质量估算，将最大质量设置为 25kg。冰块的厚度为 1 ~ 9cm，冰块的平均质量为 0.18 ~ 0.36kg。

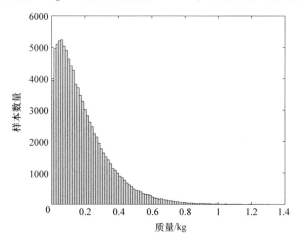

图 2.54　10^5 个冰块样本的质量分布密度函数

2.9.3 脱离半径和方位角分布

脱离半径密度函数的计算基于以下假设：

1）冰块的质量分布是一定的，与冰块在叶片上的分布无关。

2）冰块数量与沿叶片分布的冰块质量成正比。

试验观察表明，叶片上冰块质量与其和轮毂的距离正相关。此外，根据叶片的尺寸，叶片靠近叶根处的部分可以保持无冰。通常，对于兆瓦级风电机组，叶片靠近叶根的 1/3 或 1/2 范围内不会受覆冰的影响。在给定半径范围内，冰块与叶片分离的概率可用如下关系式表示：

$$f(r) = k_c (r - R_{min}) \tag{2.19}$$

当 $r = R_b$ 时，概率密度函数 $f(r)$ 达最大值 1，并以此为边界条件来计算常数 k_c：

$$f(r) = \int_{R_{min}}^{R_b} k_c (r - R_{min}) dr = 1 \tag{2.20}$$

确定了 k_c，式（2.19）的脱离半径密度函数就可以用来计算脱离半径值。在假设沿叶根 1/3 处无冰的情况下，可以得到从 25m 长叶片的密度函数中提取随机数的结果（见图 2.55）。

给定方位角 θ 时，冰块从叶片上脱离的概率与其受力成正比。若空气动力在每个角度对覆冰产生的作用相同，则重力和离心力将决定方位角 θ 范围内脱冰的可能性。同样，冰块的质量分布与分离方位无关。因此，使用瞬时加速度而不是力来计算脱离方位角的密度函数：

$$f(\theta) = k_c \cdot \left| a \left| k_c \left[(\omega^2 r \cos\theta)^2 + (\omega^2 r \sin\theta - g)^2 \right]^{\frac{1}{2}} \right. \right. \tag{2.21}$$

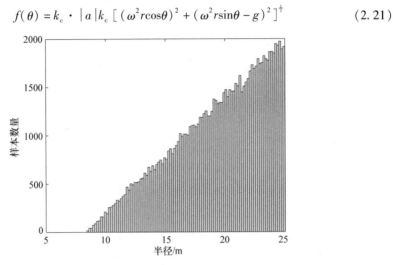

图 2.55　叶片径向位置的 10^5 个样本

按照上述方法计算未知数 k_c。ω 和 r 数据集在式（2.21）中使用。脱离方位角的 10^5 个样本如图 2.56 所示。当叶片朝下（$\theta = 270°$）时，冰块更有可能被抛出；相反，

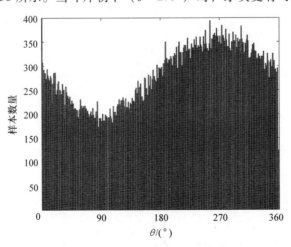

图 2.56　脱离方位角的 10^5 个样本

当叶片向上（$\theta = 90°$）时，抛冰的可能性最小。

2.9.4 阻力和升力分布

确定 ρ_{air} 后，阻力和升力分布的密度函数可采用冰块表面积（A）以及阻力和升力系数（C_D，C_L）来定义。假设冰块是具有相同相对密度的规则平行六面体形状，可根据冰块的质量密度函数计算表面积 A 的密度函数。脱冰厚度是除冰工作的一项控制参数，在一定程度上可根据安全性和风机出力来确定（详见第 5 章）。表面积密度函数的计算公式为

$$f(A) = \frac{f(m)}{\rho_{ice}t_h} \tag{2.22}$$

升力和阻力系数随着冰块轨迹变化，冰块围绕其重心发生复杂且无法准确计算的三维旋转。升力和阻力系数与每个抛冰碎片相关，这与其飞行轨迹上的平均空气动力特性不同。升力和阻力系数的密度函数是基于 Frank 和 Seifert[37] 的试验数据来计算的，其研究发现，冰块的 C_D 介于 $0.5 \sim 1.7$ 之间，而 C_L 介于 $-0.6 \sim 0.6$ 之间。在本节中所有冰块的阻力和升力系数都使用了上述值域范围内的矩形密度函数。如图 2.49 所示，阻力与相对速度 W 的方向相反，而升力则垂直于相对速度。由于冰块的转动，其平均升力系数为零，升力对落冰位置的影响可忽略不计，忽略式（2.12）中的升力。

2.9.5 冰击事件

根据 Seifert 提出的"中度覆冰"风电场相关数据，计算出每年的甩冰次数 N 等于覆冰天数 n_{idy}（5d/a）乘以叶片上的平均每天覆冰质量 $m_{idy,avg}$（75kg/d），再除以平均冰块质量 $m_{ice,avg}$（0.18kg 或 0.36kg）：

$$N = \frac{n_{idy}m_{idy,avg}}{m_{ice,avg}} \tag{2.23}$$

根据该值，可以从地面上的冰块分布中计算出每年每平方米的甩冰概率 P_y。甩冰概率也采用重现期计算，如下所示：

$$T = (P_y S_{cov})^{-1} \tag{2.24}$$

这里的 S_{cov} 表示进行风险分析时研究对象所覆盖的地面面积；在该研究中，一个人所占的面积按 $1m^2$ 考虑。

2.9.6 地面上的冰块

根据上述密度函数和表 2.7 中的参数，采用数值模拟的方法来预测兆瓦级风机周围地面上的冰块分布。

表 2.7 风机尺寸和运行条件

半径/m	塔架高度/m	转速/(r/min)	叶尖速比	冰密度/(kg/m³)	空气密度/(kg/m³)
25	60	60	5.45	750	1.3

1. 停机状态

在叶片覆冰时停机是目前广泛推荐的控制策略，在接下来的分析中以停机状态下碎冰在地面上的分布为参考。以平均质量为 0.36kg、厚为 5cm 的冰块为研究对象，对叶片面朝上和叶片面朝下两种情况进行模拟。

图 2.57 为停机时冰块在地面上的分布以及冰击概率，其显示了叶片面朝上时 10^4 个脱冰样本的计算结果。叶片面朝下的解决方案略有不同，由于其可避免冰落到机舱上，故更推荐这种方式。大多数冰块沿风向坠落于风机叶片下风向。风机塔架位置用黑点表示。由于风的作用，少量冰块落在风机偏航范围外（由西到东南，见图 2.53）。除了靠近风机塔架的区域外，冰击概率 P_y 低于 2 次/（$m^2 \cdot a$）。黄色轮廓线代表重现期为 10a，即位于该轮廓线上的人或物体被击中的平均概率为 10 年 1 次。与风机塔架的距离大于 25m（$0.5D_r$）可以将冰击事故的概率降低到 10 年 1 次以下。以上结果与 Seifert 提出的与风机的安全距离相吻合。

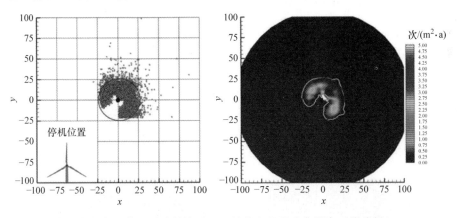

图 2.57　停机时冰块在地面上的分布以及冰击概率（附彩插）

2. 除冰操作

对风机运行过程中人为除冰操作对脱冰和甩冰的影响进行分析，其结果具有普遍性。在除冰之前，要考虑叶片表面允许的覆冰厚度（取决于叶片空气动力学损失、动载荷，见第 3 章）、除冰运行成本（见第 5 章）以及甩冰风险。通过对这些参数的比较分析，确定除冰系统的控制策略，不同的风险情景会导致不同的结果。

如图 2.58 所示为平均质量为 0.36kg，厚度为 1cm 和 5cm 的碎冰片的冰击概率对比。黄色轮廓代表重现期，实线表示 10 年，点画线表示 50 年。该图显示了不同冰块在地面上的分布情况。1cm 厚冰块的冰击概率低于 0.6 次/（$m^2 \cdot a$），而在非常靠近风机的区域中，5cm 厚冰块的冰击概率高于 1.3 次/（$m^2 \cdot a$）。两次模拟均进行了 10^4 次甩冰试验，较薄的冰块在地面上的分布更加分散。因为在较薄的冰块和尺寸较大的冰块上风的作用力更显著（见式 2.22）。由于初始加速度以及较薄冰块受到的风力作用，两次模拟中的 10 年重现期略高于图 2.57（停机时）的周期。10 年等值线的范围最大达 40m

$(0.8 D_r)$，而 50 年等值线的范围最大达 90m（$1.8 D_r$）。

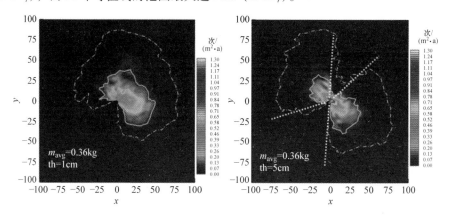

图 2.58 平均质量为 0.36kg，厚度为 1cm 和 5cm 的碎冰片的冰击概率对比（附彩插）

将每个案例的最大甩冰距离与文献［39］中的结论进行对比。上述情景中，计算的最大距离约为 200m，相较于 Seifert[39] 的经验公式结果（165m），本书中的结果在研究风电场和冰块特征时较为保守。

对比重现期包络的区域，1cm 厚冰块的区域较 5cm 厚冰块的区域略大。但二者的形状却差异较大：1cm 厚冰块的重现期包络线沿主导风向（西南偏西）延伸。5cm 厚冰块的重现期包络线向初始方向延伸，并生成类似两个花瓣的形状。

相同厚度、不同质量冰块的模拟结果如图 2.59 所示。

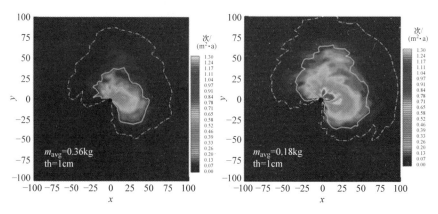

图 2.59 相同厚度，不同质量的冰块冰击概率对比（附彩插）

与图 2.58 相比，质量较小（0.18kg）的模拟结果表明，每年每平方米面积上的冰击次数更多［见式（2.23）］，最大冰击概率约为 1 次/（$m^2 \cdot a$）。脱冰的质量越小，其重现期的包络线也越宽。实际上，风的流动对物体轨迹的影响是其主要原因。

仿真结果显示，风机运行时在一定距离处发生冰击的可能性较停机时更高。原因是脱落的冰块具有一定的初始速度，且除冰操作产生的轻薄冰块受风的作用力更显著。即使在最坏的情况下，50 年重现期所对应的轮廓线也覆盖了常用区域的安全距离。但风电场中风机之间的最小距离不受影响。

冰块厚度对重现期轮廓的影响较小。然而，在平均风速高的地方（风的作用力占主导地位），脱落的轻薄碎冰会覆盖更大的区域。

目前的研究方向是如何将该模型推广至更大的风机上。图 2.60 为模拟冰击概率的风机参数，不同的风机类型、叶轮直径、轮毂高度、转速、叶尖弦长和叶片数量，用于分析覆冰质量的差异。风机 b 叶片长度较小，但由于叶片厚度较薄从而不利于结冰，因此风机 b 的覆冰质量与风机 a 相当。

类型	半径/m	塔架高度/m	转速/(r/min)	叶尖速比	叶尖弦长/m	覆冰质量/(kg/m³)
a	25	60	25	5.45	≤0.9	75
b	14.5	40	50	5.45	≤0.45	73
c	25	60	25	5.45	≤1.35	43

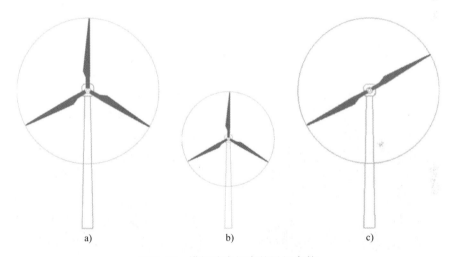

图 2.60　模拟冰击概率的风机参数

如图 2.61 所示为叶轮直径为 50m（左）和 25m（右）的三叶片风机冰击概率模拟结果。黄色和紫色轮廓线分别表示 0.18kg 和 0.36kg 冰块的模拟结果，实线和点画线分别代表 10 年和 50 年重现期。按比例缩小尺寸的风机甩冰范围大致相同，但较小的风机塔筒周围遭受冰击的概率更高。这是由于小尺寸风机塔架较低，叶轮直径较小，但转速却更高。

这表明叶片尺寸不影响冰块质量，但相近的叶尖速度会导致相同的冰击风险。因此，兆瓦级风机的冰击风险也没有太大不同。相对速度由下式给出：

$$W^2 = (\Omega R)^2 + V^2$$

或者

$$W^2 = V^2(\mathrm{TSR}^2 + 1)$$

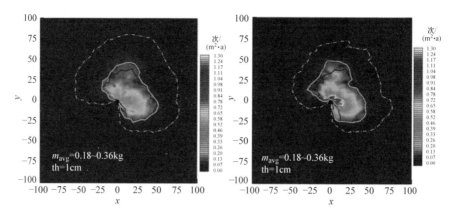

图 2.61 叶轮直径为 50m（左）和 25m（右）的三叶片风机冰击概率模拟结果（附彩插）

升力和阻力［见式（2.13）和式（2.14）］与叶尖速比的平方有关。

最后，图 2.62 为不同直径、相同实度的三叶片和两叶片风机上 0.36kg 冰块的冰击概率模拟结果。与三叶片风机相比，双叶片风机的冰击范围稍窄一些，落冰的总量也相对较少。叶尖弦长较大的双叶片风机捕获水量较少，因此覆冰量也较小（见图 2.60 中的表格）。

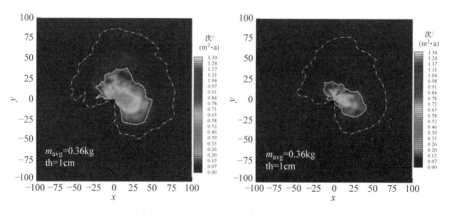

图 2.62 不同直径、相同实度的三叶片和两叶片风机上 0.36kg
冰块的冰击概率模拟结果（附彩插）

图 2.63 总结了本节的内容，并提出分析甩冰风险的指导策略。

3. 运维人员风险评估案例

运维人员需靠近塔架开展检修维护工作，需对其安全问题进行评估。假设运维人员在 50 年重现期的安全距离处下车，直行往返于风机与车辆之间（保守分析），如图 2.64 所示，该路径上平均每小时的冰击次数为

除冰操作	脱冰概率		冰块质量		冰块数量	
项目	高	低	高	低	高	低
转子空气动力学	●			●		
转子载荷	●			●		
IPS能量节省		●	●			●
人员风险(安全距离)	◀┈┈┈	●	●	┈┈┈▶	◀┈┈┈	●
人员风险(击中风险)		●	●			●
人员风险(受伤风险)	●			●		●

图 2.63 分析甩冰风险的指导策略

$$P_h = \frac{L_{\text{path}} w_{\text{path}} \overline{P}_{y,\text{path}}}{t_i}$$

假设该路径上的平均冰击次数 $\overline{P}_{y,\text{path}} = 0.2$ 次/（$\text{m}^2 \cdot \text{a}$），并设路线宽度 w_{path} 为 1m，结冰天数为 5d（5d/a = 120h/a），得出每小时可能有 0.13 次冰击。该数值表示覆冰期间人在该路线上每小时被甩冰击中的次数。

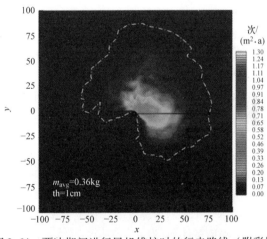

图 2.64 覆冰期间进行风机维护时的行走路线（附彩插）

2.10 覆冰的经济风险

叶片上覆冰导致能量损失，需考虑其经济风险。在这种情况下，风电场年发电量为：

$$\text{AEP} = P_{\text{clean,blade}}(8760 - t_{i.\text{blade},i}) + \sum_i^n P_{i.\text{blade},i} t_{i.\text{blade},i} \qquad (2.25)$$

式中 $P_{\text{clean,blade}}$——风机未覆冰时的平均出力；

$P_{i.\text{blade},i}$——覆冰时段（$t_{i.\text{blade},i}$）的平均出力。

2.11　防冰系统盈亏平衡分析

防冰系统（IPS）盈亏平衡取决于以下参数：

1）防冰装置的类型和工作效率。

2）场址参数：覆冰的概率或时长、风资源、气温以及覆冰的应对策略。

3）风机参数：覆冰对风机功率曲线和电量的影响。

当 IPS 成本（安装、运行和维护）低于因覆冰导致的电量收入损失时，IPS 的运用有助于提高项目的经济性。后者代表 IPS 收益，即覆冰期间额外的电量收入。在盈亏平衡点时，有以下等式：

$$\text{IPS 年成本} = \text{IPS 年收益} \tag{2.26}$$

该条件可改写成：

$$\frac{I_{\text{IPS}}}{a} + \text{O\&M}_{\text{IPS}} = c_{\text{el}}\text{AEP}_{\text{loss}} \tag{2.27}$$

式中　I_{IPS}——防/除冰设备的安装成本；

　　　a——工作年限；

　　　c_{el}——上网电价。

因此，I_{IPS}/a 代表的 IPS 年成本。

$\text{O\&M}_{\text{IPS}}$ 成本包括全年的维护成本（M_{IPS}）和能耗（E_{IPS}）：

$$\text{O\&M}_{\text{IPS}} = M_{\text{IPS}} + c'_{\text{el}}E_{\text{IPS}} \tag{2.28}$$

这里 c'_{el} 是自用电电价（通常不同于 c_{el}）。

IPS 的耗电量取决于覆冰时长、天气状况、风机特性（叶尖速度、叶片受热面和叶片数量）以及防/除冰设备的类型等。O&M 可以表示为：

$$\text{O\&M}_{\text{IPS}} = M_{\text{IPS}} + c'_{\text{el}}\sum_{i}^{n} P_{\text{ICE,ave},i}t_{\text{i. blade},i} = M_{\text{IPS}} + \frac{c'_{\text{el}}\sum_{i}^{n}\dot{Q}_{\text{IPS,ave},i}t_{\text{i. blade},i}}{\eta_{\text{IPS}}} \tag{2.29}$$

式中　$\dot{Q}_{\text{IPS}}$——IPS 维持叶片外表面温度高于 0℃（例如 +2℃）所需的功率；

　　　η_{IPS}——IPS 的系统效率（详见第 5 章）。

盈亏平衡条件为：

$$\frac{I_{\text{IPS}}}{a} + M_{\text{IPS}} + \frac{c'_{\text{el}}\sum_{i}^{n}\dot{Q}_{\text{IPS,ave},i}t_{\text{i. blade},i}}{\eta_{\text{IPS}}} = c_{\text{el}}\text{AEP}_{\text{loss}} \tag{2.30}$$

为了将 IPS 成本、IPS 耗电量与风机的总成本联系起来，式（2.30）可以更好地表示为：

$$\frac{bI_{\text{WT}}(D)}{a} + M_{\text{IPS}} + \frac{c'_{\text{el}}\sum_{i}^{n}\dot{Q}_{\text{IPS,ave},i}(D)t_{\text{i. blade},i}}{\eta_{\text{IPS}}} = c_{\text{el}}\text{AEP}_{\text{loss}} \tag{2.31}$$

I_{WT} 和 $\dot{Q}_{\text{IPS},i}$ 可以通过一定的参数关系表示为风机叶轮直径 D 的函数。

采用式（2.31）对位于 1900m 海拔高山上的 1300kW 三叶片风电机组进行盈亏平衡分析。当检测到覆冰时，IPS 将距离叶尖 1/2 范围内的叶片表面加热到 2℃。进行盈亏平衡分析采用的场址天气条件和 IPS 参数见表 2.8。分析中还对电加热型和热风加热型 IPS 进行了分析。

表 2.8 图 2.65、图 2.66 和图 2.67 中盈亏平衡分析采用的场址天气条件和 IPS 参数

气象参数	
平均温度	−4.89℃
温度高斯参数	$m = 2$，$s = 7$
Weibull 形状参数	$k = 1.5$
平均液态水含量	0.8g/m^3
液态水含量 Weibull 参数	$k = 2$，$C = 0.9\text{m/s}$
风机参数	
风机额定功率	1300kW
电加热型 IPS	$\varepsilon_{\text{IPS}} = 0.9$，成本 = 风机成本的 8%
热风加热型 IPS	标准叶片（开式），$\varepsilon_{\text{IPS}} = 0.3$，投资成本 = 风机成本的 2%
	改进型叶片（闭式），$\varepsilon_{\text{IPS}} = 0.6$，投资成本 = 风机成本的 3%
自用电成本 c'_{el}	0.08 欧元/(kW·h)
回收期	14.28a

图 2.65 ~ 图 2.67 为运用该简化模型对电加热型及热风加热型 IPS 经济可行的最短覆冰天数进行模拟的结果。IPS 经济可行的最短覆冰天数与风能（轮毂高度 50m 处的平均风速）可表示为不安装 IPS 时覆冰导致发电量损失的函数。发电量损失表示为无冰情

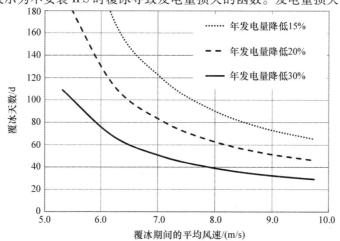

图 2.65 电加热型 IPS 经济可行的最短覆冰天数

注：风资源以平均风速表示，覆冰期间发电量以无冰情况年发电量的百分比表示。

况时 AEP 的百分比。

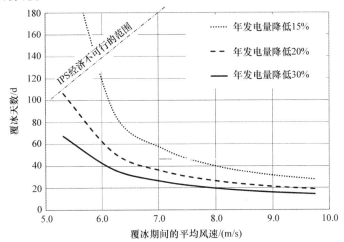

图 2.66　热风加热型 IPS（开式）经济可行的最短覆冰天数

注：风资源以平均风速表示，覆冰期间发电量以无冰情况年发电量的百分比表示。

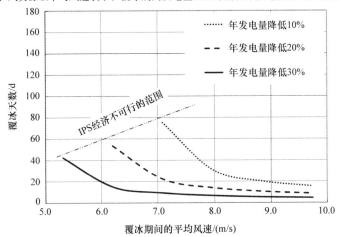

图 2.67　热风加热型 IPS（闭式）经济可行的最短覆冰天数

注：风资源以平均风速表示，覆冰期间发电量以无冰情况年发电量的百分比表示。

与热风加热型 IPS 相比，电加热防冰系统需要较高的投资成本（详见第 5 章），而其较高的热效率（假设为 0.9）可降低年运营成本。

图 2.65～图 2.67 的盈亏平衡分析表明，覆冰持续时间临界值取决于风资源和 IPS 投资成本。覆冰较轻时，IPS 通常不适用于低风速风电场。在恶劣的环境中，与电加热防冰相比，在同一地点的热风加热型 IPS 达到盈亏平衡的覆冰天数更少，但年发电量损失更多。在高风速地区安装 IPS 更佳，因为发电收益较高，可以弥补 IPS 设备的投资和运维成本。

热风加热型 IPS 是当前更简单、更经济、性价比更高的解决方案，但其热效率低、能耗高，在中低风速地区经济效益不明显[44]（详见第 5 章）。

参 考 文 献

1. Laakso T, Holttinen H, Ronsten G, Horbaty R, Lacroix A, Peltola E, Tammelin B (2003) State-of-the-art of wind energy in cold climates. http://arcticwind.vtt.fi
2. Seifert H (2003) Technical requirements for rotor blades operating in cold climate. In: Proceedings of Boreas VI, DEWI Deutsches Windenergie-Institut GmbH, p 5
3. Tammelin B, Cavaliere M, Holtinnen H, Morgan C, Seifert H (2000) Wind energy in cold climate–final report WECO (JOR3-CT95-0014). Finnish Meteorological Institute, Helsinki. ISBN 951-679-518-6
4. Maissan JF (2001) Wind power development in sub-arctic conditions with severe rime icing. TSYE Corporation, Circumpolar climate change summit and exposition
5. WSP environment and energy Sweden (2014) http://www.wspgroup.com, last visit October 2014
6. Battisti L, Fedrizzi R, Dell'Anna S, Rialti M (2005) Ice risk assessment for wind turbine rotors equipped with de-icing systems. In: Proceedings of the VII BOREAS conference, Saariselka, 7–8 March 2005
7. Battisti L, Fedrizzi R, Dal Savio S, Giovannelli A (2005) Influence of the and size of wind turbines on anti-icing thermal power requirement. In: Proceedings of EUROMECH 2005 wind energy colloquium, Oldenburg, 4–7 October 2005
8. Seifert H, Richert F (1997) Aerodynamics of iced airfoils and their influence on loads and power production. In: Proceedings of European wind energy conference, Dublin, pp 458–463
9. Seifert H, Richert F (1998) A recipe to estimate aerodynamics and loads on an iced rotor blades. In: Proceedings of the IV BOREAS conference, Enontekio, Hetta
10. Germanischer Lloyd Industrial Services GmbH, Business Segment Wind Energy (2010) Guideline for the certification of wind turbines
11. NEW ICETOOLS (2004) Wind turbines in icing environment: improvement of tools for siting. Certification and operation. EU Commission Project. Contract No: NNE5-2001-259
12. International Standard (2001) ISO 12494–atmospheric icing of structures, 1st edn
13. Makkonen L, Autti M (1991) The effects of icing on wind turbines. In: Proceedings of wind energy: technology and implementation (EWEC), pp 575–580
14. Papadakis M, Yeong HW, Wei H, Wong SC, Vargas M, Potapczuk M (2005) Experimental investigation of ice accretion effects on a swept wing. U.S. Department of Transportation-Federal Aviation Administration, Final report, DOT/FAA/AR-05/39, August 2005
15. Makkonen L (1984) Atmospheric icing on sea structures. U.S. Army Cold Regions Research & Engineering Laboratory. CRREL Monograph 84–2
16. Battisti L (2003) Relevance of ice prevention systems for wind energy converters. IV Italian-German Colloquium for Science, Trento, 16–18 January 2003
17. Cober SG, Isaaq GA, Strapp JW (2001) Characterization of aircraft icing environments that include supercooled large droplets. J Appl Meteorol, Am Meteorol Soc 40:1984–2002
18. FAA advisory circular (2003) Aircraft icing protection. AC No. 20–73A
19. Battisti L, Dal Savio S, Dell'Anna S, Brighenti A (2005) Evaluation of anti-icing energy and power requirement for wind turbine rotors in cold climates. In: Proceedings of the VII BOREAS conference, Saariselka, 7–8 March 2005
20. Fikke S et al (2006) COST-727, Atmospheric Icing on structures. Measurements and data collection on icing: State of the art, publication of meteoswiss 75:110
21. Baring Gould I, Cattin R, Durstewitz M, Hulkkonen M, Krenn A, Laakso T, Lacroix A, Peltola E, Ronsten G, Tallhaug L, Wallenius T (2011) IEA Wind recommended practice 13: Wind energy projects in cold climates. IEA Technical report
22. Cattin R (2012) Icing of wind turbines. Elforsk Technical report, January 2012
23. Botta G, Cavaliere M, Holttinen H (1998) Ice accretion at Acqua Spruzza and its effects on wind turbine operation and loss of energy production. In: Proceedings of the IV BOREAS Conference, Hetta, 31 March-2 April 1998
24. Albers A (2011) Summary of a technical validation of ENERCON's rotor blade de-icing system, Deutsche wind guard consulting Gmbh, pp 11035–V2

25. Homola MC et al (2006) Ice sensors for wind turbines. Cold reg sci technol 46(2):125–131
26. Tammelin B, Cavaliere M, Holttinen H, Morgan C, Säntti K, Seifert H (2000) Wind energy production in cold climate. Finish Meteorological Institute Publication 41:2000
27. Tammelin B et al (2003) Improvements of severe weather measurements and sensors EUMET-NET SWS II PROJECT. Final report, Finish Meteorological Institute, Helsinki
28. Pedersen TF, Paulsen US (1999) Classification of operational characteristics of commercial cup-anemometers. Risoe National Laboratory/Wind Energy and Atmospheric Physics Department, pp 45–49
29. Fortin G, Perron J, Ilinca A (2005) Behaviour and modeling of cup anemometers under icing conditions. In: Proceedings of XI IWAIS, Montreal, 16th June 2005
30. Tammelin B, Peltola A, Hyvönen R, Säntti K (1996) Icing effects on wind measurements and wind energy potentials prediction. In: Proceedings of an international conference BOREAS III. Finish Meteorological Institute
31. Dobesch H, Zach S, Viet Tran H (2003) A new map of icing potentials in Europe–problems and results. In: Proceedings of an international conference BOREAS VI. Finish Meteorological Institute, Pyhätunturi
32. Harstveit K (2002) Using routine meteorological data from airfields to produce a map of ice risk zones in Norway. In: Proceedings of 10th international workshop on Atmos. Icing of structures, Brno
33. Ryerson CC (2000) Remote sensing of in-flight conditions: operational, meteorological, and technological considerations. NASA Langley Research Center, NASA/CR-2000-209938
34. WEMSAR (1999) Wind energy mapping using synthetic aperture radar. ERK-C7-1999-00017
35. James GE (1998) Random number generation and Monte Carlo methods. Springer, New York
36. Botura G, Fisher K (2003) Development of ice protection system for wind turbine applications. In: Proceedings of the VI BOREAS conference, Pyhätunturi, 9–11 April 2003
37. Frank R, Seifert H (1997) Ice im Kanal, DEWI Magazine, vol. 10. pp 4–13
38. Morgan C, Bossanyi E, Seifert H (1998) Assessment of safety risks arising from wind turbine icing. In: Proceedings of the IV BOREAS conference, Enontekio, Hetta, Finland
39. Seifert H, Westerhellweg A, Kröning J (2003) Risk analysis of ice throw from wind turbines. In: Proceedings of the VI BOREAS conference, Pyh, Finland, 9–11 April 2003
40. Cattin R et al (2012) Ice throw reloaded studies at Guetsch and St. Brais. In: International wind energy conference winterwind, Skelleftea, Sweden, 7–9 February 2012
41. Cattin R et al (2007) Wind turbine ice throw studies in the Swiss Alps, EWEC 2007 conference. Milan, Italy, 7–10 May 2007
42. Cattin R et al (2009) Four years of monitoring a wind turbine under icing conditions. In: 13th international workshop on atmospheric icing of structures (IWAIS), Andermatt, Switzerland, 8–11 September 2009
43. Battisti L (2012) Gli Impianti Motori Eolici, Ed. Lorenzo Battisti, ISBN 978-88-907585-0-8
44. Brighenti A (2006) Wind turbine installations in cold climates. PhD Thesis, University of Trento, Italy

第3章

覆冰叶片的气动性能

摘要：

本章主要研究覆冰叶片的气动性能。通过对现有成果的详细论述，结合粗糙度对升力和阻力影响的研究，探讨了覆冰轮廓空气动力学的一般规律。同时，根据对边界层和空气动力学的主要影响，对覆冰类型进行了分析和分类。为了弥补该领域系统研究的巨大空白（缺乏对该问题的综合评估），提出了一种覆冰类型的分类方法。利用该分析结果定量评价了风电机组在轻覆冰工况下功率和推力曲线的下降情况。在载荷方面，通过修改 Flex－5 气动弹性程序，对覆冰的影响进行了更深入的分析。为了解决实际叶片上冰的形状和质量分布数据缺乏的不足，在第 2 章中引入了任意污染等级和覆冰频率等级的概念，并已用于模拟实际结冰环境中的风机损坏情况。

3.1　翼型周围的流态

从宏观角度看，物体与流体之间的相互作用在相对运动中会产生两个具有不同流动特性的区域，其中一个区域的摩擦效应可以忽略不计，另一个区域则非常显著。后者是流体与物体接触的部分，称为边界层。其厚度从一厘米到几厘米甚至几米不等（例如在水中运动的大型船只），并沿着物体的流线变化。在边界层中，流体的速度从物体表面的零增加至当地自由流速度。边界层的运动分为层流和湍流。层流是有序的、均匀的，流线的形状与翼型相匹配。从现象学的观点来看，它类似于无摩擦的外部流动。层流层会发生失稳并转变为湍流，此过程称为过渡。相反，湍流的特征则是不连贯的结构。进入边界层的流动示意图如图 3.1 所示。

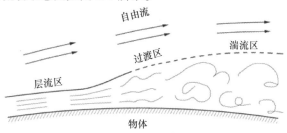

图 3.1　进入边界层的流动示意图[1]

物体壁面与无摩擦运动的分界被定义为边界层的厚度。其一般指从边界层壁面开始，到沿着壁面切向的流动速度达到自由流速度的99%使垂直于壁面的高度[1]。摩擦阻力几乎完全在边界层区域内产生，其强度取决于边界层本身的特性、雷诺数和局部粗糙度。在层流边界层中摩擦力相对较小，而在湍流边界层中摩擦力较大，因此有观点认为物体表面流动为层流时可减少阻力。以往的气动理论认为，在大约前20%的表面上有层流边界层，而最新的低阻轮廓可在表面的70%以上呈现层流边界层。

在层流区和湍流区，摩擦力与雷诺数成反比。雷诺数越小，阻力系数越大。

两种边界层都受流动方向上压力梯度的影响。当压力沿流动方向减小时，与物体接触的流体会沿压力梯度方向运动，而当压力沿流动方向增大时，流体会受到压力梯度的影响。根据能量守恒原理，对于基本流管，流体顺压力梯度方向加速，逆压力梯度方向减速。根据基本流管 A 段和 B 段之间的守恒原理（假设截面上的条件是均匀的），能量守恒公式如下：

$$p_A - p_B = -\frac{1}{2}\rho(w_A^2 - w_B^2) \tag{3.1}$$

如果 A 段和 B 段之间的压力增大（$p_A < p_B$），则速度减小（$w_A > w_B$），反之亦然。当存在逆压力梯度时，由于摩擦力的作用，流动动能会减小。图 3.2 示意出了当连续边界层内各点速度沿运动方向分别出现顺压力梯度和逆压力梯度的情况。

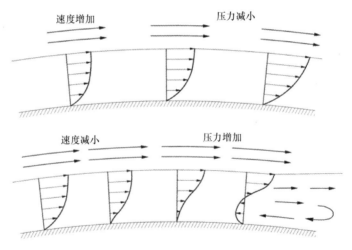

图 3.2　连续边界层内各点速度沿运动方向分别出现顺压力梯度和逆压力梯度[1]

逆压力梯度会迫使靠近物体表面的流动反向，并在压力减小的方向上向后移动。

大多数情况下，当边界层内流动发生逆转，流动与物体后缘（TE）分离，形成一个大的湍流尾流。如图 3.3 所示，这种分离现象称为后缘失速，它可能沿压力或凹陷表面延伸。如图 3.6 及图 3.7 所示，分离过程中流动压力的变化导致升力降低和阻力增加。

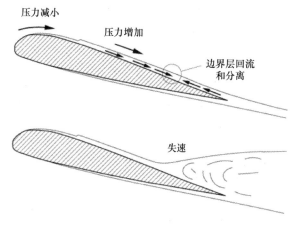

图 3.3　后缘失速示意图[1]

　　边界层易失稳并过渡到湍流状态。层流边界层的稳定性受压力梯度和雷诺数的影响。低雷诺数和顺压力梯度增加稳定性，而较高雷诺数和逆压力梯度则破坏稳定性。当受到逆压力梯度作用时，层流边界层可能出现 3 种情况：①产生分离并失速；②在下游分离并重新附着，形成湍流边界层；③不稳定并演变成湍流。逆压力梯度下边界层演变的可能情况如图 3.4 所示。倾向于何种情况是由多种因素的复杂组合决定的，这些因素取决于边界层条件、压力梯度强度、外部湍流条件、雷诺数和外部扰动（如：振动、湍流）。一般而言，在低雷诺数时，层流边界层趋向于分离；在雷诺数为中间值时，层流边界层趋向于分离并重新附着为湍流边界层；而在高雷诺数时，层流边界层趋向于失稳并变为湍流。

　　翼型的压力面和吸力面之间的压力差将产生升力。这种特性意味着吸力面上的流动速度加快，而压力面上的流动速度减慢。在图 3.5 中，给出了 NACA 64(3)-418 翼型 4 种不同攻角下压力面和吸力面归一化相对速度沿剖面的分布规律。

　　一般情况下，相对速度取决于外部来流速度，即未受扰动的速度。翼型的性能（升力、阻力、力矩）表示为相对速度的函数。随着攻角增大，吸力面流速增大，前缘（LE）区域的流速增加。同时，压力面上的速度减小。变化趋势如图 3.5 所示，该趋势表明翼型背面出现了逆压力梯度。吸力面的强度随着攻角的增大而增加，压力面的强度随着攻角的下降而增加。根据逆压力梯度对边界层的影响，随着攻角的增大，吸力面上分离和失速形成；随着攻角的减小，压力面上分离和失速加速形成。因此，由于层流边界层相对较弱，无法承受过高的逆压力梯度，在到达逆压力梯度过高的区域之前，层流边界层开始向湍流过渡，否则边界层将发生分离，失速将被抵消。在边界层能建立压力分布时，翼型能有效地产生升力。

　　升力的减小和阻力的增加（正或负的攻角时）是由于攻角增大时边界层分离面积增大引起的。在吸力面，随着攻角增大，会出现分离和失速；在压力面，随着攻角减小，也会出现分离和失速。这是因为阻力系数在正、负攻角下均增大。

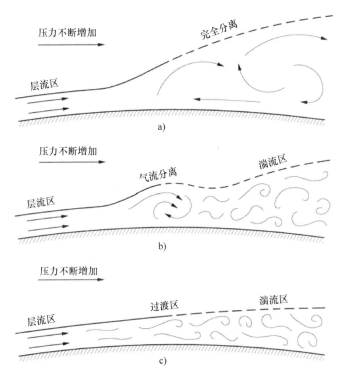

图 3.4　逆压力梯度下边界层演变的可能情况[1]

a) 低雷诺数：完全分离和失速　b) 中雷诺数：分离、再附着为湍流边界层　c) 高雷诺数：过渡到湍流

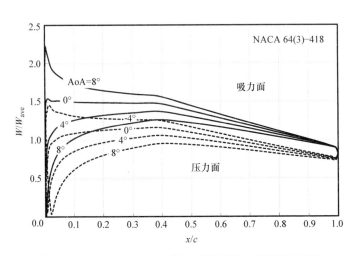

图 3.5　NACA64（3）－418 翼型四种不同攻角下压力面和
吸力面归一化相对速度沿剖面的分布规律

3.2　叶片翼型的空气动力学概述

3.2.1　对称翼型

超过 360°攻角的典型对称翼型升力、阻力、俯仰力矩曲线（NACA0015 翼型）如图 3.6所示。特定情况下，三个主要区域：附着流动区域（或潜在流）为 0°~8°，分离流动区域（分流区）为约8°~172°，再附着流动区域为约 172°~180°。

分流区可进一步划分为两个亚区：第一个亚区为后缘分离和失速形成的动态不稳定性区域。随着攻角的增加，这些分流趋向于前缘形态，其分离状态介于前缘和后缘之间，同时产生了卡门涡街现象。在第二个亚区，当气体流向后缘时，分离气团逐渐收缩，使气流在下风侧重新附着，气流仍然附着于上风侧，从前缘处产生一个镜像分离区。在通过 180°攻角后，其镜像状态如图 3.6 所示。

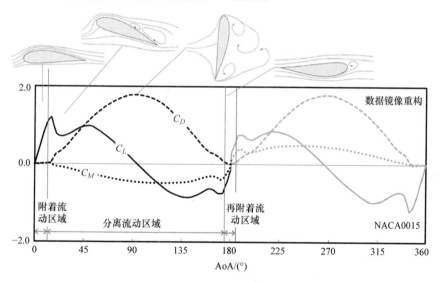

图 3.6　对称翼型升力 C_L、阻力 C_D、俯仰力矩 C_M曲线[2]（NACA0015 翼型[3]）

3.2.2　非对称翼型

超过 360°攻角，典型风电机组非对称翼型的升力、阻力、俯仰力矩曲线（DU 97 - W - 300[4]）如图 3.7 所示。对比图 3.6，在超过 180°攻角时，由于拱度的影响，镜像效应并未产生。一般情况下，在 0°攻角下，会存在一个有限的弧面影响 C_L 值，但根据薄翼型理论，翼型轮廓的斜率不受影响（后者受翼型厚度影响较大）。

增大升力可提高运行性能。

受拱度的巨大影响，虽然缺乏对称翼型与非对称翼型的对比，但 3 个主要区域

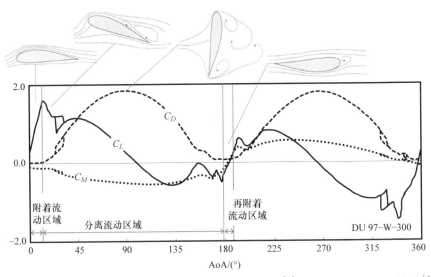

图 3.7 非对称翼型升力 C_L、阻力 C_D、俯仰力矩 C_M 曲线[2]（DU 97 – W – 300 翼型[4]）

（见 3.2.1 节）存在于 0°～180°攻角区间，同时亦存在于 180°～360°攻角区间。

　　由于流动特性中的迟滞现象，试验数据通常分布于分离流动区域。图 3.8 给出了在增加攻角（在风洞中得到的测量值）和相应减小攻角的情况下，产生典型迟滞环的分离流动状态时的 C_L、C_D 以及 C_M 曲线（DU 97 – W – 300 翼型）。

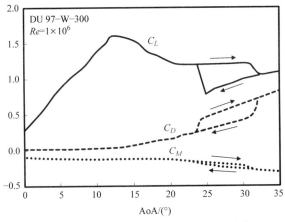

图 3.8 产生典型迟滞环分离流动状态时的 C_L、C_D 以及 C_M 曲线[5]（DU 97 – W – 300 翼型）

3.3　覆冰翼型的空气动力学概述

　　表面污染和劣化的影响为：

污染、腐蚀或一般劣化将会改变原本洁净的翼型表面。

这些现象共同作用将增加表面粗糙度，结果会导致气动升力、阻力和力矩的变化。近几十年来，在开发新型材料方面所做的主要研究都集中在减小翼型表面受劣化影响的程度。由于风机每年流过数百万 m³ 的空气，尽管在某些地区，风携带污染物的体积分数极低，但总体影响仍很显著。此外，风机在复杂的运维环境下工作。

为了研究粗糙度对翼型气动性能的影响，常规做法是在风洞中人工改变表面进行试验。

每个研究机构对粗糙度定义不同。例如，标准的 NACA 翼型粗糙度是通过压力面和吸力面（通常为 7.5% 弦长）前缘下游均匀分布的典型颗粒尺寸获得的。

随后，美国航空航天局（NASA）引进了交错分布的粗糙带（在 7.5% 弦长的扩展范围内）。

使用粘贴胶带的方式模拟污垢，使胶带呈锯齿形排列，以促进过渡。

阿伯特和冯·多恩霍夫[6]于 1945 年发表了关于前缘区域粗糙度对二维气动性能和单元升力面控制特性影响。研究人员测试并收集了在低速条件（自由流马赫数≤0.2）下，NACA 不同翼型的试验数据。在雷诺数为 6.0×10^{-4}、弦相对粗糙度约为 4.6×10^{-4}（等效于翼型弦长为 1 米的情况下 0.5mm 粗糙度）条件下，收集的数据较为典型。粗糙度采用碳化硅颗粒，在上、下表面均由前缘延伸至 8% 弦长处。虽然这些测量方法已经过时，但仍然是该领域的一个参考，并能对表面粗糙度与翼型几何特征的一些影响进行分析。第一个结果是特定翼型对前缘粗糙度污染的气动响应受到其特定失速特性的强烈影响。Lynch[7]等在关于覆冰的增加对翼型空气动力学影响的研究中收集了相关数据，以试图弄清这些重要的联系。

图 3.9 为前缘粗糙度引起的最大升力损失。由图可观察到最大升力的减少和增加会扩展到非常广泛的升力范围内。人工粗糙度改善或较少降低最大升力，需最大净升力系数约为 1.0 左右，或厚度比为 8%，即具有明显薄翼型前缘分离的外形（突然失速行为）。厚度比大于或等于 9%，或最大升力系数大于 1.1 的几何形状，最大升力的显著下降约 15%~40%。图 3.9 表明，最大净升力与翼型厚度比之间存在更复杂的相关关系。

最小摩擦阻力随前缘粗糙度增加如图 3.10 所示。图 3.10 表明，当分析这些汇总的摩擦阻力数据时，需考虑更加复杂的影响，在这些影响当中，由于粗糙度的存在需要考虑相对运动（考虑试验雷诺数、二维数据、仅仅改变升力面的二维干扰阻力的特殊情况）。最小干扰阻力的增加范围从 50% 到接近 200% 不等。

需要强调的是，如此高的雷诺数（6×10^{-4}）通常出现在超大型风机的叶片中半径处，而中型或大型风机叶片中半径处雷诺数为 $3 \times 10^{-4}~5 \times 10^{-4}$。外推的数据低于或高于试验数据是一种危险的因素，如 Lynch 对实际测试的分析表明，更大的无量纲粗糙度值需要在低雷诺数下，然而为了模拟该（增量）损失，可能会需要更高的雷诺数。在较低雷诺数下，需进一步深入对前缘无量纲粗糙度 k/c 按比例减少最大升力预期的研究。图 3.11 是低雷诺数下粗糙度大小对最大升力损失的影响，图中雷诺数在 1×10^{-4}~

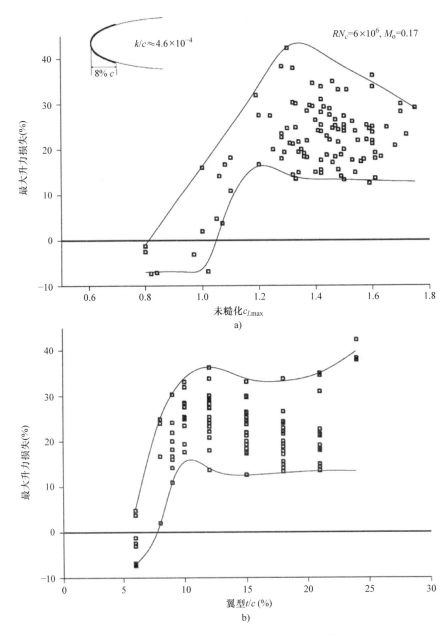

图 3.9 前缘粗糙度引起的最大升力损失[7]

4×10^{-4}（使用的数据可以在参考文献［7］中找到），翼型厚度比为 9% 以上，最大净升力系数至少为 1.0。在同一张图上，叠加了 Brumby 曲线[8,9]，其最初用来表示前缘粗糙度的最大升力系数影响。

如图 3.12 所示为在洁净和污染（$Re = 1 \times 10^6$）条件下测量 NACA 63 - 425 的升力

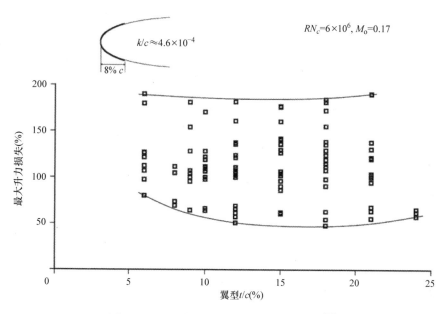

图 3.10　最小摩擦阻力随前缘粗糙度增加[7]

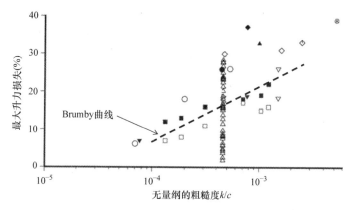

图 3.11　低雷诺数下粗糙度大小对最大升力损失的影响[7]

和阻力系数，采用厚度为 0.35mm、长度为 5% 的锯齿形带来模拟污染。由这种典型的风机叶片试验可见，人工粗糙度使边界层过早地从层流过渡到湍流，并使边界层厚度增加，而使升力大大降低。性能下降影响的另一个例子如图 3.13 所示，它表示 FX - W - 270S 翼型的性能下降况。在距边缘 3%[10] 处，过渡促进器（绊线）对压力和吸力面均有影响。由于预期的失速作用，翼型升力下降约 30% 。

结垢导致边界层增厚，并转移了前缘附近的过渡起始点。这将会导致过早分离，从而产生高阻力并降低升力。

在翼型设计阶段，可以通过确保过渡在洁净表面上达到最大升力系数时已经接近前

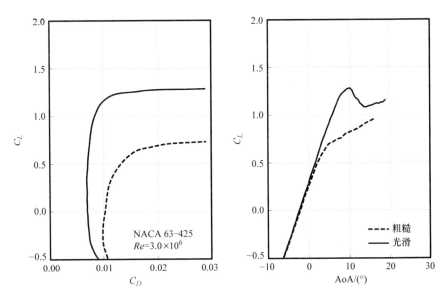

图 3.12 在洁净和污染条件下测量 NACA 63 – 425 的升力和阻力系数

注：在距前缘距离为弦长 5%[10]处以锯齿形方式粘贴厚度为 0.35mm 的胶带来模拟污染。

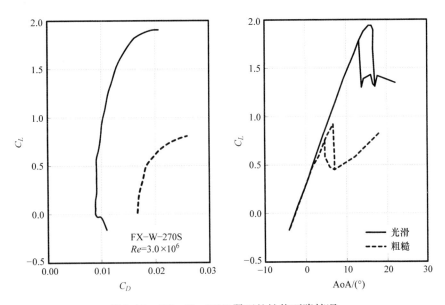

图 3.13 FX – W – 270S 翼型的性能下降情况

注：在离边缘 3%处的压力和凹陷两个表面上应用过渡促进器（绊线）[10]。

缘，来抵消由于粗糙度引起的性能下降。这显然并不能消除污染状况下阻力增加的影响，但在这种情况下洁净和不洁净条件下的区别要小得多，原因在于在这样一种方式下，湍流边界层可以更好地面对压力梯度而不会向后缘移动。

用这种方法设计的典型翼型是由 Delft 大学[10]开发的 DU 91 - W2 - 250。在图 3.14 中，与典型的 NACA 63 - 425 相比，可以看出翼型上的差异。

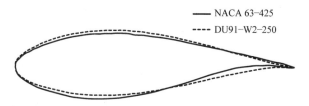

图 3.14　NACA 63 - 425 翼型和 Delft 大学开发的 DU 91 - W2 - 250 翼型两种风机叶片翼型对比

该翼型上表面厚度较小，会使速度减小和产生不利的压力梯度。这种方法减小了吸力面最大升力，但是对相对的压力面的影响得到了补偿（称为尾部加载）。而在洁净环境中，两种翼型的性能大致相同；将厚度为 0.35mm 的胶带在弦长 5% 的上表面处以锯齿形粘贴，两性能明显不同，如图 3.15 所示。

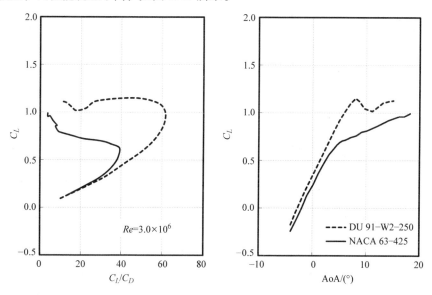

图 3.15　在模拟污染时，NACA 63 - 425 与 Delft 大学[10]开发的 DU 91 - W2 - 250 翼型的性能比较
注：胶带呈锯齿状，上表面厚度为 0.35mm，最高可达弦长 5%。

3.4　覆冰对气动性能的影响

翼型结冰存在两个研究领域。第一类是分析给定的覆冰形式对特定类翼型的空气动力学影响（覆冰影响分析）。第二类是特定大气条件下形成覆冰（数值或试验）的能力

（覆冰模拟）。本章讨论的是第一类问题，覆冰模拟见第 4 章。

数十年前，人们已经知道覆冰会改变空气动力学轮廓，最初来源于飞行员在结冰条件下飞行的直接经验，后又根据经验总结了安全飞行的规则，并在多年后用复杂的工具进行科学分析。人们很早就意识到机翼和螺旋桨叶片上的冰改变了其空气动力学特性，从而导致升力减小（有时增加）、阻力增加和力矩不稳定。从质量力的角度，附加重力载荷的产生导致了叶片重心的偏移和疲劳载荷的增加。在计算机辅助时代以前，科学研究是在环境可控条件下的结冰风洞中进行试验处理的。随着计算机的引入和计算能力的提高，CFD 模拟加入试验测试，现在甚至有了全三维现场分析。在某些情况下，其精确度非常高。飞机结冰的标准指出，如果一个程序可以再现飞机在飞行中的空气动力效应，这个工具甚至可用于防冰系统的设计和认证。

试验和数值分析都是可取的，但与数值模拟相比，试验测试是非常困难和昂贵的。在图 3.16 中，定性地比较了测试运行所需的开发时间和不同方法的技术难点。

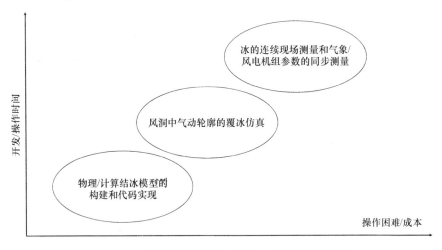

图 3.16 研究结冰效应的不同方法所需时间和难度

虽然飞机上的覆冰分析始于大约 70 年前（文献 [11 - 14]），但迄今为止，只有少数的观察和测试可用于风机[15 - 19]。当尝试利用在航空领域取得的覆冰研究成果时，不可避免地会遇到以下问题：

1) 在航空领域公认有效的少数相关性中，由于所研究的攻角范围有限，仅有少数数据可用于风电机组。

2) 特定的风机翼型正在投入使用。目前还没有方法可以根据现有的类似翼型来预测新翼型的空气动力特性。

3) 测试条件涉及不同的物理参数范围（LWD、MVD、温度、速度），与风电场记录的参数（相对湿度、云层覆盖、结冰时长）几乎不相关。

4) 由于叶片尺寸（以及相关的缩放问题，旋转应与雷诺数、马赫数和韦伯数一起建模）、环境变量和覆冰持续时间等原因，在风洞中重现风机叶片的测试非常复杂。

尽管如此，从过去丰富的研究经验中仍可以得出一些结果：

1）由于观察到的冰的形式和质地不同，雨凇或雾凇导致的性能下降也有很大差异。

2）在雾凇结冰条件下，覆冰累积的速率近似恒定，而在雨凇结冰条件下，覆冰累积的速率逐渐提高。

3）当攻角小于分离发生时的攻角时，试验液滴对翼型截面撞击率与理论计算一致，超过后则存在明显的不一致。

4）气动损失很大程度上受翼型（翼型厚度、尖前缘、大攻角时吸力侧的气流分离）的影响。前缘较厚且钝的翼型很少或没有缓解结冰的作用，而且冰的形状、攻角和阻力变化之间的相关性更强。

5）数值模拟可以较好地预测雾凇（干燥运行）条件下的覆冰形态，但由于数值模拟难以计算冰在表面生长的微观物理过程，对雨凇（湿运行）条件下的覆冰形态模拟有较大偏差。

风机叶片相关的试验数据仍然很少，与普通的环境污染相比，冰的存在会产生更严重的影响。空气动力现象更加复杂，因为它涉及两个或三个热力学阶段（液体、固体和水蒸气阶段），它的质量更大，并且结合了结冰过程相关的热现象，这使得很难将现有测试的人工标准粗糙度与不同的冰形态联系起来。

对在自然结冰条件下以及在受控试验中结冰过程的自然观察表明，空气动力表面前缘上的初始积冰与小半球形式的均匀分布粗糙度相似，典型高度等于积冰厚度。这种"第一阶段"的粗糙度可以通过现有的人工粗糙度测试得到。即使前缘区域的无量纲粗糙度 k/c 为 20×10^{-4}，也会导致显著的气动性能和控制能力下降。

覆冰除了影响叶片和风电机组的性能外，还会影响安全运行，当叶片上覆冰不均匀积累时，为了避免额外振动，风机会被停机。通常，风电机组并不会出现飞机中的大量结冰现象，因为风电机组在发生相对较低的质量累积时便停止运行。相反，在静止或停机情况下，由于 IPS（如果有）不工作，或者未采取保护措施，叶片的很大一部分会被浸湿并结冰，会形成大而宽的覆冰（见图 2.5）。与标准的飞机结冰相比，静止或停机的结冰暴露时间可能要长得多（几小时），因飞机可以通过改变的运行计划来回避云层，但风机不能如此。

分析叶片运行最合理的方法是重建单个叶片的空气动力学行为，并生成新的、含覆冰的翼型数据。既可以通过 CFD 数值分析，也可以在结冰风洞中进行试验实现。该方法应通过以下过程进行验证：

1）在结冰期间对风机进行现场测量。

2）将计算数据与测量数据进行比较。

3）调整半经验模型，以更好地拟合现场运行情况。

图 3.17 为 NACA 4415 结冰时升力、阻力和俯仰力矩系数的变化，其基于类似飞机

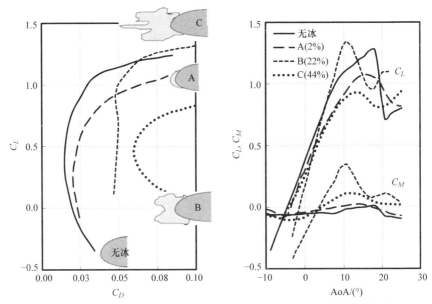

图 3.17　NACA 4415 结冰时升力、阻力和俯仰力矩系数的变化[20]
注：不同的覆冰使弦长分别增加了 2%、22% 和 44%。

运行的试验程序[20]。这项工作是第一次以此内容为主题的试验，也因其历史意义而被引用。该试验的目的是再现 NACA 4415（在风机设计中使用较多的翼型）上不同程度覆冰对升力、阻力和俯仰力矩系数的影响。将人造冰（模拟真实的冰形状）粘贴在翼型前缘上，凸出原弦长 2%、22% 和 44%，并在风洞中对其进行测试（见图 3.18）。这项非常重要和开创性的工作在研究的早期阶段非常具有指导意义，但由于缺乏通用性，因此很难推广到量化分析，例如对在结冰环境中风电机组的预期功率下降进行分析。

图 3.18　人造冰示例[20]

3.5　数值模拟

为简化飞机在结冰条件下飞行的认证，许多航空覆冰预测程序被相继研发：NASA

（美国[21,22]）的 LEWICE 算法，加拿大蒙特利尔综合理工大学[23-25]的 CANICE 算法，ONERA（法国[26]）的 CAPTA 算法，［意大利航空航天研究中心（CIRA）］[27]的 MUL-TICE 算法，荷兰特文特大学[28]的 2DFOIL - ICE 算法和国际技术中心（FENSAP - ICE)[29]。这些程序对加热模块采用类似的方法，可预测集水率、水滴撞击极限、积冰形状和总体热防冰保护系统。

将这些程序用于风电机组的结冰分析并不容易，主要由于风电机组与飞机所处的气候条件、翼型的攻角和旋转效应不同。

对风电机组叶片覆冰的分析较少，现场反馈和基于试验数据的算法校正等方面的研究更少。基于现有的少量试验和 CFD 研究[30-39]，可以得出以下两点思考：

1）当将飞机相关数据应用于风电机组领域时，需注意风机并不能在许多航空报告中已提到的中高等级覆冰情况下运行，因为风机叶片即使覆冰较轻也会性能的大幅下降甚至停机。例如，对于叶尖部分，假设覆冰均匀分布，在吸力面和压力面分别沿弦向延伸 5% 和 20%，雨凇厚度为 2mm，单位长度上覆冰 0.5kg/m。叶片在达到不平衡的极限重量之前，风机很可能会性能大幅下降，这会延缓更严重覆冰的形成，相关内容见后面的章节。因此，可认为弥散的冰粗糙度是导致叶片性能下降和风机停机的首要原因。

2）该领域缺乏系统的研究，缺乏对该问题的一般性评估。文献研究表明，覆冰会对压力分布和边界层发展产生截然不同的影响，进而影响升力和阻力值。但几乎没有证据表明不同的覆冰形状会导致相似的性能下降。

因此，对航空领域所开展的大量试验工作进行调研具有指导意义，有助于探究风电机组性能下降的机理。

3.6　航空领域的试验测试

如前所述，自 1930 年初首次认识到潜在的结冰危险以来，航空领域进行了多次试验。1995 年 ATR - 72 事故后，相关研究得到了进一步的推进。从那时开始，覆冰的试验研究已从特定的翼型测试（单一翼型在雾凇和雨凇条件下的性能）发展到旨在了解覆冰的形状对翼型性能的一般影响，即更注重于覆冰形状对边界层变化的影响分类，并推导出覆冰作用的一般规律。

通过加深对覆冰翼型气动特性的理解，NACA 23012、NLF 0414 和 NACA 6 系列等经典 NACA 0012 翼型以外的新翼型的试验得以开展，这种方式更适合对比覆冰的不利影响。主要的相关文献在本章的参考文献中列出。

3.6.1　识别覆冰的几何形状

表面覆冰通常是一个典型的三维问题，源于随机的环境条件。然而，观察表明，给定的环境条件范围在统计上倾向于形成可识别的二维形状。这些形状可以在冰风洞中进行复制，根据得到的几何特征，可以对改变的翼型进行详细的空气动力学试验。该方法有一定的局限性，因为对于直升机和风机叶片这样的旋转结构，当发生来流不对称时，覆冰不能被简化为二维问题。

航空航天工程部和位于 Lewis Field 的 NASA 格伦（Glenn）研究中心[40]在相关的试验研究报告中介绍了相应的试验方法。所测试的覆冰形状是由 NASA 的 Glenn 冰风洞的覆冰试验获得的冰制成的，并采用业界常用的 LEWICE 2.0 程序（由 NASA 格伦研究中心开发）来拟合覆冰形状。考虑到三维流动效应，需要调整以便改进结冰形状、液滴轨迹、传热和冰生长计算模块。表 3.1 为冰风洞中模拟结冰形状的测试条件，它列出了 GLC - 305 翼型两种情况的覆冰测试条件，图 3.19 和图 3.20 分别显示了三种不同翼型的 LEWICE 模拟与雨凇或雾凇覆冰试验对比。试验条件之一是雷诺数为 1.8×10^{6}（基于翼型平均气动弦）。

表 3.1　冰风洞中模拟结冰形状的测试条件[40]

结冰条件	描述	攻角/(°)	V/(m/s)	T^{0}/℃	LWC/(g/m³)	MVD/μm	喷雾时间/min
雨凇	完全扇形条件（ID：Ice1 或 IRT - CS10）	4	111.8	-3.9	0.68	20.0	10.0
雾凇	2D 测试的缩放条件（ID：Ice3 或 IRT - SC5）	6	90.0	-11.3	0.51	15.5	5.0

尽管在整体质量和覆冰分布方面存在明显的差异，但从 CFD 计算中捕捉到了雾凇生长的一般特征。可以看出，拟合雨凇形状的条件仍存在较大差异。图 3.21 给出了表 3.1 中两种状态下的 C_L 和 C_D 系数。

从图 3.21 可以看出，在 C_L 和 C_D 系数方面，扇形形状的雨凇比不太明显的雾凇形状更不利。图 3.22 给出了表 3.1 中的两种状态下的 C_L 和 C_D 系数与净数值的偏差百分比。雨凇条件下，C_L 下降高达 35%，而在雾凇条件下保持相对不变。C_L 记录了最大的偏差，在低攻角时高达 1000 次，在雾凇时高达 100 次。如下文所述，考虑到冰的粗糙度和表面分布，这些数字不能作为绝对值，而只能作为一种相对参考。

与 LEWICE 仿真的对应关系如图 3.23 所示。从作者的报告中摘出洁净条件 C_L 和 C_D 值，以与试验性报告相匹配。LEWICE 输出结果表明，模拟的覆冰翼型气动性能下降趋势总体上与在 IRT 环境条件下的结果相似。然而，与覆冰试件相比，LEWICE 冰形的气动性能损失往往被低估。

同样，从这些高质量结果看，在覆冰结构的分类方面，特别是在确定对精确预测空气动力学行为至关重要的尺寸方面仍然存在歧义。这是比较 CFD 模拟和试验测试时需要关注的问题。

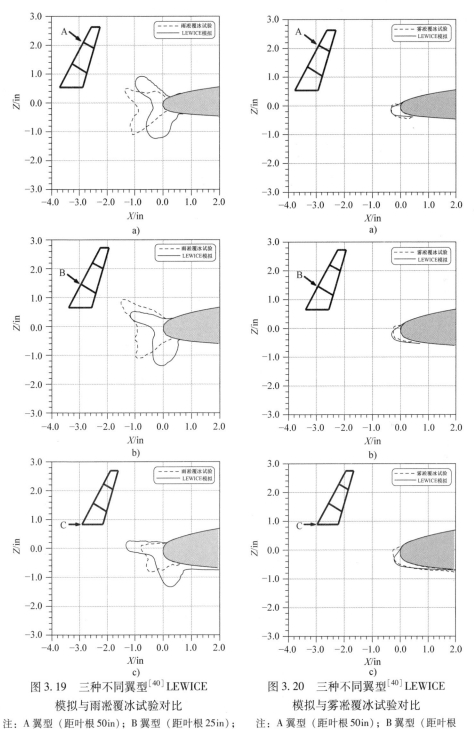

图 3.19　三种不同翼型[40] LEWICE
模拟与雨凇覆冰试验对比
注：A 翼型（距叶根 50in）；B 翼型（距叶根 25in）；
　　C 翼型（叶根部位）。1in = 2.54cm。

图 3.20　三种不同翼型[40] LEWICE
模拟与雾凇覆冰试验对比
注：A 翼型（距叶根 50in）；B 翼型（距叶根
　　25in）；C 翼型（叶根部位）。

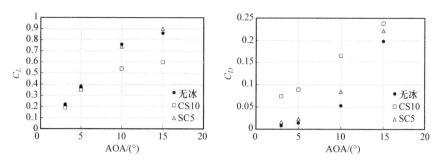

图 3.21　表 3.1 中的两种状态下的 C_L 和 C_D 系数

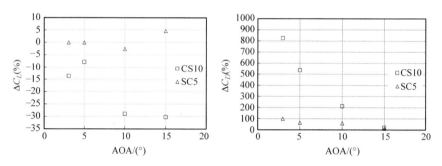

图 3.22　表 3.1 中的两种状态下的 C_L 和 C_D 系数与净数值的偏差百分比（整理自文献［40］）

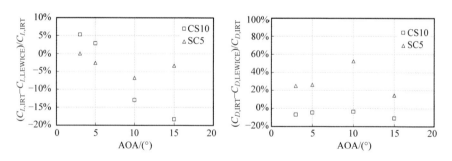

图 3.23　表 3.1 中的两种情况下试验和 LEWICE 仿真的 C_L 和 C_D 系数
偏差百分比对比（整理自文献［40］）

　　偏差部分来源于覆冰现象的固有随机性（尽管受风洞环境变量的限制），部分来源于三维现象（文献［40］进行了很好的分析），部分来源于叶片表面上覆冰生长和水层运动的微观物理模型方面的不足。在真实情况中，附加事件会进一步改变结冰机制，如振动、黏聚脱离和环境条件随时间的改变，预计会有更多的差异产生。

　　在结冰初期，边界层会受到雨滴或水粒子的影响，这使过渡点向叶片前缘区域移动，也可能与驻点重合。这种过渡过程是由复杂的局部流场推动的，由于它绕过了经典的 Tollmien – Schlicting 机制，所以被称为旁路过渡（旁路转捩）。在结冰开始时，表面会形成晶体，通常是由污染或不规则物体引起的。它们促进边界层湍流混合，反过来又加强了热交换，结果加速了覆冰的形成和凸起的生长，改变了原始轮廓的形状。

　　根据表面的热－流体－动力学条件，覆冰形成可以发生在潮湿或干燥的条件下（取决于轮廓上是否有水的径流），其特征是不同的形状和不同的覆冰集中度。对边界层特性的分析是非常复杂的，因为除了不规则表面的粗糙度会产生数十个驻点，许多边界层会从这些驻点发展并相互作用之外，还有表面径流水的附加问题。当覆冰循环增长或存在残冰时，这个问题是常见的，例如除冰系统引起的循环加热或结冰。这是可能产生各种形状。以 NACA 23020 翼型为例，Broeren 和 Bragg[41] 分析了该翼型的残余覆冰和循环覆冰特征，以及循环结冰对气动性能的影响。图 3.24 给出了根据表 3.2 的测试条件生成的覆冰形状试验结果。290 号冰的标称高度（忽略较大的脊状特征）$k/c = 0.0059$。

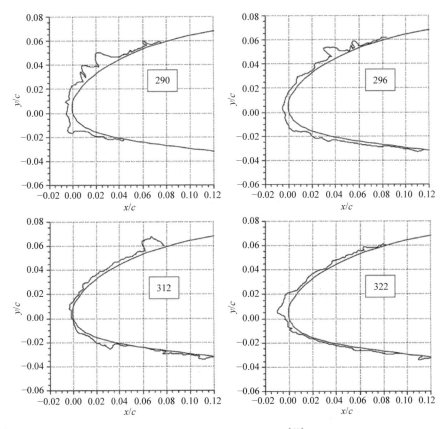

图 3.24　覆冰形状试验结果[41]

　　尽管几何形状存在明显差异，但除 322 号覆冰形状之外，所有形状都导致了类似的性能下降。如图 3.25 所示，最大升力系数从净值 1.8 降低约 60%，攻角的下降更明显，超过 4°。失速角从 17°减小到 8.5°。322 号覆冰形状的快速加热—结冰循环使最大升力损失略低，约为50%。同样重要的是翼型俯仰力矩的变化变得高度依赖于攻角。

表3.2　形成特定冰结构的环境数据[41]

冰形状编号	攻角/(°)	V/(m/s)	Re_c	MVD	LWC/(g/m³)	T/℃	喷淋时间/min
290	0	89.5	6.5×10^6	20	0.45	−10.0	12
296	0	89.5	6.5×10^6	20	0.65	−6.1	12
312	0	89.5	6.5×10^6	40	0.25	−6.1	12
322	0	89.5	6.5×10^6	40	0.40	−20.0	3

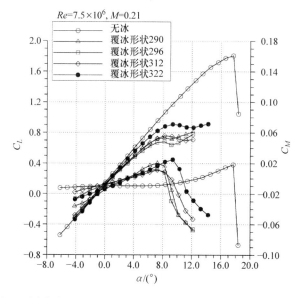

图3.25　洁净和覆冰条件下升力和俯仰力矩系数随攻角（即原图中的 α）的变化[41]

由冰致粗糙度引起的升阻比变化如图3.26所示。气动效率的显著下降范围在15%~80%。

从所举的例子可以看出，不可能就覆冰条件对升力、阻力和俯仰力矩系数的影响建立一般性的定量结论。事实上，尽管结冰和试验条件不同，290、296和312号覆冰形状显示出几乎相同的气动效率下降。只能得出这样的结论，即升力、阻力和俯仰力矩系数总是会改变的。

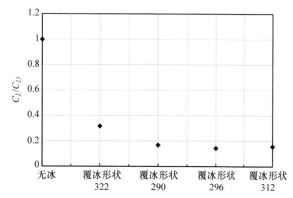

图3.26　由冰致粗糙度引起的升阻比变化[41]

在相同的边界条件下，建立覆冰预测程序的结果在多大程度上与试验测试中产生的冰形状充分匹配的公认评价标准还不明确。然而，很明显仅凭几何比较不足以确定相似性。基于视觉外观（数字想象）的分析表明，不同形状的覆冰可以产生明显不同的气动效果，但几何形状的小细节也会导致较大的变化。

3.6.2　拟合冰的真实几何形状

虽然在翼型前缘使用砂纸是拟合冰糙度的常用方法，而且可以能较好地表示覆冰积聚的初始状态，但必须强调指出，正确拟合冰粗糙度的关键问题是亚尺度模拟相对于全尺度数据的精度。这个问题与上面讨论的雷诺数与相对粗糙度尺度的关系有一定的关系。研究发现[42]，当表面粗糙度较大时，均匀冰粗糙度的几何尺度往往不能捕捉到 $C_{L,\max}$ 和 C_D。采用更分散的粗糙度可以提高结果的真实度。值得一提的是，到目前为止还没有一种精确的方法来测量覆冰的粗糙度。因此，覆冰模拟的关键是对覆冰厚度和分布的建模。

Ashenden[43] 在低雷诺数风洞中利用人造冰的形状得出了同样的结论。尽管阻力不断增大，但由于压力面的脊状隆起，其对升力的影响较小。例如，在粗糙度分散的情况下，冰脊预计会提前出现失速角。在预期脊线达到 10% 弦长、预期 9°、$5.6 \times 10^{-5} k/c$ 和 13°、$1.39 \times 10^{-6} k/c$ 条件下，对 NACA 23012 翼型进行了相关的测试。从这些试验中获得的下降损失使翼型阻力分别增加了 4 倍和 10 倍。通常，砂纸的粗糙度不足以模拟在自然环境和冰风洞中观察到的脊状特征和凸出的结冰元素的正常高度。因此，它的应用仅限于结冰早期均匀、低分散粗糙度的模拟。

3.7　覆冰的类型和边界层

由于冰的"自然"形状及其立体特征，不论是在露天环境，还是在可控环境中，确定冰污染唯一可行的方法是基于不同形状（可能为二维）对边界层和气动性能的影响。

这种考虑是基于这样一个事实：边界层结构取决于压力梯度沿翼型的分布，而压力梯度又取决于翼型沿曲线的厚度分布、曲率和指向流动条件。在洁净条件下，具有相似压力系数的翼型将表现出相似的性能。这是很明显的，如失速。尾缘失速是由湍流边界层分离点随着攻角的增加从后缘提前引起的。前缘失速更突然，在前缘附近出现了突然的流动分离，一般没有后续的再附着。突变分离通常是由位于前缘之后的小层流分离泡的破裂引起的，这导致升力急剧下降。薄翼失速在前缘出现流动分离，在随攻角增加而逐渐向下游移动的某点处再附着（层流分离泡）。虽然在某些情况下，覆冰可以改变翼型的失速类型，但对于在洁净条件下的一些冰的形状（流线型和低粗糙度），原始形状几乎是保持不变的。因此，具有相似 C_p 分布的翼型也会受到相似的覆冰影响。

为了证明这一说法，下面介绍一种非常常见的翼型：NACA 23012。

与其关注覆冰形状的分类（长度和角度等），更有利的方法是识别对气动性能相似和可识别影响的覆冰。

伊利诺伊大学厄巴纳分校（University of Illinois at Urbana）和位于克利夫兰的 NASA 格伦研究中心[44,45]对于覆冰翼型进行了基础性研究。Bragg 等人提出了四类可导致不同气动性能的覆冰：

1）离散粗糙度。

2）角状冰。

3）顺流冰。

4）翼向脊状冰。

这些覆冰情况记录于图 3.38～图 3.40 中[46]。这些冰的形状已经通过模具进行模拟，并在风洞试验中对 NACA 23012 的气动性能进行测量，以解耦雷诺数和马赫数的影响。

3.7.1 离散粗糙度

离散粗糙度定义为通过从边界层提取动量而影响边界层过渡过程的结冰类型。这会导致后缘过早分离，增加阻力和降低升力。这种气动干扰的独特性质造成自然的三维分离。这种现象通常代表结冰过程的第一阶段，可以进一步发展为各种形状。在早期的生长阶段，粗糙度通常大于局部边界层厚度。粗糙度具有三个独特参数：

1）高度：Shin[47] 测量出的粗糙度 k 的值为 $0.28～0.79\mathrm{mm}$，比预期的局部边界层 δ 厚得多。

2）表面密度：通常"粗糙度"一词指的是表面上分布的粗糙度。相对地，单个粗糙元作为孤立体，在空气动力学上表现为障碍物，导致局部二维分离，其特征分离长度为单个粗糙元尺寸的量级。

3）表面位置。

过渡现象用临界粗糙度雷诺数 Re_k 来描述，它与粗糙度 k 和表层局部流速 v_k 有关，详见图 3.27。

$$Re_k = \frac{\rho v_k k}{\mu} \qquad (3.2)$$

离散粗糙度最重要的特征是粗糙度集中度或密度。当在风洞中人工模拟翼型表面上的冰粒效应时，该参数是至关重要的。

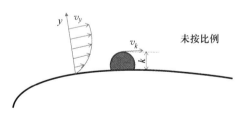

图 3.27　粗糙度 k 和表层局部流速 v_k

在前面的段落中概述了 Abbott 和 von Doenhoff[6] 进行的有关覆冰翼型空气动力学特征的基础工作。Kaups 在 20 世纪 60 年代后期[48]将任意粗糙度与导致相同气动效果的均匀沙粒粗糙度相关联。他把粗糙度集中度定义为粗糙元所覆盖面积的平均值。图 3.28 中的曲线给出了不同形状粗糙元的等效颗粒粗糙度（k_s/k）与粗糙度集中度的关系。

不管用于创建人造粗糙元是何种形（球形、沙子或立方体），都会出现相同的趋势：增加粗糙度集中度最初会增加粗糙度的等效效果。但是，随着粗糙度集中度的进一

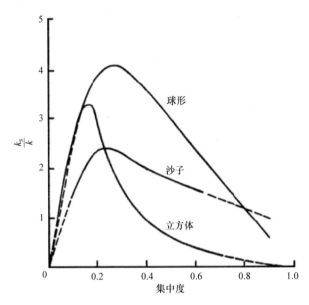

图 3.28　等效颗粒粗糙度是集中度和形状的函数[48]

步增加，由于元素之间的相互作用（下游结冰元素位于上游结冰元素之后），粗糙度影响会下降，而等效效果则是较小的粗糙度。

等效颗粒粗糙度（k_s/k）与性能下降有关。Brumby 关于粗糙度对 $C_{L,max}$ 和失速降低影响的研究被广泛引用。他发表了一张备受欢迎的图[49]，其基于 NACA 翼型，针对多种雷诺数下、多种粗糙度类型和位置，展示了尺寸、弦向范围和位置对翼型最大升力降低的影响。研究证明，最大升力系数随着粗糙度从后缘向前缘的移动而减小。

根据所引用的作者观点，前缘位置似乎是最敏感的，这是合理的，因为在这个位置，流动中出现了最大的凹陷，粗糙度可以触发边界层的失稳效应。这一偶然性不仅取决于粗糙度大小，也取决于翼型。这一说法似乎得到了伊利诺伊大学和 NASA 刘易斯（Lewis）中心（见 Lee 和 Bragg[50]）试验的证明。随着粗糙度的增大，升力下降更加严重。攻角裕度到失速的损失几乎随粗糙度的增加而线性减小。

$k/c \geqslant 20 \times 10^{-4}$ 量级的小前缘粗糙度会导致气动性能显著降低。这意味着典型的兆瓦级的风机叶片的截面，中部位置（约 3m）和叶尖位置（约 1m），两个位置 k 值应分别小于 5mm 和 2mm，以避免不必要的气动影响。因此，与整体部分相比，舷外小部件对结冰的耐受性较差。典型的最佳不利问题来自于所涉及的变量：与内部截面相比，小尺寸的叶尖部分集中水量更多，并且外侧的冷却热流也更强烈。

因此，覆冰总是在尖端部位开始积聚，因其为空气动力扭矩的主要来源，当表面有少量的覆冰时，性能就会迅速下降。

最大升力 C_L 下降值通过最大升力与净升力之比与参数 k/c 的函数获得（见图 3.29）。

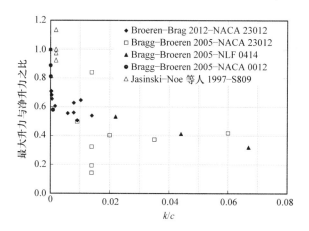

图 3.29 不同参考文献中表面粗糙度导致 C_L 下降的试验数据

3.7.2 角状冰

与离散粗糙度相比，角状冰的积聚要大得多，表现出至少一个与来流成明显角度的凸起，（见图 3.30）。这会在覆冰后部形成较大的层流分离气泡，对空气动力学影响很大。表面速度和压力测量、PIV[51] 和 CFD 模拟[41] 已经证明流场表现出很强的不稳定特性。但从流动时间平均特性来看，气泡位于翼型前缘区域，结果是驻点随着冰的积聚而移动。该现象通常发生在两个翼型表面，但强度不同。在洁净翼型上，当层流边界层遇到足以引起气流分离的逆压力梯度时，就会产生气泡。流动角越大，流线分离区延伸得越远。角形障碍物导致水流从其边缘分离，之后可能在表面上使水流逆转形成死区。如果在气泡外部形成的湍流剪切层从外部流场传递了足够高的能量，则压力恢复成为可能，气泡随后会重新附着于某处。

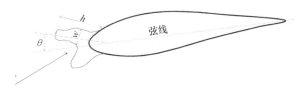

图 3.30 角状冰的几何形状

由于这种流动的非稳态特性在尺度上很大，因此其对力和力矩的影响也很大，力的波动和失速行为对失速特性的影响也很大。由于重新附着点逐渐移至后缘，因此该效果在高攻角时更加突出。Kim 和 Bragg[52] 通过改变 NLF 0414 轮廓上的高度、角尖半径和翼型表面位置，测试了典型的角状冰形状。在大约 445mm 的弦轮廓上，分别使用尖锐、25% 和 50% 的半径（$r/w = 0.00$、0.25、0.50，其中 w 是最大半径，角状冰的几何形状如图 3.30 所示），k/c 的粗糙度条件分别为 0.022、0.044 和 0.067），即当角很尖时，角的尖端形成一个楔形，然后倒圆角以得到其他形状。如图 3.31 所示，分离气泡显著降低了最大升力和失速角。对最大升力系数和失速角的影响不大。

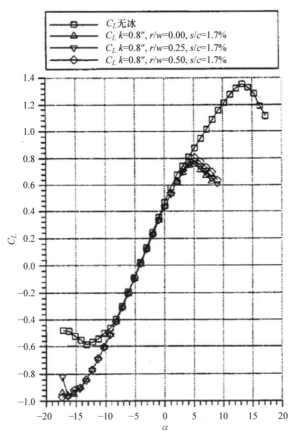

图 3.31　NLF 0414 翼型角尖半径对 C_L 的影响

注：$Re = 1.8 \times 10^6$、$M = 0.18$、$k/c = 0.044$、$s/c = 1.7\%$。[52]

　　进一步的研究表明，将角状冰位置向下游移动会导致 $C_{L,\max}$ 和失速角均减小（见图 3.32），将这些信息与前面的信息结合起来，可以得出这样的结论：气动性能对角的特定特征（圆度）相对不敏感，而取决于角的高度和位置。这些参数控制着分离区域，因为分离点总是起源于角的尖部，所以表面粗糙度对气动性能的影响很小。

3.7.3　顺流冰

　　顺流冰的形状与前缘区域相似，因此不会造成类似角状冰的大的分离流动（见图 3.33）。这种覆冰通常是雾凇结冰条件的结果，此时撞击液滴由于低温作用而冻结于物体表面。在冰/翼型交界处，在覆冰的形状尺度上可能会发生适度的分离。冰的形状加上粗糙度会增加阻力，但最大升力没有明显的变化（见图 3.21 和图 3.22 中 SC5

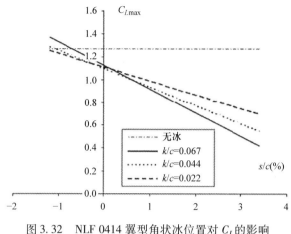

图 3.32　NLF 0414 翼型角状冰位置对 C_L 的影响

注：$Re = 1.8 \times 10^6$、$M = 0.18$、$k/c = 0.044$。[52]

的结果）。在某些情况下，由覆冰产生的附加弦长有望补偿升力系数的净损失。

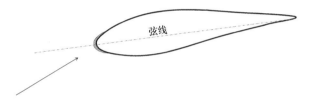

图 3.33　顺流冰的例子

3.7.4　翼向脊状冰

翼向脊状冰的特征是在冰脊后有较大的分离气泡，但与角状冰不同之处在于，冰脊位于前缘的下游区域。翼向脊状冰示意图如图 3.34 所示。

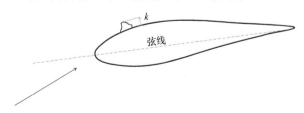

图 3.34　翼向脊状冰示意图

位于冰脊上游的翼型表面相对光滑，当防冰系统正在运行时甚至可以保持洁净。这样可以使前导区域免于覆冰污染，驻点就不会位于覆冰上，并且上游会形成规则的边界层。这导致在脊上游产生分离气泡，使得脊的三维特征比在角状冰情况下更重要。早在 1940 年，约翰逊[53-55]在低雷诺数风洞试验结果表明，与前缘的普通全覆冰相比，吸力侧脊边缘的升力损失和阻力更大。

　　由冰脊积聚引起的隆起取决于脊的形状和在表面上的位置。Lynch 等人进行了非常详细的研究工作，结果显示小凸起（$k/c \leqslant 25 \times 10^{-4}$）和大凸起（$k/c \geqslant 50 \times 10^{-4}$）对最大升力损失的影响[7]（见图 3.35 和图 3.36）。

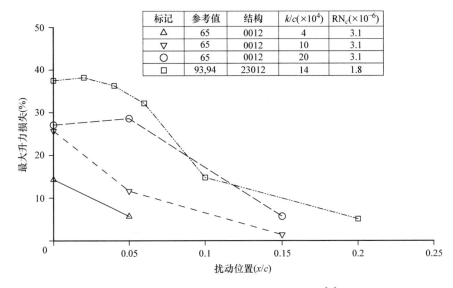

标记	参考值	结构	$k/c(\times 10^4)$	$RN_c(\times 10^{-6})$
△	65	0012	4	3.1
▽	65	0012	10	3.1
○	65	0012	20	3.1
□	93,94	23012	14	1.8

图 3.35　小凸起对最大升力损失的影响[7]

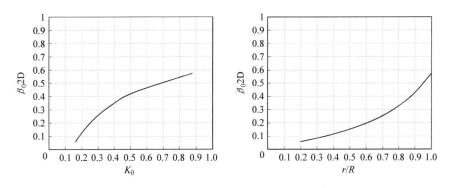

图 3.36　大凸起对最大升力损失的影响[7]

　　这些图的共同特征表明前缘区域最为关键，且 C_L 值损失随凸起尺寸的增加而增加。在 15% 和 20% 弦长后的小凸起似乎对性能没有显著影响。另外，凸起的形状特征也很重要。图 3.37 为凸起形状对最大升力损失的影响，它清楚地显示，较大的凸起并不总是造成较严重的后果，相似大小的凸起可能导致不同程度的损失。

　　后者的考虑得出了覆冰在叶片表面的具体位置的影响的结论。以如图 3.5 所示叶片上典型的 W/W_{ave} 分布为例，翼型的提升能力大部分在近前缘吸力面区域，也就是吸力

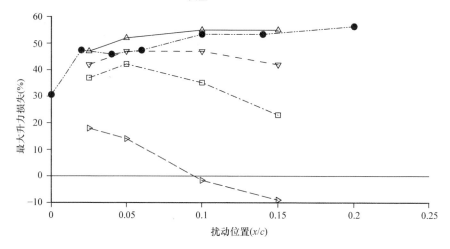

标记	参考值	几何模拟	$k/c \times 10^4$	$RN_c(\times 10^{-6})$	洁净工况下最大升力系数C_L
△	79	T7×14	115	2.0	1.28
▽	79	T6.5	107	2.0	1.28
□	79	S6.5	107	2.0	1.28
▷	79	T2.5×8.2	41	2.0	1.28
●	95	1/4-Round	139	1.8	1.33

翼型：Mod 63A212

图 3.37　凸起形状对最大升力损失的影响[7]

峰所在的位置产生。这个区域的空气动力非常脆弱，因为此区域在吸力达到峰值之后被一个严重的逆压梯度所控制，边界层失去动量，更容易分离，从而导致升力损失和阻力增加。粗糙度以促进分离的方式改变了边界层特性。压力方面的情况不是那么严重，因此可以说，若要进行适当的操作，则必须在前缘点后的上表面保持洁净无冰。由于在运行过程中攻角会发生变化，因此撞击区域将达到较大的范围，而较大的湿润区域将成为防结冰的保护区域。这对于正确设置最大上冲击极限（吸力侧）尤为重要。

Bragg 和伊利诺伊大学的研究小组[46]对 NACA 23012 翼型进行了示例性研究，这从风能的仿真和预测角度来看是有帮助的。在此基础上，可以推广到对结冰条件下风机运行的评估特定覆冰结构的环境数据见表 3.3。使用表 3.3 中给出的环境数据在结冰风洞中进行测试，可生成基本覆冰结构。

图 3.38a 中的角状冰为典型的上表面雨凇覆冰。图 3.38b 中的流线形状几乎重现了前缘半径，在突出部分有一个平滑区域，随后是下游的羽毛状粗糙度。

表 3.3　特定覆冰结构的环境数据[41]

测试名称	类型	风速/(m/s)	攻角/(°)	MVD/μm	LWC/(g/m³)	T/℃	喷雾时间/min
EG1164	角状冰	78.2	5.0	20	0.85	−6.2	11.3
EG1162	顺流冰（顺流区1）	67.0	2.0	30	0.55	−25.3	10.0
EG1126	雨凇粗糙度（粗糙度1）	89.4	2.0	20	0.50	−7.4	2.0

（续）

测试名称	类型	风速/(m/s)	攻角/(°)	MVD/μm	LWC/(g/m³)	T/℃	喷雾时间/min
EG1159	翼向脊状冰	67.0	1.5	20	0.81	-9.6	15.0
EG1125	雾淞粗糙度（顺流区 1）	89.4	2.0	15	0.30	-20.7	20.0
EG1134	细雾淞粗糙度（粗糙度 2）	89.4	2.0	40	0.55	-20.7	2.0

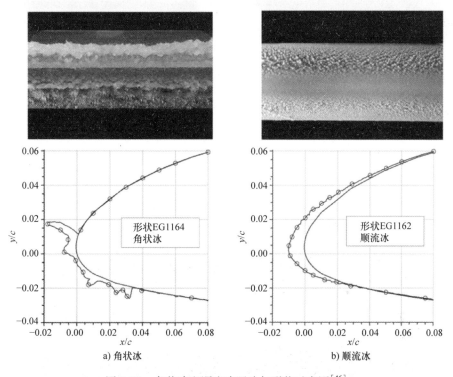

a) 角状冰　　　　　　　　　　　b) 顺流冰

图 3.38　角状冰和顺流冰照片与形状示意图[46]

　　图 3.39a 所示为雨淞粗糙度，在滞止区有一个平滑区，随后是较大粗糙度。图 3.39b 为翼向脊状冰，由前缘加热形成。调整热量输入和结冰条件，使上、下表面隆起增生，如图 3.40a 所示。

　　图 3.40b 中的流向形状比图 3.39a 中的流向形状在前缘区域的几何形状更尖锐，与表面的共形性更差。图 3.40a 中的粗糙度是在低温条件下形成的，形成了非常细小的雾淞羽毛，与图 3.39b 中的雨淞粗糙度情况在大小和分布上有很大的不同。

　　NACA 23012 翼型在 $Re=(15\sim9)\times10^6$ 和 $M=0.20$ 时模拟冰形状和粗糙度及流向冰对气动性能的影响对比如图 3.41 所示。通常，覆冰对性能的不利影响因其几何形状和粗糙度水平而不同。在形成明显的结冰形状之前，冰的粗糙度在结冰过程的初始阶段产生。流向形状和粗糙度形状对升力、阻力和俯仰力矩有相似的影响。通过观察得到

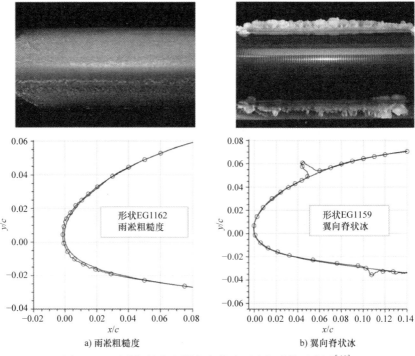

a) 雨凇粗糙度

b) 翼向脊状冰

图 3.39　雨凇粗糙度和翼向脊状冰照片与形状示意图[46]

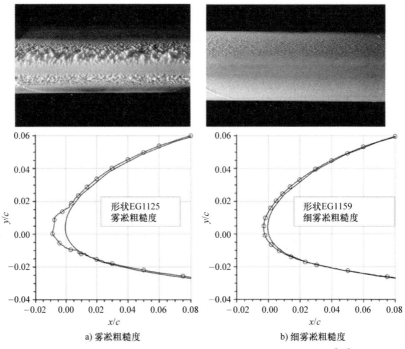

a) 雾凇粗糙度

b) 细雾凇粗糙度

图 3.40　雾凇粗糙度和细雾凇粗糙度照片与形状示意图[46]

$C_{L,\max}$ 降幅高达 37% ~39%（从 1.85 到 1.16），翼型尾部边界层分离导致失速角下降约 34% ~35% 或下降 6.2°（从 18.1°到 11.6°）。

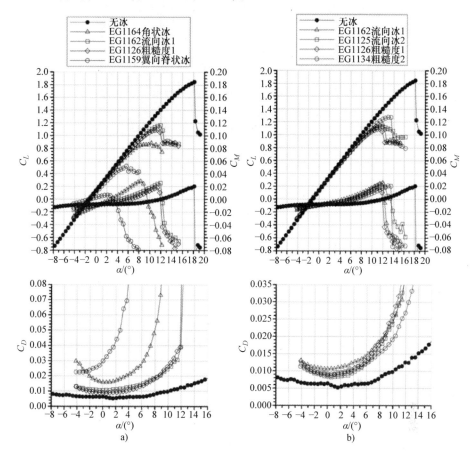

图 3.41　NACA 23012 翼型在 $Re = (15 \sim 9) \times 10^6$ 和 $M = 0.20$ 时模拟冰形状和粗糙度及流向冰对气动性能的影响对比

角状冰和翼向脊状冰产生完全不同的效果。它们的大小和位置会导致较大的上表面分离气泡，显著地改变流场。由此产生的最大升力系数降至 0.86（$\alpha_{\text{stall}} = 8.8°$时），在这些雷诺数和马赫数条件下，将导致无冰翼型 $C_{L,\max}$ 值降低 54%。

如预期的那样，翼向脊状冰的影响更加严重，在 $\alpha_{\text{stall}} = 5.6°$时 $C_{L,\max} = 0.52$，这是电加热防冰系统中经常遇到的情况。通常只有前缘区域受到保护，图 3.42 清楚地表明，防冰系统的运行会使冰从前缘区域融化并清除，但融化的冰向后回流，从而形成较大的"山脊"。图 3.39b 的叶片截面示意性地说明了这种情况。

粗糙度 1 对应的覆冰翼型 $C_{L,\max}$ 下降最大；当攻角大于 9°时，该形状的阻力也是最大的。相比之下，粗糙度 2 的数据再现了人造 80 目砂纸在 36in 上或在 $k/c = 0.00023$ 条件下的模拟结果，$C_{L,\max}$ 最大为 1.28，其损失也最小，比其他覆冰模拟结果高约 10%。

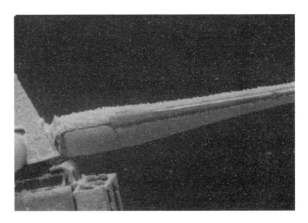

图 3.42　防冰系统导致电加热的前缘后部冰脊堆积的例子

两种表面粗糙度的差异的原因是雾凇粗糙度 2 由 MVD 尺寸较大的液滴形成，导致冰粗糙度的表面范围更大（下游冰区覆盖范围较大）。

3.7.5　失速行为

失速预测对风机叶片来说尤为重要，因为失速极限通常会随着圆周速度的变化而从根部向叶尖方向变化。由于叶尖部分翼型较薄，因此，假设叶尖截面的厚度与弦长之比在 9%～12%，就会出现更突然的失速。这种失速机理源于前缘边界层分离，在分离的剪切层中发生了从层流到湍流边界层的过渡，湍流边界层的再附着过程中迅速形成一个小气泡。当粗糙度增加时，这种边界层特征将导致完全的、突然的分离和失速。

该讨论指出，正常工作在最大推力系数附近（约 $0.8C_{L,max}$）的叶尖部分通常没有足够的失速裕度来容忍任何冰的增长。覆冰会导致失速时间提前，并伴随性能显著下降和叶片振动（见图 3.25 和图 3.41）。层流向湍流的过渡也使阻力显著增加。虽可承受适当的推力增加，但切向力会减小，相应的气动转矩也减小。

进一步研究发现，图 3.41 还涉及在覆冰操作中减少失速角的情况。飞机在结冰条件下工作会产生严重的后果，对风机的功率控制也是如此。失速控制的风机将降低并在较低的风速下获得最大功率，而对于变桨控制的风机，控制器将无法正常运行，从而导致转速和功率的不必要振荡。

3.7.6　平稳空气动力学，三维和旋转效应

为了研究覆冰对动态失速行为的影响，对覆冰和非覆冰截面进行了试验测量。结果表明，在覆冰和无覆冰条件下，$C_L(\alpha)$ 曲线未出现明显变化。与无冰翼型相比，覆冰翼型的零升力攻角发生了改变，导致结冰段失速区最大和最小升力系数的振幅减小。这些结果表明，对过失速区域动态行为的影响是可以预期的。

气动三维效应非常重要，在风机中原则上不能忽视。特别是在叶片根部区域，由于

存在局部的大型物体（如机舱和轮毂）的邻近效应，会产生复杂的流动模式。旋转还会使水在离心力作用下向叶尖部位迁移，从而导致水和冰在尖端段的堆积，覆冰形状的侵蚀和剥离更加严重，使最终的覆冰形状难以预测。

3.8 覆冰对发电量的影响

为了分析叶片污染对风机性能的影响，设计了两个具有相似翼型的叶轮：

1）用于风机的传统翼型：NACA 63 – 425。

2）专门为风机应用设计的翼型：DU 91 – W2 – 250。

通过比较这些风电机组的无冰和覆冰时的功率曲线和推力曲线，以分析轻微（粗糙型）覆冰对翼型的影响。

由于翼型的性能无论在无冰和污染条件下都只适用于雷诺数为 3×10^6 的工况，因此叶片的雷诺数被设计成在叶片半径的 75% 处近似为该值。图 3.15 中，给出了 NACA 63 – 425 和 DU 91 – W2 – 25 翼型的 Lilienthal 极值。值得注意的是，TU Delft 翼型在无冰状态下的性能略好于 NACA，最大升力系数和气动效率也略高，这使得叶片布局更加纤细。然而，无冰条件的差异并不明显。不同的是前缘粗糙度增加的情况，其中 NACA 翼型的性能与 Delft 相比显著降低，特别是在最大效率方面。TU Delft 翼型得益于其精心设计，基于层流湍流过渡点的控制和后压力侧的附加负载限制了前缘覆冰条件下的效率损失。这部分是通过减小吸力侧翼型厚度来实现的，这在很大程度上限制了最大升力系数的损失。

这两个叶轮均根据 IEC 61400 – 1（最大平均风速 7.5m/s）设计为 Ⅲ 类，并针对 6.75m/s 的现场平均速度进行了优化，介于 Ⅳ 类（6m/s）和 Ⅲ 类（7.5m/s）。至于风机的设计速度，根据 IEC 61400 – 1 和正常的设计标准，$V_{design} = 1.4V_{ave} = 9.45\text{m/s}$，接近 9.5m/s。设计中使用的叶尖速比设为 7.5，略低于兆瓦级风机常用的叶尖速比，但更适合要分析的中型风机。叶轮直径选择在半径 75% 时雷诺数达到 3×10^6，直径为 40m。

显然，由于两种翼型的空气动力学特性不同，因此选择了两种不同的设计条件来考虑翼型的最大效率，见表 3.4 和表 3.5。

表 3.4 NACA 63 – 425 型风机的设计条件

参数	NACA 63 – 425
设计升力系数	1.06
气动效率 C_L/C_D	118
设计攻角/(°)	6.5
最大升力系数	1.280
最大升力系数攻角/(°)	10.0

对于 TU Delft 翼型，设计状态不是在最大效率下，而是在较低的攻角下，以保持约 20% 的最大升力系数裕量。叶片的轮廓从半径的 20% 向外，而在半径的 20% ~ 10%，

叶片连接到直径为1m的圆形轮毂上。圆截面保持半径的6%，通常是连接叶片与轮毂的位置。最佳弦线和俯仰角由常见的约束关系确定（如 Burton 等人[56]）。

表 3.5　DU 91 – W2 – 250 型风机的设计条件

参数	DU 91 – W2 – 250
设计升力系数	1.16
气动效率 C_L/C_D	125
设计攻角/(°)	6.2
最大升力系数	1.370
最大升力系数攻角/(°)	9.2

图 3.43 为 NACA 63 – 425 翼型几何设计。根据普朗特简化公式，考虑叶尖和轮毂损失，理想弦长 c_{opt}、线性化弦长 c_u 与最优弦长 $c_{opt,P}$ 分布的结果比较。后者随后被用于叶片设计。图 3.44 为 DU 91 – W2 – 250 翼型几何设计。

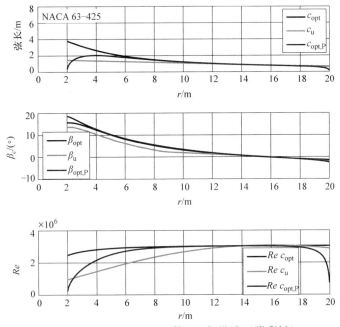

图 3.43　NACA 63 – 425 翼型几何设计（附彩插）

采用 BEM 程序 WT – Perf[57]以评估两个叶片在正常和轻度结冰条件下的性能。根据 Battisti[2]概述的方法，翼型数据库已经扩展到360°以上。因为没有公开的失速条件和无已知的模型（部分试验数据见前面的章节）来预测覆冰条件下的失速角变化，因此没有分析叶片在失速时的性能。

然而这种选择是有问题的，因为现在几乎所有的大中型风机都采用变桨调节方式，其翼型通常是在不失速的情况下运行。在设计风速为 9.5m/s，叶尖速比为 7.5 的条件下，对转速为 34r/min 的转子进行了仿真计算。图 3.43 和图 3.44 为扭角 β_c 和雷诺数与

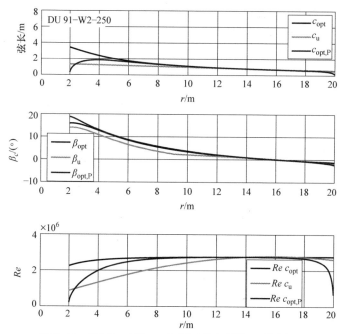

图 3.44　DU 91 - W2 - 250 翼型几何设计（附彩插）

半径的函数关系。

无冰工况下 NACA 63 - 425 翼型的 C_P 曲线、功率曲线、挥舞弯矩和推力如图 3.45

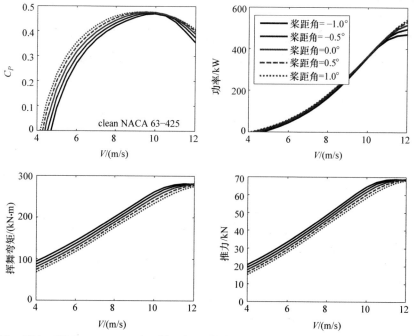

图 3.45　无冰工况下 NACA 63 - 425 翼型的 C_P 曲线、功率曲线、挥舞弯矩和推力（附彩插）

所示。无冰工况下 DU 91 – W2 – 250 翼型的 C_P 曲线、功率曲线、挥舞弯矩和推力如图 3.46 所示。在无冰的条件下，两种叶片的输出功率相当。图 3.47 和 3.48 分别为覆冰

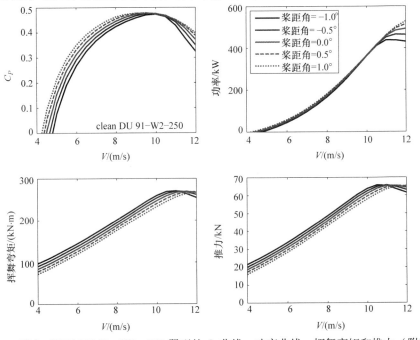

图 3.46　无冰工况下 DU 91 – W2 – 250 翼型的 C_P 曲线、功率曲线、挥舞弯矩和推力（附彩插）

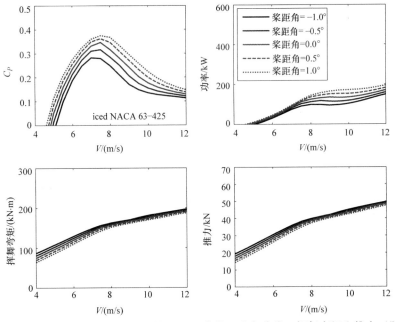

图 3.47　覆冰工况下 NACA 63 – 425 翼型的 C_P 曲线、功率曲线、挥舞弯矩和推力（附彩插）

工况下 NACA 63 – 425 和 DU 91 – W2 – 250 翼型的 C_P 曲线、功率曲线、挥舞弯矩和推力。明显地，即使是轻微的结冰条件也会对 NACA 63 – 425 叶片的性能造成灾难性的影响。功率系数大大降低，同时功率曲线发生较大改变，控制设置变得完全无效。建议在这种情况下将风机停机，以免失去控制。

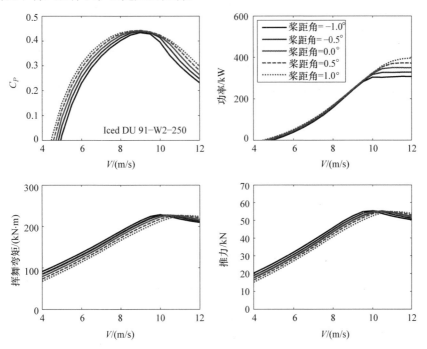

图 3.48　覆冰工况下 DU 91 – W2 – 250 翼型的 C_P 曲线、功率曲线、挥舞弯矩和推力（附彩插）

相反，DU 91 – W2 – 250 翼型表现出有价值的轻微降低，对风机运行的影响很小，使得该种运行情况变得可预测。综上所述，该实例表明，针对污染条件设计的翼型在轻度覆冰条件下也能令人满意地运行。

3.9　覆冰对风机气动性能的影响

WECO 项目（参见文献 [19, 58] 和 [59]）对覆冰状态下风机叶片的气动性能和载荷进行了分析。在文献 [19, 58] 中，通过收集在结冰条件下运行的风机附近地面的冰块，重构了一组自然结冰条件翼型。通过比较实测时间序列和数值模拟，文献 [60, 61] 研究了风机在结冰条件运行的气动特性。在文献 [60] 中，通过改变翼型的气动性能来模拟结冰叶片。在升力系数曲线中，阻力系数恒定增加，升力系数线性部分的斜率恒定减小。在文献 [61] 中，通过在三个叶片中的一片上施加桨距差和质量不平衡来模拟覆冰。为了更好地实现实测时间序列的频谱与数值模拟的匹配，还进行了灵敏度分析。

气动弹性分析可借助现有的典型工具：有关覆冰的风电机组转子特性的可获取资料和商业气动弹性规范。丹麦技术大学（DTU）流体力学部门的 Stig Øye 开发了一个特别版本的 FLEX5® 程序，以考虑覆冰叶片的气动性能。意大利研究中心（CIRA）对 Tjæreborg 风机进行了相关的覆冰模拟和数值试验。这些结果已经与来自于丹麦技术大学的 M. Hansen 教授和本书作者以前的博士学生 G. Soraperra 进行了广泛的讨论，前者为本节做出了贡献，后者为定制 FLEX5® 程序投入了大量工作[62]。

FLEX5® 气动弹性程序[62]的主要特点如下：

1）模拟水平轴、定速或变速、变桨或失速控制的 1~3 叶片风机的运行。

2）运行于时间域，输出与测量值直接可比的时间序列。

3）基于一个相对较少但重要自由度的结构模型来描述风机的刚体运动和弹性变形。

4）模拟瞬态操作，如变桨和刹车状态下的启动和关闭。

考虑到计算效率和准确性之间的平衡，这些特性被认为接近于最优。更多细节请参见文献［27］。该规范已被风机制造商和安装商广泛用于设计阶段的载荷预测、控制系统测试和验证 IEC 61400 系列规范规定的计算。

3.9.1　气动弹性模型

建模的风电机组为 20 世纪 80 年代后期出于研究目的而建造的兆瓦级风机。其以安装位置命名为 Tjæreborg 风机，它是一个水平轴、3 叶片、上风向和变桨控制的风机，安装有 1 台 4 极异步发电机和 1 座钢混塔。

表 3.6 列出了原始 Tjæreborg 风机的主要特性。叶片翼型是 NACA 44×× 系列，厚度弦长比从 12% 到 30% 不等。在文献［19，58］中，在不同的结冰水平下对相同的翼型系列进行了测试。

表 3.6　原始 Tjæreborg 风机的主要特性

变量	数值
叶轮直径/m	61
叶片数量（片）	3
轮毂高度/m	0
锥角/(°)	0
仰角/(°)	3
同步转子转速/(r/min)	21.93
额定功率转子转速/(r/min)	22.36
切入风速/(m/s)	5.0
额定风速/(m/s)	14.3
切出风速/(m/s)	25.0
额定功率/kW	2000.0

过去已经对 Tjæreborg 风机进行了广泛的分析，其用于气动弹性模型 FLEX5® 的输入条件是完整可用的。模拟结冰叶片所需的主要变化涉及翼型数据库、叶片质量分布和机舱整体质量放大系数以及考虑塔架的特性。下一节将介绍叶片覆冰模型。在大部分的分析中都考虑了较轻的机舱和较轻的钢塔。这些变化被认为使 Tjæreborg 风机的气动弹性情况更类似于现代兆瓦级风机。表 3.7 给出了轻 Tjæreborg 风机和原始 Tjæreborg 风机参数对比。叶片质量没有改变，轮毂重量也没有改变。用 FLEX5® 软件计算了 Tjéreborg 涡轮塔的第一特征频率，并列于最后一行。

表 3.7　轻 Tjæreborg 风机和原始 Tjæreborg 风机参数对比

风机	轻 Tjæreborg 风机	原始 Tjæreborg 风机
叶片质量/kg	7963	7963
叶轮质量/kg	42500	42500
机舱质量/kg	80000	154000
塔架质量/kg	86200	550000
第一特征频率/Hz	0.60	0.81

在实际应用中，传感器（惯性传感器等）可能会在振动过大时使风机停机。在本研究开发的控制系统模型中没有考虑这种可能性，因为该分析侧重于评估结冰期间由发电决定的附加负荷。

3.9.2　叶片覆冰的物理模型

相对较差的信息水平使得采用任意假设有必要性。这种方法从定量的角度限制了估计的准确性，但使分析适用于大多数情况。另一方面，使用高质量的输入信息将使结果对特定的机器到特定站点有效。

通过对数值结冰模拟结果的分析，并遵循德国劳埃德船级社标准，建立了结冰转子的质量分布模型。与意大利中央研究中心（Centro Italiano di Ricerche Aerospaziali）合作，使用 MULTICE 程序[63]进行了一系列的数值模拟，该程序特别适用于风电机组。液态水含量 LWC、液滴体积中径 MVD、湿度等，均为潜在结冰条件下典型山地站点的气象输入条件。模拟结果包括一系列翼展方向叶片截面的覆冰形状。

图 3.49 为叶尖部分的结冰情况（半径：$r = 30.5\text{m}$，翼型：NACA 4412，液态水含量：LWC = 0.8g/m^3，体积中径：MVD =

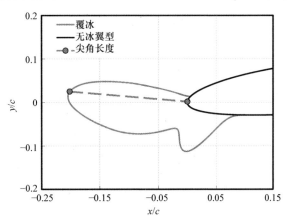

图 3.49　叶尖部分的结冰情况

$20\mu m$，绝对温度：$T = 267.15K$，压力：$p = 90kPa$，湿度：$RH(\%) = 98\%$，相对风速：$w = 71.92m/s$，弦长：$c = 0.924m$，攻角：$5.07°$，结冰时间：$180min$）。

为每一种覆冰形状选择一个冰轮廓线和翼型轮廓上的点来定义最大冰厚（尖角长度）。

表3.8为冰沿叶片的积聚，它列出了一组沿叶轮径向覆冰的主要特征，在前述环境条件下进行了模拟。第一行是半径r，第二行是覆冰在翼型前缘附近的延伸长度E，第三行包含单位长度上的覆冰质量m_{ice}，最后一行包含冰的最大厚度t_{ice}。$r < 12.46m$时无冰形成。

表3.8　冰沿叶片的积聚

r/m	12.46	15.46	18.46	21.46	24.46	27.46	28.96	29.86	30.5
$E(r)/m$	0.114	0.194	0.203	0.104	0.359	0.163	0.175	0.162	0.120
$m_{ice}/(kg/m)$	0.00	0.14	1.54	0.84	10.01	6.16	11.90	15.75	16.38
t_{ice}/m	0.000	0.013	0.092	0.053	0.189	0.149	0.177	0.182	0.191

注：翼型，NACA 4412，$LWC = 0.8g/m^3$，$MVD = 20\mu m$，$T = 267.15K$，$p = 100kPa$，$w = 71.92m/s$，$c = 0.924m$，$\alpha = 5.07°$，结冰时间 $= 180min$。

此处定义了一个数据集，该数据集由冰质量分布 $m_{ice}(r)$、描述翼型性能的参数 C_L、C_D 和 C_M（是攻角的函数）组成，在此定义为污染等级（CL）。覆冰模拟给出了可以直接加在叶片质量分布的第一质量分布。

另一种方法是根据德国劳埃德船级社标准计算覆冰质量分布 $m_{ice}(r)$，以估计冰的分布及其引起的载荷（德国劳埃德船级社 GL Wind 2010 4 – 4.2.4.2.2）[64]。冰的质量分布假设线性增长到半径的50%，从半径的50%到叶尖保持不变（梯形冰质量分布）。在每 $\frac{1}{2}$ 转子半径处选取1个单位长度的覆冰质量值，共选4个 m_E：$5.20kg/m$、$9.44kg/m$、$18.89kg/m$ 和 $37.76kg/m$。

通过数值模拟得到质量分布和4个梯形冰质量分布，由此定义用于结冰过程中 Tjæreborg 风机气动弹性分析的5个CL。

现在版本的 FLEX5© 程序只接受一个质量放大系数乘以无冰叶片的质量分布作为输入。对于每一个CL，计算出覆冰条件下叶片根部弯矩的放大系数 $K_{bending}$。通过对 NACA 4415 翼型的3个人工积冰试验结果进行插值计算得出覆冰翼型的性能。利用冰层厚度与弦长的比值 t_{ice}/c 来表征翼型的性能。积冰模拟给出了第一个冰的厚度分布（见表3.8最后一行）。另一种方法是，根据劳埃德船级社标准计算CL的冰层厚度如下：

$$t_{ice}(r) = \frac{m_{ice}(r)}{\frac{1}{2}\rho_{ice}E(r)(k_{taper} + 1)}$$

式中　$E(r)$——给定半径上的覆冰延伸；

　　　k_{taper}——考虑冰横截面形状的任意参数；

　　　ρ_{ice}——冰的密度。

$E(r)$ 和 k_{taper}——一般是通过观察风机叶片上典型覆冰的定性特征来假设，或通过使用类似于 MULTICE[27] 的程序计算推断。本分析采用表3.8中 $E(r)$ 行的平均值，以适应所有径向点，$k_{taper} = 1/8$。该方法给出了与冰质量分布具有相同梯形趋势的冰厚度分布。

　　在翼型性能试验数据库中，根据叶片翼展方向的实际 t_{ice}/c 值，对每个点进行线性插值。沿叶片的翼展方向布置 3～5 个测点。污染等级的主要数据统计见表 3.9。

表 3.9　污染等级的主要数据统计

污染等级	CL－O	CL－S	CL－1	CL－2	CL－3
$m_E/(\text{kg/m})$	—	5.20	9.44	18.89	37.76
INT $(m_{tot} \cdot rdr)/(\times10^5 \cdot \text{kg} \cdot \text{m})$	71.7	71.7	73.5	77.6	85.7
$K_{bending}$	1.032	1.032	1.058	1.116	1.232
$t_{ice,max}/\text{m}$	0.191	0.075	0.135	0.271	0.541
$t_{ice,max} : c$	20.31%	7.93%	14.40%	28.80%	57.60%

　　第一行包含梯形冰质量分布的 m_E 值，第二行包含叶片相对于根部的转动惯量，第三行包含 FLEX5© 中所需要的 $K_{bending}$，第四及第五行分别为单位长度上冰厚的最大值，和相对于弦长的归一值化。表中的列包含了五个污染等级。CL－O 是通过数值模拟中观测到的冰质量分布得到的，CL－S 是从 GL 标准发展而来的特殊污染等级，其叶片根部弯矩与 CL－O、CL－1～CL－3 相同，但污染程度逐渐加重。

　　如图 3.50 所示，绘制了每个测点 5 个污染等级的冰厚分布结果。

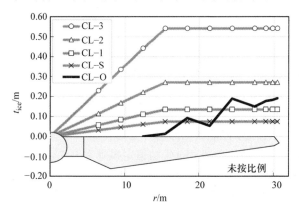

图 3.50　最大冰厚分布

　　值得一提的是，在本模型中还有两个影响没有考虑到。第一个与使用热防冰系统有关，在这种情况下，叶片材料在更高的温度下工作，对其力学性能（弹性模量和刚度）产生影响。其次，传感器上的覆冰会降低控制系统预防风机在危险工况中运行的能力。因此，本分析采用了洁净传感器。

　　数值模拟的目的是识别 Tjæreborg 风机在结冰期间运行时疲劳载荷的变化。由于通常认为结冰期间的运行影响主要是循环载荷，因此本研究未进行 IEC 标准的极限载荷评估。利用雨流计数算法对载荷时间序列进行后处理，以获得参考频率为 1Hz 的等效载荷范围。应用线性损伤理论，假设 Wohler 指数是给定的数值。

图 3.51 为主要监测时刻下的风机运行示意图。

开展了两类分析：敏感性分析（直接比较等效载荷范围）和寿命评估（从一组载荷情况计算等效载荷范围，同时考虑每个载荷情况的概率）。

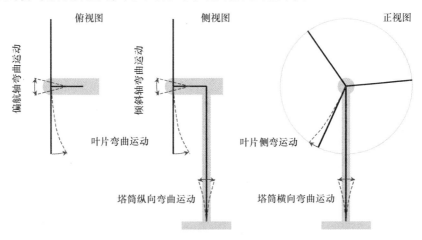

图 3.51　主要监测时刻下的风机运行示意图

3.9.3　物理模型敏感性分析

作者进行了第 1 次模拟以确定物理模型中的选项对风电机组气动弹性行为影响。采用不同的叶片覆冰物理模型模拟单负载工况，即

1）翼型气动性能数据的变化。

2）质量分布的变化。

3）质量分布和翼型气动性能数据的同时变化。

所选载荷工况对应于轮毂高度 15m/s 的恒定风速和 0.14 的风切变指数。关于敏感性分析所采用的条件详见文献 [65]。敏感性分析得出以下主要结果：

1）覆冰对翼型气动性能的影响主要是功率输出，对载荷的影响较小。

2）载荷的主要增加量取决于塔架根部的弯矩。叶根弯矩和轴弯矩的载荷均有所增加。因此，在随后的分析中只监测这些传感器。

3.9.4　20 年疲劳寿命评估

表 3.10 显示了用于评估 20 年疲劳寿命数值模拟的参数设置。Tjæreborg 风机的工作范围（$V_{cut,in} = 5m/s$，$V_{cut,off} = 25m/s$，见表 3.6）以 2m/s 为步长，分成 10 个分段。

对每个污染等级和每个风速段，分别使用 3 个和 2 个覆冰叶片进行模拟。还模拟了突然除冰工况。

结冰期间的运行只模拟了风速频率占比较高的 $V = 5 \sim 17m/s$ 风速段。在风速段 $V = 5 \sim 7m/s$ 时，覆冰期间没有产生任何电力。在整个寿命评估中并未考虑这些时间序列，因为风机在覆冰条件下运行时功率是非常低的。

表 3.10 评估 20 年疲劳寿命数值模拟的参数设置

$V/(\text{m/s})$	$I(\%)$	N_{Tot}	N_{Clean}	$N_{\text{CL}-1}$	$N_{\text{Deicing}-1}$	$N_{\text{CL}-2}$	$N_{\text{Deicing}-2}$	$N_{\text{CL}-3}$	$N_{\text{Deicing}-3}$
5~7	18.0	35697	28558	5711		1142	286		
7~9	16.0	30486	24389	4878		975	244		
9~11	14.5	22089	17671	3534		707	177		
11~13	13.0	13906	11125	2225		445	111		
13~15	13.0	7708	6166	1234	6.2	246	1.2	62	0.3
15~17	13.0	3793	3034	607		122	30		
17~19	13.0	1667	1334						
19~21	13.0	657	526						
21~23	13.0	233	186						
23~25	13.0	74	59						

总共开展了 10 个无冰叶轮和 11 个污染等级的模拟以进行整体寿命评估。

除突发性除冰模拟外，其他模拟均在平均风速恒定、风切变指数为 0.14 的条件下进行。在表 3.10 的第 2 列 "I" 的基础上构建湍流场。模拟中采用的是轻型 Tjæreborg 风机的配置。选取尺寸参数为 $V = 8\text{m/s}$，形状参数 $k = 1.9$ 的 Weibull 分布来计算载荷频率分布。每个风速段和污染等级的运行时数统计见表 3.10。对于给定风速段 N_{Tot}，结冰期间的运行时数占比为 20%；从 N_{Tot} 中减去该小时数，得到无冰叶轮的运行时数 N_{Clean}。每个风速段在结冰条件下的运行时数进一步划分为 3 个污染等级。不同污染等级下的工作时数百分比是一个与场地有关的参数，只能通过气象测量来估计。

采用特殊方法模拟极端相干阵风引起的突然除冰。

第 1 次模拟在 2 个叶片覆冰情况下进行，直到阵风结束。记录模拟期间各变量的值，并将其作为第 2 次模拟（仅 1 个叶片覆冰）的初始化条件。将这两个时间序列结合起来，并对结果进行后处理，用于疲劳寿命评估。

假设突发性除冰发生在 $V = 13 \sim 15\text{m/s}$ 风速段，气动载荷最大时。这些模拟中均未考虑湍流的影响。

在载荷概率计算中假设在 $V = 13 \sim 15\text{m/s}$ 风速段间的逐 10min 序列中除冰事件的概率为 10%。

考虑了 4 种工况的载荷记录：

1）洁净：任何时候都不结冰，各风速下的运行时数见表 3.10 第 3 列。该记录可作为参考标准。

2）平衡覆冰：考虑 3 个覆冰叶片。在表 3.10 第 4 列中给出了在每种风速下无冰叶轮的运行时数。表 3.10 中第 5、7 和 9 列分别给出了结冰过程中各风速和污染等级的覆冰运行时数。

3）不平衡覆冰：这涉及 3 叶片和 2 叶片覆冰，因此载荷记录与前一种情况相同，但两叶片在一半的运行时间内有覆冰（3 叶片覆冰和 2 叶片覆冰各占 50%）。

4）带除冰的不平衡覆冰：3 叶片覆冰、2 叶片覆冰和突然除冰事件。表 3.10 第 6 列、8 列和 10 列中列出的突发性除冰事件（以 h 计）已添加到上一个案例的载荷记录中。

上述 4 种载荷工况的叶根弯矩、轴弯矩、塔根弯矩等的 20 年等效疲劳载荷范围（参考频率 1Hz 见表 3.11）。

表 3.11　20 年等效疲劳载荷范围（参考频率 1Hz）　（单位：kN·m）

项　　目	无冰 M_{Clean}	平衡覆冰 $\Delta M/M_{Clean}$（%）	不平衡覆冰 $\Delta M/M_{Clean}$（%）	不平衡覆冰 + 突然除冰 $\Delta M/M_{Clean}$（%）
叶片根部弯矩 1	727	−1.5	−1.4	−1.4
径向叶片根部弯矩 1	1209	0.8	0.6	0.6
叶片根部弯矩 3	739	−1.5	−1.5	−1.5
径向叶片根部弯矩 3	1202	0.9	1.2	1.2
偏航轴弯矩	449	−2.5	3.1	3.1
倾斜轴弯矩	453	−2.7	2.6	2.6
纵向塔根弯矩	2094	−2.7	−1.4	−1.2
横向塔根弯矩	685	21.4	482.4	482.6

在覆冰期间运行时，等效载荷范围以相对于标准情况的增量来表示。平衡覆冰使叶根弯矩增加约 1%（0.8%），使塔架根部弯矩增加约 21%（21.4%）（见图 3.51）。不平衡覆冰使叶根弯矩增大约 1%（0.8%），轴弯矩增大约 3%，塔架根部弯矩增大约 400%。对于本研究中考虑的载荷工况，突发性除冰不影响 20 年疲劳寿命。

第 2 章引入了时间量事件的概念——事件频率等级（EFL），以考虑一般结冰事件后叶片上的冰持续存在。时间量可以是在 1 个、2 个和 3 个叶片上带冰运行的时长，以及从 1 个或 2 个叶片上突然脱落的事件数。

将气动弹性分析纳入设计路径分为以下几个步骤（该步骤是第 5 章中描述的更一般的系统设计路径的一部分）：

1）定义一组任意的污染等级（CL）和事件频率等级（EFL）。

2）CL - EFL 组合确定了一个任意载荷历史案例矩阵，可对其进行 20 年寿命评估。

3）损伤等级（DL）可以定义为每对 CL - EFL 组合的 20 年等效疲劳载荷范围相对于标准情况的增量。

4）可以为一组选定的风电机组的部件建立损伤等级矩阵（DLM）。损伤等级矩阵与风电机组相关，它代表了给定机器的"危险指纹"，可以由制造商或操作者在了解现场信息之前实现。

5）任何一个特定的地点都可以根据其气象特征被纳入到 CL - EFL 案例中。当损伤

等级超过临界值 $D_{critical}$ 时，CL – EFL 数据将作为控制系统和防冰和除冰系统的设计输入。

前面的程序依赖于一个基本假设，即有足够的关于特定地点宏观和微观层面结冰的时间和物理特征的信息。它们可以源自直接测量或近似方法（如第 2 章所述的方法），也可以在运行期间进行更新。图 3.52 给出了损伤等级矩阵的一个示例。

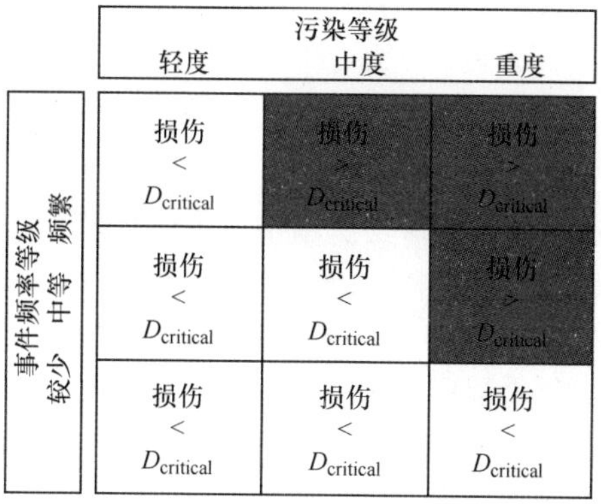

该程序已被用于 Tjæreborg 风机处理前几节所描述的时间序列。CL – 1、CL – 2 和 CL – 3 污染等级见表 3.9。如前所述，3 种不同运行比例的 EFL 以相似的方式发展。对于每个事件频率水

图 3.52 损伤等级矩阵

平，在结冰期间的运行百分比为：EFL – 1 = 3%，EFL – 2 = 9%，EFL – 3 = 27%。对于每个风速段，都考虑了 50% 的 3 叶片覆冰和 50% 的 2 叶片覆冰。

表 3.12 ~ 表 3.14 给出了 Tjæreborg 风机叶根摆振弯矩、偏航轴弯矩和塔架根部横向弯矩的损伤等级矩阵。用于规范等效载荷范围的标准载荷以矩阵的形式显示在每个表的标题中。由于风在一年中来自不同的方向，塔根横向弯矩的损伤也与纵向塔根弯矩进行了归一化（表 3.14 中括号内的值）。

表 3.12 Tjæreborg 风机叶根摆振弯矩的损伤等级矩阵

项目	CL – 1（%）	CL – 2（%）	CL – 3（%）
EFL – 3	0.9	2.8	9.4
EFL – 2	0.3	0.9	3.9
EFL – 1	0.1	0.3	1.4

注：叶片 3，标准载荷 1202kN·m。

表 3.13 Tjæreborg 风机偏航轴弯矩的损伤等级矩阵

项目	CL – 1（%）	CL – 2（%）	CL – 3（%）
EFL – 3	5.8	1.4	2.6
EFL – 2	1.9	0.5	0.8
EFL – 1	0.6	0.1	0.3

注：标准载荷 = 449kN·m。

表 3.14　Tjæreborg 风机塔架根部横向弯矩的损伤等级矩阵

项目	CL-1（%）	CL-2（%）	CL-3（%）
EFL-3	233（109）	556（214）	1213（429）
EFL-2	151（82）	391（161）	883（322）
EFL-1	92（63）	272（122）	644（243）

注：标准横向载荷 685kN·m，塔架内标准纵向载荷 2094kN·m。

相对于污染等级，损伤等级呈非线性趋势。叶根弯矩的损伤等级为 0.1%~9.4%。偏航轴弯矩的损伤等级为根据不同情况小于或等于 0.1%~5.8%。塔根弯矩的损伤等级为 92%~1200% 以上（从 63%~429%，对塔根弯矩沿 y 方向进行归一化处理）。

该综合程序使得评估有一定结冰风险的场址需要重新设计某些零部件成为可能。

提出污染等级 CL-O 和 CL-S 是为了检验用于冰量预测的模型对寿命评估的影响。两种情况下的质量放大系数 $K_{bending}$ 相同，但 CL-O 对于每个翼展向测点都有不同的冰厚，而 CL-S 呈梯形冰厚分布（见表 3.9 和图 3.50）。

$t_{ice}(r)$ 的不同分布决定了两组不同的翼型性能数据库：CL-S 有 3 个点遵循梯形分布，而 CL-O 有 5 个点遵循观察到的 $t_{ice}(r)$ 分布。

对 CL-S 和 CL-O 进行了 20 年疲劳寿命评估和对比分析，并对 8 个传感器进行了虚拟监测。已经以与上述类似的方式开发了一种在结冰期间的操作百分比为 9% 的 EFL（事件频率等级）。CL-S 和 CL-O 的 20 年等效疲劳载荷范围见表 3.15。

表 3.15　CL-S 和 CL-O 的 20 年等效疲劳载荷范围（单位：kN·m）

项目	无冰 M_{Clean}	CL-S $\Delta M/M_{Clean}$（%）	CL-O $\Delta M/M_{Clean}$（%）
叶片 1 叶根挥舞弯矩	727	0.109	0.106
叶片 1 叶根摆振弯矩	1209	0.076	0.091
叶片 3 叶根挥舞弯矩	739	0.069	0.068
叶片 3 叶根摆振弯矩	1202	0.078	0.096
偏航轴弯矩	449	2.185	2.463
倾斜轴弯矩	453	1.787	2.047
塔根部纵向弯矩	2094	-0.007	-0.001
塔根横向弯矩	685	50.196	50.870

注：参考频率 1Hz。

相对于洁净条件，等效载荷范围的增加很小，这证明 CL-S 和 CL-O 代表中度结冰情况。CL-S 和 CL-O（表 3.15 第 3 列和第 4 列）的等效载荷增量变化极小，说明梯形冰质量分布给出了冰转子动力学行为的一致模型。

这些结果显示出对输入条件的质量相对不敏感。这可能是由于仅接受质量放大系数的气动弹性程序的限制。通过分配整体质量分布，可以得到更多的差异。以 22.15rpm 为中间转速估算的前 3 个系统激励频率分别为：$1P=0.37Hz$、$2P=0.74Hz$、$3P=1.11Hz$。钢塔的第一特征频率约为 0.60Hz，因此塔根横向弯矩等效载荷范围的显著增加可能是由于共振相互作用引起的。

上述简单方法能够捕捉主要问题，而等效载荷范围的小幅增加则会在背景噪声中消失。该方法在本案例中出现的主要问题是不平衡转子运行引起的塔根横向弯矩急剧增加。所有其他部件在等效载荷范围内都发生了微小的变化。在叶轮不平衡的情况下，具有较低第一本征频率值的轻型塔可能与激励频率发生共振。分析表明同时对叶片覆冰的空气动力学和质量分布进行建模的重要性。由于风机损坏仅限于某些部件和条件，结冰时继续发电在一定程度上是可能的。结果的定量精度还取决于该场地气象参数的质量。该方法最实际的应用案例是控制系统的安全等级的设置和调整（决定何时可能停止发电的惯性传感器的设置）。从长远来看，这种分析可以与防冰、除冰系统的设计相结合。

3.10　覆冰叶轮不平衡的简化分析

为了完成前文关于覆冰力学效应的分析，提出了一种确定覆冰叶轮不平衡的简化方法，旨在讨论防冰系统失效对单个叶片可能产生的影响。这种情况导致叶轮只有 1 个叶片覆冰，另外 2 个保持洁净。在这种情况下，覆冰叶片的重量增加，气动性能下降。前文中论述过的 Tjæreborg 风机受到 3 个污染等级的影响：图 3.50 所示的 GL 污染等级（CL - S）、表 3.8 的 CIRA 计算结果以及图 3.24 的数据（290 号冰，$k/c = 0.0059$）。对于每种情况，气动性能的下降都相应地采用了前面所述的结果。各污染等级的覆冰质量和相关不平顺度见表 3.16（第 1 列和第 2 列）。入流条件是恒定的，并且忽略由于湍流引起的气动转矩振荡。

表 3.16　各污染等级的覆冰质量和相关不平顺度

污染类型	覆冰总量/kg	DOI
GL CL - S	83.09	0.0140
CIRA	118.95	0.0120
$k/c = 0.0059$	9.20	0.0012

以下关系式给出了单个叶片覆冰时，轴扭矩、空气动力和尾缘部分质量分布的关系。

$$m_{\text{aero}} = \frac{C_{L,\text{actual}}}{C_{L,\text{clean}}} C_{L,\text{clean}} c \frac{\rho V \Omega}{9} (R^3 - R_0^3)$$

$$m_{g,\text{ice}}(\theta) = m_{\text{ice}} R_G g \sin\theta$$

式中　R_0——叶片翼型平面的初始半径；

　　　R_G——冰块重心半径。

不平顺度（DOI）的定义为：

$$\text{DOI} = \frac{\Omega_{\text{max}} - \Omega_{\text{min}}}{\Omega_{\text{ave}}} \tag{3.3}$$

　　为了计算叶轮角速度的波动，用常微分方程计算力矩。为使计算更符合实际，Tjæreborg 风机叶片原始惯性已考虑了现代风机的轻量化设计。因此，用于仿真的每个叶片重量是 2653kg，而不是表 3.7 中列出的原始数值 7963kg。发电机模型遵循经典的 $K \cdot \Omega^2$ 定律，选取合适的 K 值使额定风速下的转速为 22.5r/min。

　　结果见表 3.15（第 3 列和第 4 列）、图 3.53 和图 3.54，根据方位角位置，将力矩归一化为无冰状态下的叶片力矩。

　　气动性能的下降与气动效率的降低有关。在 CL‐S 污染等级下观察到约 73% 的损失，同时伴随着旋转的大幅振荡。至于重力不平衡，CIRA 和 CL‐S 污染等级出现了高达约 4% 的振荡，而较小的表面粗糙度对空气动力和重力力矩都只造成中度影响。

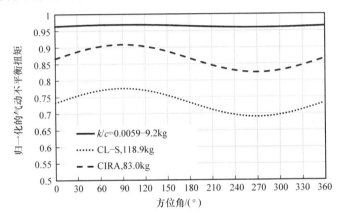

图 3.53　对于不同的叶片污染，轴扭矩作为方位角的函数归一化到无冰工况

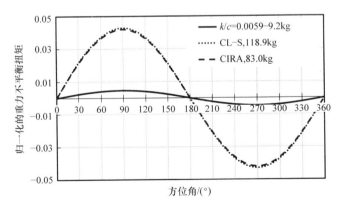

图 3.54　对于不同的叶片污染，重力不平衡作为方位角的函数归一化到无冰工况

　　简化模型还表明，相关污染等级决定了转速的可忽略的振荡水平，而且与无冰工况相比，升力系数显著降低（-80%），可能与采样湍流产生的振荡水平相当。尽管如此，性能也相应地降低。这表明单独测量旋转不平顺不足以评估叶轮的初始结冰，还需要与一些其他性能指标（如功率曲线、环境温度等）相结合，这将在第 5 章中进行讨论。

参 考 文 献

1. Miley SJ (1982) A catalog of low Reynolds number airfoil data for wind turbine applications. Department of Aerospace Engineering, Texas, College Station
2. Battisti L (2012) Gli impianti motori eolici. In: Battisti L (ed), ISBN 978-88-907585-0-8
3. Critzos CC, Heyson HH, Boswinkle RW Jr (1995) Aerodynamic characteristics of NACA 0012 airfoil section at angles of attack from 0 to 180 degrees. National Advisory Committee on Aeronautics. NACA-TN-3361
4. Timmer WA, van Rooij RPJOM (2004) Summary of the Delft University wind turbine dedicated airfoils. J Sol Energy Eng 125(4):488–496
5. Timmer WA (2008) Two-dimensional low-Reynolds number wind tunnel results for airfoil NACA0018. Wind Eng 32(6):525–537
6. Abbott IH, von Doenhoff AE, Stivers LS (1945) Summary of airfoil data. NACA Report 824
7. Lynch FT, Khodadoust A (2001) Effects of ice contamination on aircraft aerodynamics. Prog Aerosp Sci 37:669–767 (Pergamon)
8. Brumby RE (1988) The effect of wing ice contamination on essential flight characteristics. SAE aircraft ground de-icing conference, Denver, September 1988
9. Brumby RE (1991) The effect of wing ice contamination on essential flight characteristics. AGARD CP-496, paper 2
10. Timmer WA, van Rooij R (2003) Summary of the delft university wind turbine dedicated airfoils. Am Inst Aeronaut Astronaut (AIAA) J, AIAA-2003-0352
11. Thomas SK, Cassoni RP, MacArthur CD (1996) Aircraft anti-icing and deicing techniques and modeling. J Aircr 33(859):841–853
12. Al-Khalil KM, Keith TG, De Witt KJ (1993) New concept in runback water modeling for anti-iced aircraft surfaces. J Aircr 30(1):41–49
13. Neel CB, Bergrun NR, Jukoff D, Schlaff BA (1947) The calculation of the heat required for wing thermal ice prevention in specified icing conditions. NASA Langley Research Center, NACA TN 147
14. Gelder FT, Lewis JP (1951) Comparison of heat transfer from airfoil in natural and icing conditions. NASA Langley Research Center, NACA TN 2480
15. Makkonen L, Laakso T, Marjaniemi M, Finstad KJ (2001) Modeling and prevention of ice accretion on wind turbines. Wind Eng 25(1):3–21
16. Makkonen L, Autti M (1991) The effects of icing on wind turbines. Wind energy: technology and implementation (EWEC), pp 575–580
17. Makkonen L, Laakso T, Marjaniemi M, Wright J (2001) Results of Pori wind farm measurements. VTT, Energy Reports 42/2001
18. Bose N, Rong JQ (1990) Power reduction from ice accretion on a horizontal axis wind turbine. In: 12th wind energy conference Norwich. British Wind Energy Association, London
19. Seifert H, Richert F (1998) A recipe to estimate aerodynamics and loads on an iced rotor blades. In: Proceedings of the IV BOREAS conference, Enontekio, Hetta, Finland
20. Seifert H, Richert F (1997) Aerodynamics of iced airfoils and their influence on loads and power production. In: Proceedings of the European wind energy conference, Dublin, Ireland, pp 458–463
21. Wright WB (1995) Users Manual for the Improved NASA Lewis Ice Accretion Code LEWICE 1.6. NASA Langley Research Center, NASA CR 198355
22. Wright WB (2002) User Manual for the NASA Gleen Ice Accretion Code LEWICE-Version 2.2.2. NASA Langley Research Center, NASA/CR-2002-211793
23. Morency F, Tezok F, Paraschivoiu I (1999) Anti-icing system simulation using CANICE. J Aircr 36(6):999–1006
24. Morency F, Tezok F, Paraschivoiu I (2000) Heat and mass transfer in the case of anti-icing system simulation. J Aircr 37(2):245–252
25. Tran P, Brahimi MT, Pueyo A, Tezok F, Paraschivoiu I (1996) Ice accretion on aircraft wings with thermodynamic effects. J Aircr 32(2):444–446

26. Guffond D, Brunet L (1985) Validation du programme bidimensional de captation, ONERA, RT no. 20/5146 SY

27. Mingione G, Brandi V (1998) Ice accretion prediction on multielement airfoils. J Aircr 35(2):240–246

28. Dillingh JE, Hoeijmakers HWM (2003) Simulation of ice accretion on airfoils during flight. University of Twente, Faculty of Mechanical Engineering, Section Engineering Fluid Dynamics

29. Beaugendre H, Morency F, Habashi WG (2003) FENSAP-ICE's three-dimensional in-flight ice accretion module. J Aircr 40(2):239–247

30. Virk MS, Homola MC, Nicklasson PJ (2010) Effect of rime ice accretion on aerodynamic characteristics of wind turbine blade profiles. Wind Eng, 34(2):207–218. ISSN 0309-524X

31. Virk MS, Homola MC, Nicklasson PJ (2010) Relation between angle of attack and atmospheric ice accretion on large wind turbine s blade. Wind Eng 34(6):607–614

32. Virk MS, Homola MC, Nicklasson PJ (2012) Atmospheric icing on large wind turbine blades. Int J Energy Environ 3(1):18

33. Villalpando F, Reggio M, Ilinca A (2012) Numerical study of flow around iced wind turbine airfoil. Eng Appl Comput Fluid Mech 6(1):39–45

34. Sagol E, Reggio M, Ilinca A (2013) Issues concerning roughness on wind turbine blades. Renew Sustain Energy Rev 23:514–525. ISSN 13640321

35. Reid T, Baruzzi G, Ozcer I (2013) FENSAP—ICE simulation of icing on wind turbine blades, part 1: performance degradation. In: 51st AIAA aerospace sciences meeting including the new horizons forum and aerospace exposition, Grapevine, Texas, 7-10 January 2013

36. Mortensen K (2008) CFD simulation of an airfoil with leading edge ice accretion. Master thesis, Department of Mechanical Engineering, Technical University of Denmark

37. Fortin G, Perron J (2009) Spinning rotor blade tests in icing wind tunnel. In: AIAA 2009-4260, 1st AIAA atmospheric and space environments conference, San Antonio, TX, June, p 116

38. Hochart C, Fortin G, Perron J (2008) Wind turbine performance under icing conditions. Wind Energy 11:319–333

39. Jasinski WJ, Noe SC, Selig MS, Bragg MB (1997) Wind turbine performance under icing conditions. Trans ASME J Sol Energy Eng 120(1):60–65

40. Papadakis M, Yeong HW, Wei H, Wong SC, Vargas M, Potapczuk M (2005) Experimental investigation of ice accretion effects on a swept wing. U.S. Department of Transportation—Federal Aviation Administration, Final Report, DOT/FAA/AR-05/39, August 2005

41. Broeren AP, Bragg MB, Addy HE (2004) Effect of intercycle ice accretions on arifoil performance. J Aircr 41(1):165–174

42. Busch GT, Broeren AP, Bragg MB (2008) Aerodynamic simulations of a horn ice accretion on a subscale model. J Aircr 45(2):604–613. doi:10.2514/1.32338

43. Ashenden R et al (1996) Airfoil performance degradation by supercooled cloud, drizzle, and rain drop icing. Am Inst Aeronaut Astronaut J (AIAA) 33(6):1040–1046

44. Bragg MB, Broeren AP, Blumenthal LA (2003) Iced-airfoil and wing aerodynamics. SAE international paper 2003-01-2098

45. Bragg MB, Broeren AP, Blumenthal LA (2005) Iced-airfoil aerodynamics. Prog Aerosp Sci 41(5):323–418

46. Broeren AP, Bragg MB (2010) Effect of high-fidelity ice-accretion simulations on full-scale airfoil performance. J Aircr 47(1):240–254

47. Shin J (1994) Characteristics of surface roughness associated with leading edge ice accretion. AIAA paper, 94

48. Smith AM, Kaups K (1968) Aerodynamic surface roughness and imperfections. Society of Automotive Engineers, New York

49. Brumby RE (1991) Technical evaluation report on the fluid dynamics panel specialists meeting on effects of adverse weather on aerodynamic. AGARD advisory. Report 306

50. Lee S, Bragg MB (2003) Investigation of factors affecting iced airfoil aerodynamics. J Aircr 40(3):499–508. doi:10.2514/2.3123

51. Gurbacki HM (2003) Ice-induced unsteady flowfield effects on airfoil performance. Department of Aeronautical and Astronautical Engineering. University of Illinois, Urbana

52. Kim HS, Bragg MB (1999) Effects of leading-edge ice accretion geometry on airfoil aerody-namics. AIAA paper, 3150

53. Johnson SP (1936) Ice. Aviation 35:15–19

54. Lederer J (1939) Safety in the operation of air transportation. Norwich University, Norwich

55. Johnson CL (1940) Wing loading, icing and associated aspects of modern transport design. J Aerosol Sci 8(2):43–55

56. Burton T, Jenkins N, Sharpe N, Bossanyi E (2011) Wind energy handbook. Wiley, New York

57. Platt A (2012) NWTC design codes—WT perf, national wind technology center—NREL, Last modified 26-November-2012, http://wind.nrel.gov/designcodes/simulators/wtperf/

58. Seifert H, Scholz C (1990) Additional loads caused by ice on rotor blades during operation. In: Proceedings of the international conference, European community of wind energy, Madrid, 10-14 September 1990, pp 203–207

59. Jasinski WJ, Noe SC, Selig MS, Bragg MB (1997) Wind turbine performances under icing conditions. In: 35th aerospace science meeting and exhibit—AIAA, Reno

60. Volund P, Antikainen P (1997) Ice induced loads on wind turbines. In: European wind energy conference, Dublin, pp 664–667

61. Ganander H, Ronsten G (2003) Design load aspects due to ice loading on wind turbine blades. In: Proceedings of the VI BOREAS conference, Pyhatunturi, Finland

62. Øye S (1996) FLEX4 simulation of wind turbine dynamics. In: Proceedings of the international energy agency, annex XI, 28th meeting of experts, 11–12 April 1996, pp 71–77

63. Battisti L, Soraperra G (2003) Sistema antighiaccio per pale di turbine eoliche parte 2: sistemi a circolazione di aria. 58° Congresso ATI, Padova, September 2003, pp 8–12

64. Germanischer lloyd industrial services gmbh, business segment wind energy (2010), Guideline for the certification of wind turbines

65. Durstewitz M (2003) Windenergie in kalten klimaregionen. Erneuerbare Energ 12:3–34

66. Wright WB, Potapczuk MG (1998) Comparison of LEWICE 1.6 and LEWICE/NS with IRT experimental data from modern airfoil tests. NASA Langley Research Center, NTL Digital Repository, ID 1086

67. Broeren AP, Addy HE, Bragg MB (2004) Flowfield measurements about an airfoil with leading-edge ice shapes. AIAA paper, 59

68. Addy HE, Chung JJ (2000) A wind tunnel study of icing effects on a natural laminar flow airfoil. AIAA paper, 95

第4章
结 冰 过 程

摘要：

本章讨论了水撞击的物理模型和成冰机制，分析了体离散化、外部流场、温度场以及润湿度。本章内容是防冰和除冰系统设计的基础，从热流体动力学的角度描述了结冰过程。其目的不在于详细说明冰的生长过程，而是要提出方法来确定由气动轮廓所捕获的水的质量流量、撞击极限以及表面过程中涉及的热流，因为防冰系统的设计是为了保持表面相对洁净。为此，液滴轨迹的一般理论包括固定圆柱体理论、翼型零和非零攻角碰撞率计算等。本章提出并讨论了静止叶片和旋转叶片在水撞击过程数值模拟上的差异，给出了 Tjærborg 风机叶片翼型的数值计算示例，最后得出了一些适用于风电机组的相关结论。本章通过冻结系数的概念分析了覆冰表面水的质量平衡以及热流体动力学过程。利用能量守恒方程和质量守恒方程，提出并解决了积冰和防冰设计的问题。

4.1 冰的形成机理

结冰过程较为复杂，涉及大量参数。在控制变量试验中只能处理其中少数几个参数。在现场试验中，若考虑空气湍流以及气候和气象环境变化，将引入更多变量。

然而，了解结冰的机理对于估算风电机组叶轮结冰过程的强度以及提供适当的措施以减少其衍生危害至关重要。

在结冰过程中可观察到以下宏观过程：

1）空气中的过冷水滴会沿着某些轨迹撞击物体，而另一些则会偏离物体。

2）撞击到未受污染的表面的液滴在表面张力和表面流动力的共同作用下，趋于合并成更大的表面液滴。

3）由于空气动力的作用，一小部分碰撞的液滴要么在表面冻结，要么在表面上发生相对运动，要么从表面脱落。

4）通过这种初始冻结形成的积冰形成较粗糙的体表，从而增强了对流换热。这进一步冷却了表面，促进了结冰过程。随着新的粗糙形状在表面上生长，将形成复杂的边界层模式，问题变得复杂化。

与这些阶段相关的物理机制可以借助以下模型来进行描述：

1）在物体周围的气流中产生液态水（如雨和雾）的气象过程，此处不进行说明。

2）与过冷水滴撞击并积聚在表面有关的物理过程；这些过程可以用流体力学和粒子力学的方程式来描述，这些方程式决定了气流中液滴的轨迹模式。

3）能量守恒定理（例如潜热释放、强制对流、蒸发热传递、辐射热传递等）和质量守恒定理描述的热力学机制。

4）质量和表面张力的机械平衡，会导致表面保留或脱落一部分积冰，并在决定冰的最终形状中起一定作用。

在整体来看，撞击叶片的所有水中，只有一部分会冲到后方，因为其中一部分会根据当地的热力和流体动力条件发生冻结、蒸发、脱落或滞留。结冰过程中与水有关的基本过程如图 4.1 所示。因此，理解结冰机理是所有防冰系统选择和设计的基础。

在地表，水通常存在三种热力学状态：水蒸气、液态水和冰。如果在未加热表面的结冰过程中，表面同时存在着空气、水蒸气、液态水和冰，则必须使用三层模型理论。而对于未结冰的加热表面，则只需要关注双层模型（空气、水蒸气和液态水）。图 4.2 描绘了三层模型和双层模型。

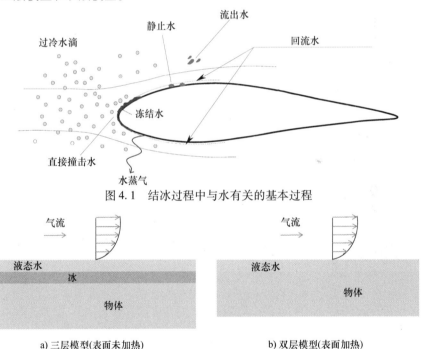

图 4.1　结冰过程中与水有关的基本过程

a) 三层模型(表面未加热)　　　b) 双层模型(表面加热)

图 4.2　三层模型和双层模型

4.2　结冰/防冰条件模拟

表 4.1 中列举了确定物体表面的热通量和冰生长的物理模型和相关的计算步骤。尽管模型的最终结果意味着计算步骤存在差异，但冰的生长和防冰计算程序仍采用了相似

的步骤，这点将在下文中进行讨论。

表 4.1　计算步骤

步骤	结冰计算	防冰计算
1	现场变量评估	现场变量评估
2	物体外部几何离散化	物体外部几何离散化
3	不需要	物体壁面与内部几何离散化
4	外部流场计算	外部流场计算
5	不需要	内部流场计算
	确定表面润湿度	确定表面润湿度
6	1）粒子轨迹计算 2）粒子碰撞计算	1）粒子轨迹计算 2）粒子碰撞计算
	质量和能量守恒	质量和能量守恒
7	冰生长计算	质量和能量流量计算
		共轭传热
8	考虑冰生长的几何形状修正	不需要
9	不需要	防冰设计所需的局部热量流
10	不需要	外部、内部供热和功率估算
11	在结冰期间迭代步骤 5~9	不需要

体离散 – 几何域：

参照表 4.1，当第 1 步（现场变量评估）的输出完成时，程序从物体几何离散化和应用质量和能量守恒方程所需表面控制体的设计开始。

对于一般的风电机组叶片，如图 4.3 中所示的叶片由一系列沿翼展方向相邻的叶片单元（或站点）组成，这些相邻的叶片单元的顺序由上标 i（从 1 到 N）标识。因此，每个单元介于半径 r^i 和 r^{i+1}。

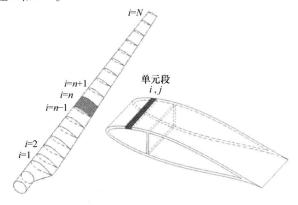

图 4.3　叶片离散化示意图

然后，将每个叶片单元划分为一系列由上标 j 标识的弦向相邻的子块，范围从 1 到 j。每个 j 子块的宽度由长度或线段给定，这些长度或线段沿翼型表面变化，这样较短的线段将集中在曲率半径最小的区域。温度、压力、热导率等物理参数对应于每个子块质心处的值。

构成控制体下表面的直线段取代了叶片表面。如图 4.4 所示，控制体位于物体表面并向外凸出。

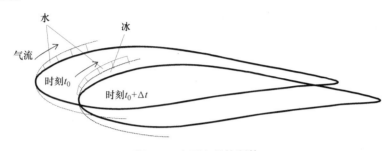

水　冰
气流
时刻 t_0
时刻 $t_0+\Delta t$

图 4.4　表面上的控制体

控制体的下边界最初位于洁净未受污染的几何形状的表面，并随着冰的积聚而向外移动。控制体则始终位于洁净或冰冻的表面上。因此，该过程是瞬时非稳态的，理论上可利用新的、更新的几何图形来解释冰层的不断生长。

采用时间步进的方法来模拟冰的积聚。首先，确定洁净表面的流场和液滴撞击参数。然后，通过一个合适的模型（稍后描述）确定每个控制体上冰的生长速率。当指定时间步长时，该增长率将转换为冰的厚度，并调整体坐标以考虑冰的积累。尽管最理想的方法是不断重复整个过程，每次计算冰的新流场来更新水的局部收集率和热力学数据，但是这种方法会导致冰层的计算时间增加。实际上，大部分计算时间都花费在流场的计算上。

4.3　外部流场和温度场

从 1940 年底开始，航空领域就一直在研究表面热流的计算方法[1]。20 世纪 80 年代初，随着计算机辅助计算的引入和计算机计算成本的降低，积冰模拟工具得到了快速发展[2]。这一阶段通常是利用二维或准三维无黏性流体程序（面元法）来计算气流解的。由于计算速度的优化，复杂流体程序的求解得以实现。这些程序利用沿叶片几何边界的源流、汇流或涡流分布来模拟黏性边界层外部的流动，从而产生近似的流动解。对于边界层足够薄的高雷诺数流动，这是一种合理的假设。在计算流场时，将所有源流、汇流或涡流的贡献叠加。这种方法有一定的局限性：面元流程序通常仅限于攻角较小（没有考虑分离）的情况，因此该假设仅适用于有限的风电机组运行范围。

这些程序通常与拉格朗日粒子跟踪技术结合起来进行液滴撞击计算，并基于表面的一维质量和热交换平衡来预测冰的形状。使用这种方法的最有名的程序有 NASA 的

LEWICE 软件[3,4]、ONERA 软件[5]和庞巴迪宇航公司的 CANICE 软件[6]。这类求解器的另一个重要输出结果是驻点的位置。在驻点上，局部切向速度为零或接近于零。对于洁净的翼型轮廓，由于表面光滑，驻点的选择是一个琐碎的过程，但在评估面板边缘表面附近的速度时会出现严重问题。特别是由于与结冰有关的形状不规则，在结冰表面可能出现多个驻点。这会导致上、下表面边界层计算的初始点选择困难。这是一个常见的问题，例如结冰的"角"形成中。对于接近冰点的温度，大部分来水不会受影响而冻结，因此预测表面水流量至关重要。黏性/非黏性耦合方法难以应用于分离流动，通常是雨凇结冰情况下的常规方法。

由于这个原因，一些开发者使用基于欧拉（Euler）方法的纳维 - 斯托克斯（Navier - Stokes）方程代替势流程序用于计算。例如，LEWICE 软件的基准模块[3,4]是一种积冰预测程序，它应用时间步长方法来计算冰的形状。可以使用 Douglas Hess - Smith 二维面元程序在 LEWICE 中计算势流场。从 2.2 版本开始，可以通过在用户输入文件中设置一个标记来绕过潜在的流模块。在此模式下，用户可以选择调用网格生成器和基于网格的流动求解器（Euler 或 Navier - Stokes），或者从该流动求解器中读取求解文件。当前的 CFD 技术在一定程度上克服了上述方法的某些局限性，为耦合空气动力学、粒子运动和传热过程的全三维方法开辟了新的用途。例如，FENSAP 软件可以在黏性（Navier - Stokes）模式下通过三维可压缩湍流 Navier - Stokes 方程[7]求解洁净和变流量流体黏性流动。采用三维欧拉方法[8]代替拉格朗日方法计算表面上的水捕获情况。使用偏微分方程求解三维质量平衡和表面传热问题以预测结冰形状[9]。此外，可以通过共轭传热问题的求解确定防冰热通量[10]。

如果在一个时间步长内冰的累积量很小，则可以使用与上一个时间步长相同的流场和热力学数据。不过需要指出，此方法所得到的结果不如前述方法准确，尤其是对于结冰过程，但其优点是所需的计算时间大大减少。

风电机组空气动力学的优点之一是使用不可压缩 Navier - Stokes 求解器。这种简化减少了流场的计算时间，并能在给定时间内更频繁地计算结冰几何形状的流场。因此，采用不可压缩 Navier - Stokes 求解器可以提高低马赫数流体结冰预测的准确性。

在防冰系统的设计中，流场模拟就没有那么复杂了。在这里，考虑到不允许形成覆冰的运行策略，表面将保持相对的洁净状态，从而在大多数情况下（如风电机组生产）可以使用面板求解器。反之，则需要采用精细化的除冰策略，因为允许生成小尺寸的覆冰，可能需要更接近实际的求解器。

尽管采用了求解流场的方法，但对于每个控制体，都必须计算一些基本变量来表征流场和温度，以便进行后续的传热计算。

由于边界层边缘的压力是已知的，因此可以根据以下公式计算边界层边缘相对应的流速 v_e：

$$p_e - p_\infty + \frac{1}{2}\rho_\infty W^2 \left[1 - \left(\frac{v_e}{W}\right)^2\right] = 0 \qquad (4.1)$$

环境总自由压力 p_∞^0 定义为：

$$p_\infty^0 = p_\infty + \frac{1}{2}\rho_\infty W^2 \tag{4.2}$$

于是，可以通过等熵过程关系来计算边界层边缘的温度：

$$T_e = T_\infty^0 \left(\frac{p_e}{p_\infty^0}\right)^{\left(\frac{k-1}{k}\right)} = T_\infty^0 \left(\frac{p_e}{p_\infty^0}\right)^\varepsilon \tag{4.3}$$

环境总温度 T_∞^0 定义为：

$$T_\infty^0 = T_\infty \left(\frac{p_\infty^0}{p_\infty}\right)^{\left(\frac{k-1}{k}\right)} = T_\infty \left(\frac{p_\infty^0}{p_\infty}\right)^\varepsilon \tag{4.4}$$

叶片表面上任意点的恢复温度 T_{rec} 是假设叶片为绝热体时获得的表面温度。该温度由下式给出：

$$T_{rec} = T_e + r\frac{v_e^2}{2c_p} \tag{4.5}$$

其中恢复因子 r（不可压缩流）的定义为：

$$r = 1 - \left(\frac{v_e}{W}\right)^2 (1 - Pr^z)$$

在边界层边缘，$r = Pr^z$，湍流场中 $z = 1/3$，层流中 $z = 1/2$。式（4.5）中的比定压热容 c_p 和式（4.3）和式（4.4）中的等熵系数 ε 设定为常数，与干燥空气中的值相等。

严格分析表明，考虑到黏性层是在干燥空气、蒸汽和水上形成的，边界层内的等熵系数 ε 是一个等效系数。这意味着应根据以下公式将其计算为体积中混合成分的加权平均值：

$$c_{p,eq} = \frac{\sum m_i c_i}{\sum m_i} = \frac{c_{p,air} + \dfrac{m_{vap}}{m_{air}} c_{p,vap} + \dfrac{m_w}{m_{air}} c_w}{1 + \dfrac{m_{vap}}{m_{air}} + \dfrac{m_w}{m_{air}}} \tag{4.6}$$

代入数值后，得到 $c_{p,eq} \sim c_{p,air}$，因此在边界层内进行以下分析时将使用恒压下空气的比热容和 ε。

4.4　表面润湿度建模

在云中存在的水可能会润湿翼型表面，这部分水可以从两个方面进行评估：

1）液态水含量 LWC（g/m^3）：在一定量的空气中液态水的含量。

2）液滴尺寸：直径 d（μm）或液滴直径分布 MVD。

在云中结冰过程中，表面润湿度是评估结冰速率的重要因素。液滴非常小，直径通常为 $5 \sim 400\mu m$，其终端速度也很小（直径为 $15\mu m$ 的小水滴速度为 $0.007m/s$）。尽管在无风的条件下基本上没有流体通量，但是风机的转动会引起相对速度，液滴在该相对速度下（尖端速度约 $70m/s$）撞击到表面上。水滴的运动轨迹不仅取决于物体的相对速度，还取决于物体的运动（即旋转）。

对表面润湿度建模可以确定：

1）撞击翼型的水（拦截水）的质量比率。

2）撞击区域。

3）水在该区域的分布。

撞击水的质量比率表示在蒸发或从后缘流下前必须维持液态的水的数量。水在撞击区域后结冰，通常称为回流，必须避免。

撞击区域影响前缘加热区域的范围。

计算水撞击区域的供热需求时，需要考虑水在该区域的局部分布。

撞击在表面上的水的质量的表达式是一个复杂的函数，取决于不同的参数。当有风时，水滴上的风作用力会带着它们向前移动，水滴跟随着风流线绕过路径中的障碍物（见图4.5）。只有液滴的惯性会使它们偏离风流线，而保持沿直线运动。

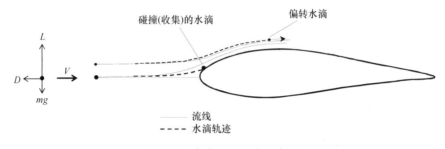

图 4.5　水滴流经叶片示意图

从空气中收集到的水滴数量取决于其阻力、沿流线运动的趋势和惯性（即保持直运动的趋势）之间的平衡，如图4.5所示。

因此，需要计算水滴的轨迹以确定撞击表面的水量和直接润湿的程度。

碰撞率定义为空气中两条相邻流线之间被翼型捕获的大量空气中水量占比。该值是通过分析流经翼型表面的水滴轨迹得到的。

如图4.6所示为流经叶片的二维水滴轨迹，它表示一条由两条流线（二维稳定流）和两个末端部分包围的流管［一个位于上游远端（0 点），另一个位于目标表面位置（p 点）］，则可以假设：

1）液滴不影响速度场。

2）液滴为球形，液滴直径分布可用体积中径（MVD）来描述。

3）液滴初速度等于自由流速度。

则流管的质量守恒方程变为：

$$\mathrm{LWC}_0 V_0 A_0 = \mathrm{LWC}_p V_p A_p \tag{4.7}$$

在此公式中，碰撞率 $\beta_{2\mathrm{D}}$ 定义为：

$$\beta_{2\mathrm{D}} = \frac{\mathrm{LWC}_p V_p}{\mathrm{LWC}_0 V_0} = \frac{A_0}{A_p} \tag{4.8}$$

它表示翼型上该位置捕获的液态水含量的比例。

参考图4.6中的二维示意图，通过引入翼展方向微元的单位长度，可得到公式的微分形式为：

$$\beta_{2D} = \frac{\Delta y_0}{\Delta s} = \frac{dy_0}{ds} \qquad (4.9)$$

驻点线碰撞率 β_0 定义为在围绕驻点线的两条流线之间的碰撞率。

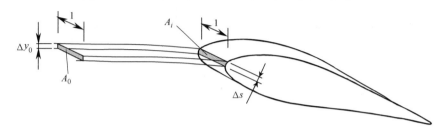

图4.6 流经叶片的2D水滴轨迹

总收集率表示被翼型捕获的总分数：

$$E = \frac{1}{y_{max}} \int_{s_u}^{s_1} \beta_{2D} ds \qquad (4.10)$$

如果液滴轨迹为直线，则上式可以表示为撞击水的实际质量与叶片最大横截面尺寸之比：

$$E = \frac{y_0}{y_{max}} \qquad (4.11)$$

式中 y_0——上、下表面切线轨迹上液滴释放点之间的垂直距离；

y_{max}——叶片最大横截面尺寸。

以下重要定义参考图4.7给出：

1）撞击上限和撞击下限（s_u, s_1）是驻点后被水滴撞击的最后一个点。

2）局部捕获率（也称为收集率）是液滴偏离自由流程度的度量，代表翼型上该位置捕获的液态水含量（可用于确定结冰形状）。

3）总收集率表示被翼型捕获的总分数（用于确定总结冰率）[11]。

对于固定物体，单位表面积上撞击水的局部质量速率［单位为 kg/(s·m²)］为：

$$\dot{m}_{w,imp} = LWC \cdot V \cdot \beta \qquad (4.12)$$

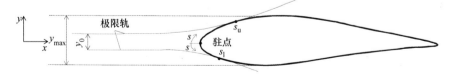

图4.7 叶片剖面和撞击水示意图

为了确定在叶片加热区域后方形成回流的可能性，需要知道叶片单位跨度捕获的水滴总量，计算方法如下：

$$\dot{m}_{w,imp,t} = \int_{s_1}^{s_u} \dot{m}_{w,imp} ds \tag{4.13}$$

从而：

$$\dot{m}_{w,imp,t} = LWC \cdot V \cdot E \cdot y_{max} \tag{4.14}$$

在云中，水滴的大小不是均匀的，而是呈现一定的分布规律。如果已知或假定了其分布，则可以计算出撞击率。在任意一点上，水的撞击率是每个液滴大小所含水量的撞击率之和。

$$\dot{m}_{w,imp,t} = \sum_{i=1}^{n} n_i \beta_i \cdot LWC \cdot V \tag{4.15}$$

式中　n_i——特定大小的液滴中包含液态水的质量分数；

　　　β_i——对应于该液滴大小的碰撞率。

液滴直径分布可以采用液滴的体积中径（MVD）来描述（Finstad 等人[12]）。

4.4.1　液滴撞击固定圆柱体

研究水粒子的运动轨迹及其对圆柱体的影响对于理解运动力学以及水滴与叶片的相互作用至关重要。因此，在分析液滴与翼型相互作用之前，可以先分析圆柱体的绕流，以推导和讨论诸如局部收集率、驻点收集率、总收集率以及圆柱上的集水量等值。这种模型是相似的，因为圆柱类似于某些翼型的前缘区域。

20 世纪 30 年代初，开展了保护飞机部件免受结冰影响的相关设计的基础研究，发展了适用于圆柱体[13]、旋转体[14]、弯管[15]和机翼（NACA 和 NASA）液滴轨迹的理论。近年来，计算水滴撞击圆柱体对于研究飞行器有关的 LWC、云中结冰（旋转圆柱体）的水滴大小及其分布、结冰速率测量装置以及输电导线等悬索结构较为有用。

假设在距圆柱较远的位置（自由流动条件下），液滴以与空气相同的速度运动，并且液滴始终保持球形和刚性（此近似值适用于液滴半径小于 $500\mu m$ 的情况）。粒子的运动是由惯性、摩擦力和重力作用引起的（见图 4.5）。将动量守恒应用于液滴粒子，可以得出：

$$m_d \frac{d\overline{V}}{dt} = -D + (\rho_w - \rho_{air})\overline{V}g \tag{4.16}$$

阻力由下式给出：

$$D = \frac{1}{2}\rho_{air} C_D \pi \frac{d^2}{4}\left(\frac{d\overline{s}_d}{dt}\right)^2 \tag{4.17}$$

式中　$d\overline{s}_d/dt$——水粒子沿轨迹线 s 的切向速度。

相应的雷诺数为：

$$Re_d = \frac{\rho_{air}\dfrac{d\overline{s}_d}{dt}d}{\mu_{air}} \tag{4.18}$$

因此，式（4.17）变为

$$D = \frac{Re_d}{8} C_D \pi d \mu_{\text{air}} \frac{\mathrm{d}\bar{s}_d}{\mathrm{d}t} \tag{4.19}$$

如果可以忽略重力,则等式(4.16)可以写成:

$$\frac{4}{3}\pi \frac{d^3}{8} \rho_w \left(\frac{\mathrm{d}\bar{s}_d}{\mathrm{d}t}\right)^2 = \frac{Re_d}{8} C_D \pi d \mu_{\text{air}} \left(\frac{\mathrm{d}\bar{s}_d}{\mathrm{d}t} - \bar{V}\right) \tag{4.20}$$

通过无量纲化(按长度 L 和速度 V_∞),

$$\frac{1}{18} d^2 \frac{\rho_w}{\mu_{\text{air}}} \frac{V_\infty}{L} \left(\frac{\mathrm{d}\bar{s}_d}{\mathrm{d}t}\right)^2 \frac{1}{V_\infty^2} = C_D \frac{Re_d}{24} \frac{1}{V_\infty} \left(\frac{\mathrm{d}\bar{s}_d}{\mathrm{d}t} - \bar{V}\right) \tag{4.21}$$

斯托克斯数(惯性参数)为:

$$K_{\text{st}} = \frac{\rho_w d^2 V}{9 L \mu_{\text{air}}} \tag{4.22}$$

x 方向上的运动的无量纲形式变为:

$$\frac{\mathrm{d}x^2}{\mathrm{d}t^2} = C_D \frac{Re_d}{24} \frac{1}{K_{\text{st}}} \left(\frac{V_x}{V_\infty} - \frac{\mathrm{d}x}{\mathrm{d}t}\right) \tag{4.23}$$

其中 $L_{\text{ref}} = D$, $V_{\text{ref}} = 2 V_\infty$, $t_{\text{ref}} = D/V_\infty$, $x = \bar{s}/L_{\text{ref}}$, $\tau = t/L_{\text{ref}}$,在 y 方向上:

$$\frac{\mathrm{d}y^2}{\mathrm{d}t^2} = C_D \frac{Re_d}{24} \frac{1}{K_{\text{st}}} \left(\frac{V_y}{V_\infty} - \frac{\mathrm{d}y}{\mathrm{d}t}\right) \tag{4.24}$$

雷诺数可以根据自由流雷诺数简单地表示为:

$$Re_\infty = \frac{\rho_{\text{air}} V_\infty d}{\mu_{\text{air}}} \tag{4.25}$$

得出:

$$\left(\frac{Re_d}{Re_\infty}\right)^2 = \left(\frac{\mathrm{d}x}{\mathrm{d}t} - \frac{V_x}{V_\infty}\right)^2 + \left(\frac{\mathrm{d}y}{\mathrm{d}t} - \frac{V_y}{V_\infty}\right)^2 \tag{4.26}$$

1. 球体的阻力

在黏性非常大的流体中,即 $Re_d < 2$(斯托克斯流),球体上的阻力为:

$$D = 6\pi \mu d V/2$$

此时:

$$C_D = \frac{D}{\frac{1}{2}\rho v^2 \frac{d^2}{2}} = \frac{24}{Re_d}$$

在与结冰有关的流动中,基于粒径的雷诺数实际上不小(尽管通常不超过 200),斯托克斯公式不再准确。

因此,对于翼型(和风机叶片)的相对速度,必须采用其他公式(通常为半经验公式)。Langmuir 和 Blodgett(以下简写为 LB)是最著名,也是最早使用的一种[13,16]。他们考虑了斯托克斯定律的偏差,计算了一系列关于圆柱体、球体和带状体的水滴轨迹。对于雷诺数低于 1000 的情况,经验公式为:

$$C_D \frac{Re_d}{24} = 1.0 + 0.197 Re_d^{0.63} + 2.6 \times 10^{-4} Re_d^{1.38} \tag{4.27}$$

Finstad 等人提出了一种新的集成算法[20]，即通过更高阶的积分提高原始 LB 方法的精度。计算结果表明，在相同范围内滞止碰撞率的差异高达 10% 。Wright 为 LEWICE 提出的阻力公式基于以下关系[3]：

$$C_D = \frac{24}{Re_d} + 0.4 + \frac{6}{1 + Re_d^{0.5}}$$

$$C_D = \frac{24}{Re_d} + 0.3 + \frac{6}{1 + Re_d^{0.5}}$$

(4.28)

分别对应 $Re < 100$ 和 $Re \geqslant 100$ 两种情况。

Beart 和 Pruppacher[17] 提出了雷诺数小于 200 的情况：

$$\frac{D}{D_s} = 1 + 0.102Re_d^{0.995}$$

$$\frac{D}{D_s} = 1 + 0.115Re_d^{0.802}$$

$$\frac{D}{D_s} = 1 + 0.189Re_d^{0.632}$$

(4.29)

分别适用于 $0.2 < Re_d \leqslant 2$，$2 < Re_d \leqslant 21$ 和 $21 < Re_d < 200$。这些关系代入以下表达式可得到阻力：

$$C_D = \frac{D}{D_s} \frac{24}{Re_d}$$

(4.30)

LB 模型、NASA LEWICE 模型及 Beart 和 Pruppacher 模型的液滴阻力对比如图 4.8 所示。需要注意的是，由于使用了特定的试验条件来获得相关性，因此 LB 的结果原则上不能用于降水水滴。200μm ~ 1mm 或 2mm 直径的细雨和雨滴，其终端速度通常在 2 ~ 7m/s[18]。

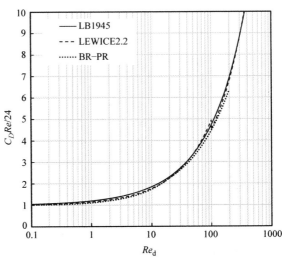

图 4.8　LB 模型[13]、NASA LEWICE 模型[3] 及 Beart 和 Pruppacher 模型的液滴阻力对比

因此，即使在无风的情况下，水也会向下流动，这是重力与静止空气在水滴上的阻力相平衡的结果。当有风时，水滴除了垂直速度外，还具有水平速度。

2. 修正的 Langmuir 系数

如果雷诺数基于直径 D：

$$Re_{\infty} = \frac{\rho_{air}V_{\infty}D}{\mu_{air}} \tag{4.31}$$

将斯托克斯数计算式式（4.22）代入式（4.23）得到：

$$\frac{dx^2}{dt^2} = \frac{\rho_{air}}{\rho_w}C_D\frac{Re_d}{24}\frac{1}{Re_D}9\frac{D^2}{d^2}\left(\frac{V_x}{V_{\infty}} - \frac{dx}{dt}\right) \tag{4.32}$$

或者：

$$\frac{dx^2}{dt^2} = K_L\left(\frac{V_x}{V_{\infty}} - \frac{dx}{dt}\right) \tag{4.33}$$

其中 K_L 称为修正的 Langmuir 系数：

$$K_L = \frac{\rho_w}{\rho_{air}}\frac{1}{C_D}\frac{24}{Re_d}\frac{1}{9}\left(\frac{d}{D}\right)^2 Re_D \tag{4.34}$$

修正后的 Langmuir 系数 K_L 可以综合描述水滴与其相互作用的物体的惯性效应：K_L 较小时，水滴速度将趋向于空气速度 V 并沿流线流动。这意味着相对较小的液滴 $d/D^2 \ll 1$，即对于大型物体，结冰问题将不那么严重，而对于小型物体或较大物体的较小部分，随着尺寸的减小，结冰问题变得越来越重要。

3. 有关风电机组的一些相关结论

对于风电机组，式（4.34）指出，对于大的风电机组叶片，假设液滴直径沿叶片的翼展方向不变，则修正的 Langmuir 系数 K_L 将正比于：

$$K_L \propto \frac{W}{c} \approx \frac{W}{t} \tag{4.35}$$

对于大型风电机组，W/t 沿叶片翼展方向的变化可能高达 $20\sim30$ 倍。式（4.34）表明，叶片远端单元比近端的湿度更大。

对于小型风电机组叶片，K_L 可以写为：

$$K_L \propto \frac{d}{c} \approx \frac{d}{t} = const \tag{4.36}$$

由于弦长小（并且翼型的相应厚度很小），小型风电机组的 $(d/t)^2$ 相对较高，这意味着小型风电机组叶片在整个跨距上均匀润湿，此类机器通常结冰很严重。图4.9是 SummitStation（格陵兰岛，海拔3200m）的一台小型风电机组完全冻结的示例。

4.4.2 驻点撞击率的确定

LB 还列表给出了总碰撞率 E（确定总结冰率所必需的）和 β_0（用于确定结冰形状）的值，该值是斯托克斯数 K_{st} 和 Langmuir 系数 Φ 两个无量纲参数的函数。

$$K_{st} = \frac{\rho_w d^2 V}{9D\mu_{air}} \tag{4.37}$$

图 4.9　小型风电机组完全冻结的示例

$$\Phi = \frac{Re_d^2}{K_{st}} \qquad (4.38)$$

采用 Φ 的主要优点是它与粒径无关，$\Phi = 0$ 即表示斯托克斯流。

对缩放和参考情况下的雷诺数和惯性参数进行匹配，也会满足下降轨迹相似性。遗憾的是，在实际情况中，并不总是能够同时满足这两个参数。Langmuir 和 Blodgett 在 1946 年提出的修正惯性系数 $K_0^{[16]}$ 克服了这个问题。它结合了惯性参数和雷诺数的影响，是一个单一相似参数。

首先，将阻力范围 λ_D 定义为粒子在运动过程中雷诺数从零到 Re_d 的平均阻力比：

$$\frac{\lambda_d}{\lambda_{d,st}} = \frac{1}{Re_d} \int_0^{Re_d} \frac{dRe}{C_D \dfrac{Re}{24}} \qquad (4.39)$$

式中　λ_d——在不考虑重力情况时的下降范围；

$\lambda_{d,st}$——在 Stokes 定律有效范围内不考虑重力情况时的下降范围。

LB 指出，$K = 1/8$ 的液滴不会发生撞击，所以下面试验推导的关系成立：

$$K_0 = \frac{1}{8} + \frac{\lambda_d}{\lambda_{d,st}} \left(K - \frac{1}{8} \right) \qquad (4.40)$$

其中

$$K_0 > \frac{1}{8}$$

图 4.10 为 LB 简化碰撞理论与 LEWICE 2.0 计算结果对比，它给出了小惯性参数下液滴的撞击情况。实心符号是 LEWICE 2.0 计算的结果，其中显示了一些碰撞点。空心符号是 LEWICE 2.0 计算的结果，没有发生碰撞。所有的 LEWICE 计算均针对 0°攻角时弦长为 1.83m 的 NACA 0012 翼型（$d = 5.78\text{cm}$）。

LB 中列表示出了范围参数，它是液滴坠落雷诺数 Re_d 的函数。相应的数据在 Ander-

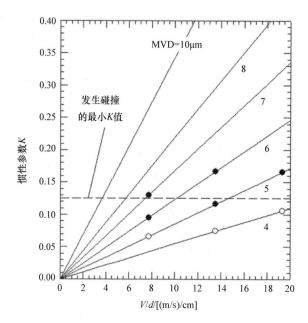

图 4.10 LB 简化碰撞理论与 LEWICE 2.0 计算结果对比[19]

son[19] 中可以找到。

$$\frac{\lambda_d}{\lambda_{d,st}} = \frac{1}{0.8388 + 0.0014385 Re_d + 0.1847 Re^{0.5}} \tag{4.41}$$

或者，Langmuir 和 Blodgett 的原始公式直接给出 $K = 0$：

$$K_0 = \frac{1}{8} + \frac{K - \frac{1}{8}}{1 + 0.0967 Re_d^{0.6367}} \tag{4.42}$$

对于 $14 < Re_d < 600$，此公式计算值的误差在 ±0.2% 范围内。雷诺数为 800 时，误差增大到 0.4%。对于静态温度 T 为 0℃，结冰的 Re_d 范围为 18 ~ 760，空气速度为 45 ~ 180m/s，液滴体积中径为 10 ~ 50μm，气压为 101325 ~ 48671Pa（海平面至 6000m）。

现在可以导出局部碰撞率的表达式。LB 给出了驻点撞击率与惯性参数（圆柱的 K_{st} 和 K_0）的函数表。可以根据以下公式计算出在 $K_{st} = 7.5$ 时相对准确的值。

$$\beta_0 = \frac{1.40\left(K_0 - \frac{1}{8}\right)^{0.84}}{1 + 1.40\left(K_0 - \frac{1}{8}\right)^{0.84}} \tag{4.43}$$

在 $T = 0℃$ 时，产生 $K_{st} = 7.5$ 的条件为 $D = 2.5cm$，$V = 147.5m/s$ 和 $d = 20μm$。对于 NACA 0012 机翼，其对应的弦长为 31.6in（80.3cm）。模型尺寸越大、速度越低或液滴越小，K_{st} 值就越小。但是，该方程式给出的 β_0 值在很宽的范围内都符合 LEWICE 的计算结果。图 4.11 给出的前缘收集率与 LEWICE 程序的更详细过程所得到的值非常接近。

β_0的数值解在$K_0 = 0.4$时比 LEWICE 值低4.7%,在$K_0 = 34$时高0.23%。图 4.11 为 NACA 0012 翼型在$0°$攻角时的驻点收集率,其中考虑的惯性参数K_{st}介于$0.72 \sim 202$,表明前缘的上限$K_{st} = 7.5$是非常保守的。

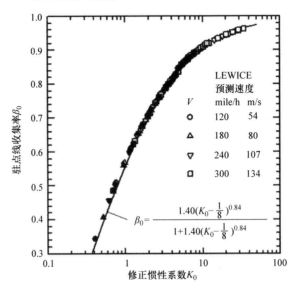

图 4.11　NACA 0012 翼型在$0°$攻角时的驻点收集率[19]

注:1. 静态温度为$-12℃$,空气速度为$54 \sim 134 m/s$;MVD 为$10 \sim 50 \mu m$,LWC $= 1 g/m^3$;

空心符号:弦长为 7in;阴影符号:弦长为 21in,实心符号,弦长为 31.5in。

2. 1mile $= 1609.344 m$。

Finstad[20]推导出圆柱体驻点β_0处的局部碰撞率和整体碰撞率E的表达式:

$$\beta_0 = \left[1.218 K_{st}^{-0.0067} e^{(-0.551 K_{st}^{-0.643})} - 0.17 \right] - \left[0.00305 (\Phi - 100)^{0.43} \right]$$
$$\left[2220 K_{st}^{-0.45} e^{(-0.767 K_{st}^{0.806})} - 0.068 \right] \tag{4.44}$$

$$E = \left[1.030 K_{st}^{-0.00168} e^{(-0.796 K_{st}^{-0.780})} - 0.040 \right] - \left[0.00944 (\Phi - 100)^{0.344} \right]$$
$$\left[2.657 K_{st}^{-0.519} e^{(-1.06 K_{st}^{-0.842})} - 0.029 \right] \tag{4.45}$$

公式需要满足以下条件:

$$0.17 < K_{st} < 1000$$

$$\Phi = \frac{Re_D^2}{K_{st}}$$

$$100 < \Phi < 1000$$

$$Re = \frac{\rho_{air} W_\infty d}{\mu}$$

$\Phi = 10^3$时,两种方法的对比见图 4.12。

图 4.13 给出了$\Phi = 0 \sim 10^4$时 LB 和 Finstad 方法计算的总碰撞率。值得再次强调的是,该范围适用于大多数物理过程,包括以下参数范围:

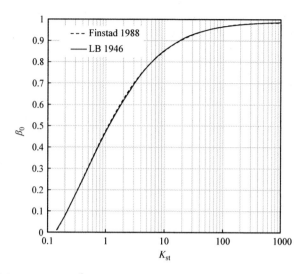

图 4.12 $\Phi = 10^3$ 时，LB 和 Finstad 方法计算的驻点收集率 β_0

1）$10 \leqslant \mathrm{MVD} \leqslant 4000\,\mu\mathrm{m}$。

2）$0.01 \leqslant D \leqslant 1.0\,\mathrm{m}$。

3）$5 \leqslant W \leqslant 200\,\mathrm{m/s}$。

4）$-20\,^{\circ}\mathrm{C} \leqslant T \leqslant 0\,^{\circ}\mathrm{C}$。

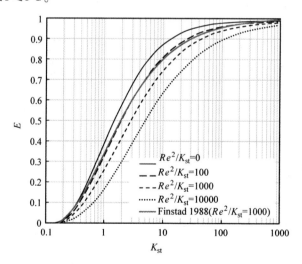

图 4.13 $\Phi = 0 \sim 10^4$ 时 LB 和 Finstad 方法计算的总碰撞率 E

LB[16] 和 Finstad[20] 的工作是在无限长圆柱体势流场的假设下进行的。该假设在实际情况下的适用性取决于圆柱体雷诺数以及所产生的边界层和尾流。在高雷诺数（基于圆柱体直径）时，圆柱体边界层将变薄，因此预计将会对液滴轨迹产生边缘影响。在

高 K_{st} 时，即在高速度下，假设路径为直线，轨迹会趋于弹道轨迹。Finstad 的试验证明，过高的尾流类似于圆柱体的"体后固体"，对碰撞率的影响很小。在低雷诺数下，圆柱体边界层较厚，最终势流假设不再有效。

4.4.3 粒子轨迹二维计算方法

如果流线速度分量已知或可以计算，则以下二维模型允许通过时间积分来确定经过二维流中任意形状的物体的水滴轨迹。该方法考虑了由于液滴速度和液滴大小变化导致的水滴运动与斯托克斯定律的偏离。通常，水滴直径并非足够小，不符合前述的斯托克斯阻力定律，作用在液滴上的力只能通过模拟球体阻力系数来确定。

该方法从 Langmuir Blodgett 方程式（4.23）、式（4.24）和式（4.26）开始，对固定圆柱有下式：

$$\frac{dx_d}{dt}\frac{d}{dx}\left(\frac{dx_d}{dt}\right) = C_D \frac{Re_d}{24}\frac{1}{K_{st}}\left(V_x - \frac{dx_d}{dt}\right) \tag{4.46}$$

在 y 方向上，

$$\frac{dy_d}{dt}\frac{d}{dy}\left(\frac{dy_d}{dt}\right) = C_D \frac{Re_d}{24}\frac{1}{K_{st}}\left(V_y - \frac{dy_d}{dt}\right) \tag{4.47}$$

其中

$$K_{st} = \frac{2}{9}\frac{\rho_w}{\rho_{air}}\left(\frac{r}{c}\right)^2\frac{\rho_{air}V_\infty c}{\mu_{air}} \tag{4.48}$$

式（4.46）和式（4.47）可以变形为：

$$\frac{dx_d^2}{dt^2} = -C_D \frac{Re_d}{24}\frac{1}{K_{st}}\left(\frac{dx_d}{dt} - V_x\right) \tag{4.49}$$

$$\frac{dy_d^2}{dt^2} = -C_D \frac{Re_d}{24}\frac{1}{K_{st}}\left(\frac{dy_d}{dt} - V_y\right) \tag{4.50}$$

在较短的时间间隔内，液滴的平均速度为：

$$\bar{v}_d = \frac{v_{n+1} + v_n}{2} \tag{4.51}$$

平均加速度：

$$\bar{a}_d = \frac{a_{n+1} + a_n}{2} \tag{4.52}$$

经过时间 Δt，液滴从 n 点运动到 $n+1$ 点的速度分量由下式给出：

$$\left(\frac{dx_d}{dt}\right)_{n+1} = \left(\frac{dx_d}{dt}\right)_n - \left\{C_D \frac{Re_d}{24}\frac{1}{K_{st}}\left[\left(\frac{dx_d}{dt}\right)_n - (V_x)_n\right]\right\}\Delta t \tag{4.53}$$

$$\left(\frac{dy_d}{dt}\right)_{n+1} = \left(\frac{dy_d}{dt}\right)_n - \left\{C_D \frac{Re_d}{24}\frac{1}{K_{st}}\left[\left(\frac{dy_d}{dt}\right)_n - (V_y)_n\right]\right\}\Delta t \tag{4.54}$$

其中 $n+1$ 点坐标为：

$$(x_d)_{n+1} = (x_d)_n \left(\frac{dx_d}{dt}\right)_n \Delta t - \frac{1}{2}\left\{C_D \frac{Re_d}{24}\frac{1}{K_{st}}\left[\left(\frac{dx_d}{dt}\right)_n - (V_x)_n\right]\right\}\Delta t^2 \tag{4.55}$$

$$(y_d)_{n+1} = (y_d)_n \left(\frac{\mathrm{d}y_d}{\mathrm{d}t} \right)_n \Delta t - \frac{1}{2} \left\{ C_D \frac{Re_d}{24} \frac{1}{K_{st}} \left[\left(\frac{\mathrm{d}y_d}{\mathrm{d}t} \right)_n - (V_y)_n \right] \right\} \Delta t^2 \qquad (4.56)$$

假设液滴的加速度在间隔 Δt 上是恒定的。上述方程组可用于按时间步长来计算粒子的轨迹。可以认为,作为上游的初始边界条件,液滴的速度等于空气的速度 $V_\infty = V_0$。在增加 Δt 之后,观察到有限差 $(\mathrm{d}x_d/\mathrm{d}t - V_x)$ 和 $(\mathrm{d}y_d/\mathrm{d}t - V_y)$。因此,在上游远端的 0 点有:

$$\frac{\mathrm{d}x_{d,0}}{\mathrm{d}t} = V_{x,0} \qquad (4.57)$$

$$\frac{\mathrm{d}y_{d,0}}{\mathrm{d}t} = V_{y,0} \qquad (4.58)$$

粒子的下一个位置是:

$$x_1 = x_0 + \Delta x \qquad (4.59)$$
$$y_1 = y_0 + \Delta y \qquad (4.60)$$

其中:

$$\Delta y = \frac{V_{y,0}}{V_{x,0}} \Delta x$$

因此,液滴速度为:

$$v_{x,1} = \frac{\mathrm{d}x_{d,1}}{\mathrm{d}t} = \frac{\mathrm{d}x_{d,0}}{\mathrm{d}t} + \Delta v_x \qquad (4.61)$$

$$v_{y,1} = \frac{\mathrm{d}y_{d,1}}{\mathrm{d}t} = \frac{\mathrm{d}y_{d,0}}{\mathrm{d}t} + \Delta v_y \qquad (4.62)$$

式 (4.49) 变为:

$$v_x \mathrm{d}v_x = C_D \frac{Re_d}{24} \frac{1}{K_{st}} (v_x - V_x) \mathrm{d}x \qquad (4.63)$$

代入等式 (4.61)、式 (4.57) 和式 (4.63) 得到:

$$v_{x,1} = (v_{x,1} - V_{x,0}) = C_D \frac{Re_d}{24} \frac{1}{K_{st}} (v_{x,1} - V_{x,1}) \Delta x \qquad (4.64)$$

求解 $v_{x,1}$ 得到:

$$v_{x,1} = \frac{V_{x,0} + C_D \dfrac{Re_d}{24} \dfrac{1}{K_{st}} \Delta x - \left[\left(V_{x,0} + \dfrac{Re_d}{24} \dfrac{1}{K_{st}} V_{x,1} \Delta x \right)^2 - 4 \dfrac{Re_d}{24} \dfrac{1}{K_{st}} V_{x,1} \Delta x \right]^{\frac{1}{2}}}{2} \qquad (4.65)$$

类似地,得到垂直速度分量:

$$v_{y,1} = \frac{V_{y,0} + C_D \dfrac{Re_d}{24} \dfrac{1}{K_{st}} \Delta y - \left[\left(V_{y,0} + \dfrac{Re_d}{24} \dfrac{1}{K_{st}} V_{y,1} \Delta y \right)^2 - 4 \dfrac{Re_d}{24} \dfrac{1}{K_{st}} V_{y,1} \Delta y \right]^{\frac{1}{2}}}{2} \qquad (4.66)$$

假设 y_0 是远端上游液滴的初始位置,则所携带的水的质量流量为:

$$V \cdot \mathrm{LWC} \cdot L \cdot y_0$$

L 为流管的宽度。该质量流撞击前缘区域,因此有:

$$V \cdot \text{LWC} \cdot L \cdot y_0 = \dot{m}_{\text{w,imp}} \cdot L \cdot s$$

对于整个圆柱上无限长的跨度，撞击质量 $\dot{m}_{\text{w,imp}}$ 为：

$$\dot{m}_{\text{w,imp}} = V \cdot \text{LWC} \cdot \frac{\text{d}y_0}{\text{d}s} \qquad (4.67)$$

撞击在圆柱上的水的总质量为：

$$\dot{m}_{\text{w,imp,t}} = \int_{s_1}^{s_u} \dot{m}_{\text{w,imp}} \text{d}s = V \cdot \text{LWC} \cdot y_{\max} E \qquad (4.68)$$

其中：

$$E = \frac{y_{0,\text{limit}}}{y_{\max}}$$

式中　$y_{0,\text{limit}}$——撞击圆柱的轨迹上游远端起始点的纵坐标；

　　　$y_{\max}$——圆柱的最大纵坐标。

最后，经过圆柱的空气速度用于确定粒子轨迹与物体流线的交点。

计算的实现

液滴直径采用液滴体积中径 MVD 近似表示。注意如果使用从 $d_{\min}$ 到 $d_{\max}$ 变化的液滴分布，则必须为每个液滴大小建立撞击极限。最大撞击极限由分布中的最大液滴直径的撞击极限定义。要开始计算，必须指定液滴数（即 400 个）和由以下关系给出的最小时间步长：

$$\Delta t_0 = \frac{c}{V_0 N_{\Delta t_c}}$$

式中　c——弦长；

　　　V_0——远端上游速度；

　　　$N_{\Delta t_c}$——步长数。

此外，还需要设置一个常数 k_t 来定义时间步长的变化。

$$t = \Delta t_0 \left(1 + k_t \frac{\overline{x_p}}{c} \right)$$

进入到流动中的 N 个水滴位于网格 x 坐标的上游。通过计算沿着最小值 x 的边界的三个坐标值，可以评估粒子在初始时间的最小和最大 y 坐标：

1）流线经过前缘（0，0）。

2）经过点（0，0）且斜率等于攻角切线的直线。

3）经过点（c，0）且斜率等于攻角切线的直线。

这些坐标中的最小值减去翼型下部与 x 轴的最大距离，为粒子的最小纵坐标。类似的，这些值的最大值加上翼型上部到 x 轴的最大距离，为粒子的最大纵坐标。

相对速度相对于横坐标的角度 γ 为：

$$\gamma = \arctan \left(\frac{\dfrac{\text{d}y_{\text{d}}}{\text{d}t} - V_y}{\dfrac{\text{d}x_{\text{d}}}{\text{d}t} - V_x} \right)$$

流速（V_x，V_y）通过对相关点的精细网格进行插值来计算，例如，使用 MATLAB 的分段三次 Hermite 插值多项式（PCHIP）方法。

粒子速度由下式给出：

$$V = \left[\left(\frac{dx_d}{dt} - V_x \right)^2 + \left(\frac{dy_d}{dt} - V_y \right)^2 \right]^{0.5}$$

一阶微分方程可以采用显式的四阶龙格 – 库塔（Runge – Kutta）法求解，但为简单起见，考虑每个时间步长初始点的阻力。

如果粒子穿透轮廓的外围，则会检测到碰撞。在这种情况下，找到最接近轮廓的碰撞点。通过粒子轨迹的第 i 点和第 $i-1$ 点直线与在最近点处与轮廓相切的直线的交点来近似确定碰撞点。当粒子经过轮廓上的碰撞区域时，模拟结束。

一旦知道了碰撞点，就可以计算出轮廓上的曲线横坐标。收集率近似为粒子间距与沿曲线横坐标上两个碰撞点间距之比，因此：

$$\beta \approx \frac{dy\cos\alpha}{ds}$$

4.4.4 固定圆柱体的求解

采用上述模型讨论了粒径、风速和圆柱尺寸对液滴轨迹、撞击率、撞击极限和驻点撞击率等的影响。为实现该目的，使用通过圆柱体的势流来创建流场。可以对匀速 W 叠加一个源偶极子来获得势流，从而获得以下流函数：

$$\psi(x,y) = yW\left[1 - \frac{\left(\frac{D}{2} \right)^2}{x^2 + y^2} \right] \tag{4.69}$$

通过提取 Tjæreborg 风机叶片的四个径向截面中内接圆柱的直径，来选择尺寸和热流体动力学边界条件（见表 4.2）。表 4.3 给出了模拟的环境输入变量。

图 4.14 ~ 图 4.17 显示了在模拟中使用的各段内切圆柱体的液滴轨迹和撞击点。

图 4.18 和图 4.19 为驻点撞机率和总撞击率和 Finstad 相关性，它们将这些点与前面显示的 Finstad 结果[20]进行叠加分析。其对应关系非常好，因为 K_0 小于临界值 1/8，所以不计算第 0 段的值。

正如预想的那样，由于较小直径和较高风速的共同作用，从根部第 0 段到叶尖的第 13 段，撞击极限增加，并且更多的表面被润湿。值得注意的是，第 0 段由于横向尺寸大，趋向于保持完全干燥。

表 4.2 基于 Tjæreborg 风机叶片的圆柱体的常规数据

单元段	r/R	直径/m	剖面类型	c/m	前缘圆柱体等效直径/m	$W/(m/s)$
0	0.09	2.75	圆	1.8	1.8	15.19
8	0.61	18.46	NACA 4416	2.1	0.105	44.8
10	0.80	24.46	NACA 4414	1.5	0.060	58.25
13	0.98	29.86	NACA 4412	0.96	0.032	70.45

表 4.3　模拟的环境输入变量

参　　数	值
p_∞/Pa	101325
T_∞/℃	−2.0
LWC/(g/m³)	0.2
MVD/μm	20.0
湿度	99%

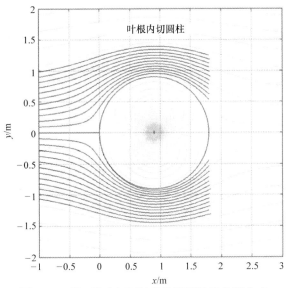

图 4.14　第 0 段内切圆柱体的液滴轨迹和撞击点

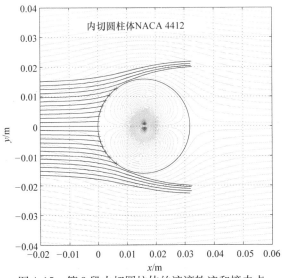

图 4.15　第 8 段内切圆柱体的液滴轨迹和撞击点

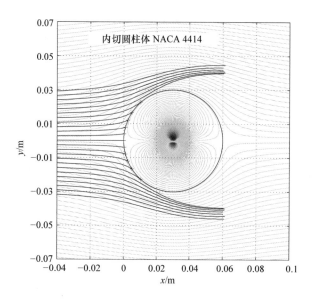

图 4.16　第 10 段内切圆柱体的液滴轨迹和撞击点

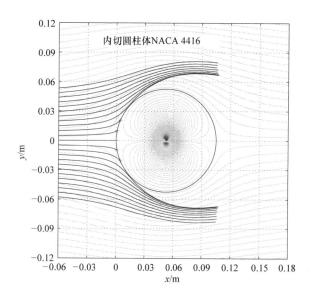

图 4.17　第 13 段内切圆柱体的液滴轨迹和撞击点

　　表 4.4 为表 4.2 和表 4.3 模拟中采用的 Re_d、K_{st}、ϕ、β_0、E 和 MVD_{min} 参数，它列出了这四种情况的驻点撞击率和总撞击率。表 4.4 的最后一列表示保证驻点撞击率大于零的最小液滴直径，即表面被液滴撞击润湿的环境条件阈值。

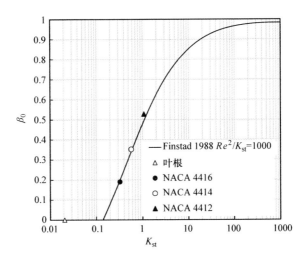

图 4.18 驻点撞击率和 Finstad 相关性

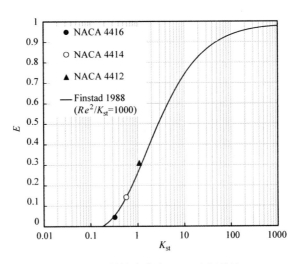

图 4.19 总撞击率和 Finstad 相关性

表 4.4 表 4.2 和表 4.3 模拟中采用的 Re_d、K_{st}、ϕ、β_0、E 和 MVD_{min} 参数

单元段	Re_d	K_{st}	ϕ	β_0	E	$MVD_{min}/\mu m$
0	15.41	0.021	13717	0.001	0.000	68
8	15.41	0.326	728.3	0.190	0.044	9
10	15.41	0.571	416.2	0.351	0.142	7
13	15.41	1.080	220.0	0.528	0.310	4

最后，计算了不同释放液滴数情况下碰撞率的收敛情况。图 4.20 为收敛性和释放

的液滴数，它显示了随着液滴数量的增加、驻点撞击率和总撞击率的收敛情况，以及 NACA 4412 翼型内切圆柱体的参数 N/D。对于驻点收集率 β_0，N/D 约为 1570 时（液滴数约 50 个）实现收敛，而对于总撞击率 E，N/D 约为 7300 时（液滴数约 235 个）实现收敛。结果表明，在大范围参数（MVD、LWD、D）下，该值是恒定的，并已被设置为仿真的控制参数。

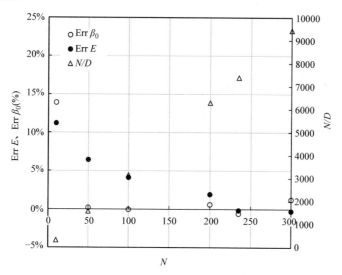

图 4.20   收敛性和释放的液滴数

4.4.5   零攻角翼型前缘的撞击率

在第二次世界大战及此后一段时期，对 NACA 机翼进行的计算表明，对于较大的液滴尺寸和风速值：

1）等效圆柱体的假设不适用于叶片翼型。

2）还有一个附加变量，即攻角。

过去由于试验测试困难且昂贵，因此进行了大量计算来确定大部分气动翼型的液滴轨迹。在此简单列出一个 6ft NACA 23012 翼型在零攻角时（LWC = 0.82g/m³，T = 20℉，V = 195mile/h）的计算结果[21]，该成果对该问题的研究具有很大的参考价值。图 4.21 和图 4.22 显示了液滴直径 10 ~ 1000μm 时的局部收集率 β。在图 4.23 和图 4.24 中，显示了最大收集率与液滴直径的关系。

最大局部收集率随液滴尺寸的增加而增加，上限和下限相应地向下游移动。较小的液滴（惯性较小）具有较低的撞击率。总收集率随液滴尺寸的增加而增加。液滴大小范围会有很大的差异。图 4.21 的曲线图显示了在 10 ~ 400μm 的范围内，总收集率随液滴直径快速增加，在 1000μm 时逐渐接近 1（见图 4.22）。

液滴越大，其轨迹就越多，局部收集率仅反映翼型轮廓的曲率。液滴被翼型偏转的程度如图 4.23 所示。

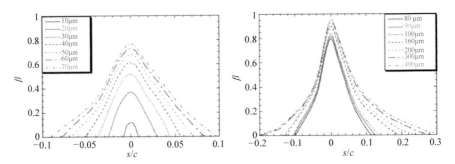

图 4.21 NACA 23012 翼型，液滴直径 10～400μm 时的局部收集率 β（附彩插）

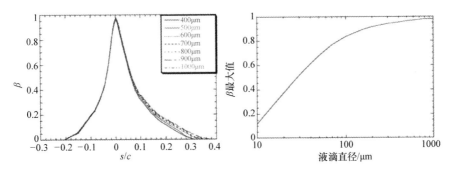

图 4.22 NACA 23012 翼型，液滴直径 400～1000μm 时的局部收集率 β（附彩插）

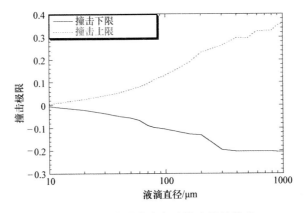

图 4.23 最大收集率与液滴直径的关系

撞击上、下极限的理论值是翼型的最大和最小厚度。如果叶片和液滴相互作用时不引起偏转，则总收集率为 1 （见图 4.24）。1000μm 液滴的撞击极限非常接近该值。

统计结果表明：

1）惯性较小的小液滴的撞击率较低。

2）通过较大障碍物的液滴撞击率比小障碍物小，这是因为流线在较大障碍前分散

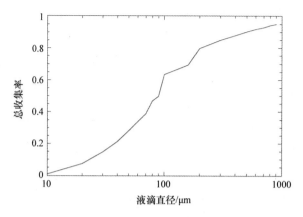

图 4.24 总收集率与液滴直径的关系

得相对较远。

3）在大风中，液滴的动量更大，因此其撞击率也更高。

4.4.6 非零攻角和尺度效应的撞击率

图 4.25 为非零攻角对液滴轨迹的定性影响，它显示了当攻角不为零时水的轨迹，图中清楚地显示了相对于前缘的非对称液滴释放。

图 4.26 给出了攻角为 0° 和 10° 时，叶片前缘收集率 β_0 的 LEWICE 计算结果与采用式（4.43）计算结果的对比。对于这些 NACA 0012 翼型，攻角从 0° 变化到 10° 时，β_0 变化很小。如果将比例模型的攻角设置为与参考相同，当 K_0 相同时，尽管与式（4.43）计算的 β_0 可能存在一定偏差，仍然会产生正确的液滴轨迹。因此，为了保证比例尺模型和参考模型的 β_0 值相同，仅需要保证 K_0 相同。由于 K_0 易于计算，因此该参数在比例模型中普遍采用，以确保液滴轨迹的相似性。

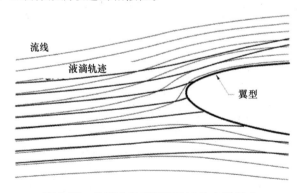

图 4.25 非零攻角对液滴轨迹的定性影响

这种考虑可以得出一个关于收集水量的非常重要的结论。以上结果表明，在洁净翼型的驻点线处，按比例缩放的模型和参考翼型的撞击率相同。因此，如果在驻点线后部

采用适当的缩放规则（缩放后的模型和
参考模型在几何上相似），则两个模型
的收集率必然以相同的趋势变化。
图4.27显示了缩放模型和参考模型收
集率的一致性，它给出了两种不同尺寸
的 NACA 0012 翼型采用 LEWICE 的计
算结果。

较小模型的条件与较大模型的条件
按比例缩放，以使两个模型的驻点
（K_0，β_0）相匹配。在发生结冰的范围
内，两条曲线无法区分。因此，为帮助
识别参考模型的曲线，该图下方的区域
已被阴影化。因此，仅需使 K_0 匹配，
以在整个洁净的翼型上适当地调整液滴
轨迹。假定冰在不断积聚，因为两个模

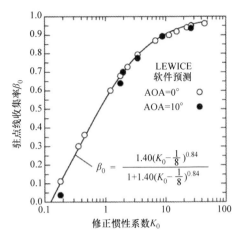

图 4.26　攻角为 0° 和 10° 时，叶片前缘收集
率 β_0 的 LEWICE 计算结果与采用式（4.43）
计算结果的对比

型的几何形状以相同的方式变化，随时间变化的收集率将在所有区域继续匹配。

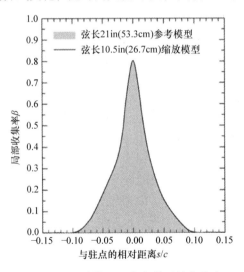

图 4.27　缩放模型和参考模型的收集率

注：1. 两个不同尺寸的 NACA 0012 翼型采用 LEWICE 的计算结果[19]。
　　2. 攻角均为 0°。参考模型：c_R = 21in（53.3cm）；V_R = 67m/s，d_R = 30.0μm。缩放模型：c_S =
　　　10.5in（26.7cm）；V_S =117m/s，d_S = 15.6μm。

图 4.28 为 NACA 0012 翼型在攻角为 0°、2°和 4°时的前缘收集率和撞击极限，其采
用 LEWICE[22] 计算收集率分布的影响。

液滴直径为 20μm，风速为 100mile/h（44.7m/s）。尽管 β_0 在攻角 0°～4°之间变化
不明显，但随着攻角的增加，润湿范围的扩展幅度增大，尤其是在翼型的压力侧。

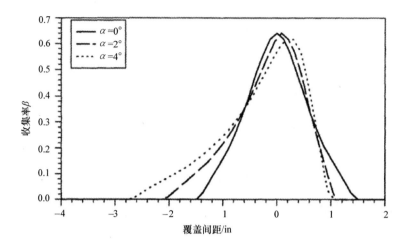

图 4.28　NACA 0012 翼型在攻角为 0°、2° 和 4° 时的前缘收集率和撞击极限[22]

4.4.7　示例

在 4.4.4 节的基础上，计算了 Tjæreborg 风电机组叶片径向部分的二维局部收集率和总收集率。模拟中采用的条件见表 4.3 和表 4.5。这些结果将用于第 5 章防冰系统的仿真模拟。r/R 为不同数值时的收集率计算结果如图 4.29 ~ 图 4.32 所示。环境静态温度为 270.15K，压力为 100kPa，LWC = 0.1g/m³，MVD = 20μm。

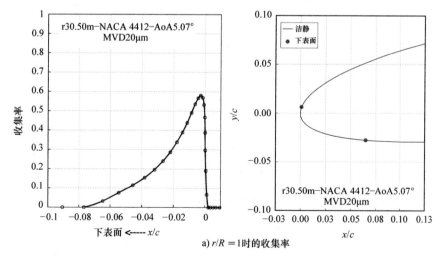

a) r/R =1时的收集率

图 4.29　r/R =1 和 0.98 的收集率

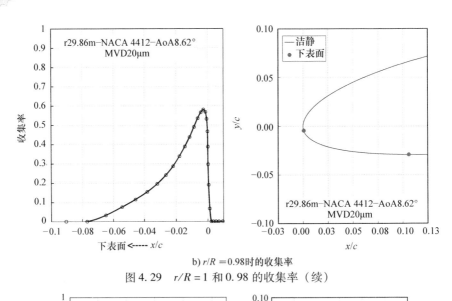

b) r/R =0.98时的收集率

图4.29 r/R =1 和 0.98 的收集率（续）

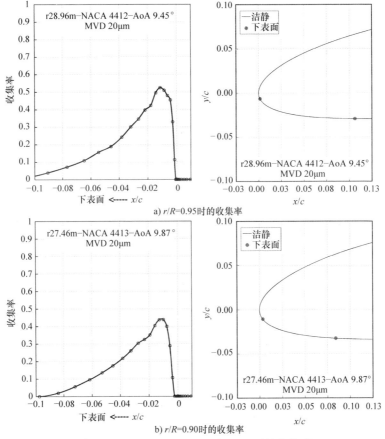

图4.30 r/R =0.95、0.90 和 0.80 时的收集率

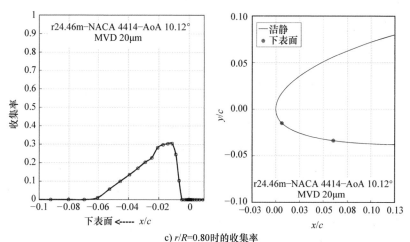

c) r/R=0.80时的收集率

图4.30 r/R=0.95、0.90和0.80时的收集率（续）

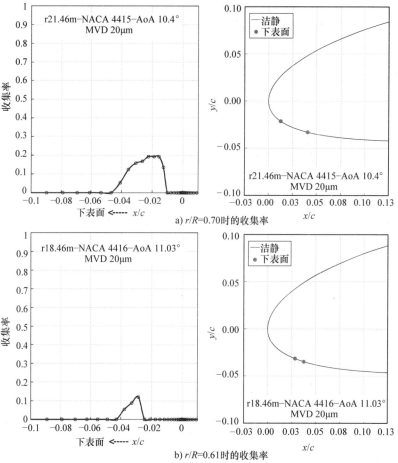

a) r/R=0.70时的收集率

b) r/R=0.61时的收集率

图4.31 r/R=0.70、0.61和0.51时的收集率

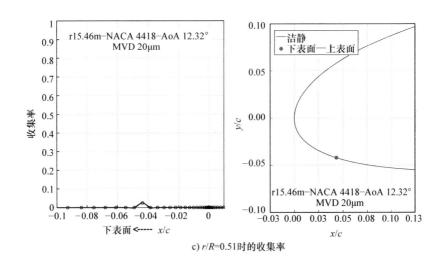

c) r/R=0.51时的收集率

图 4.31　r/R=0.70、0.61 和 0.51 时的收集率（续）

在叶尖部分，二维收集率 β（见图 4.33a 中 r/R=1 的曲线）和收集的水流（见图 4.34a图）都达到了最大值。r/R<0.4 时不会收集水。

如图 4.33b 图所示，撞击极限从尖端到轮毂部分变化，在 r/R=0.95~0.98 时达到了最大湿长度（叶片离散化后的第 12 和 13 节，详见 5.8.1 节内容）。图 4.34b 中绘制了每米叶片长度收集的水量，在 r/R=0.95~0.98 处出现一个峰值。由于尖端损失引起的相对速度下降，最后的尖端部分收集的水量较少。

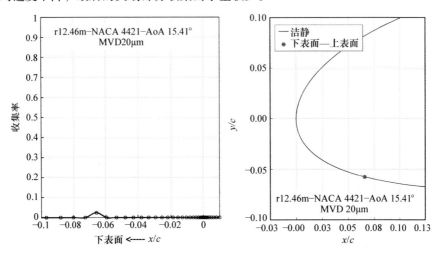

图 4.32　r/R=0.41 时的收集率

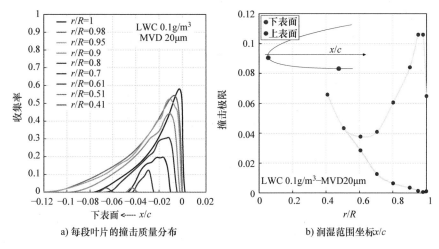

a) 每段叶片的撞击质量分布　　　　　　　b) 润湿范围坐标x/c

图4.33　每段叶片的撞击质量分布和润湿范围坐标（x/c）（附彩插）

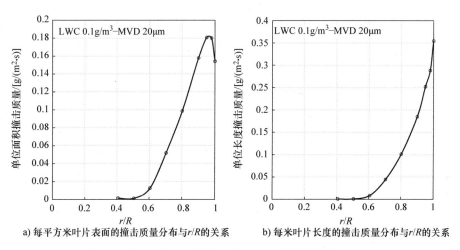

a) 每平方米叶片表面的撞击质量分布与r/R的关系　　b) 每米叶片长度的撞击质量分布与r/R的关系

图4.34　每平方米叶片表面和每米叶片长度的撞击质量分布与r/R的关系

4.4.8　旋转翼型

如果叶片在旋转，则水的撞击过程将不再被视为二维的。实际上，如果二维流动条件成立，则需要两个撞击极限，即上下两个极限（见图4.7）。对于三维流动，撞击极限可能沿物体（即叶片）表面的翼展方向变化。求解这个问题需要采用四个轨迹，而不再是两个。旋转物体的撞击极限和水的轨迹示意图如图4.35所示。

1. 撞击极限

旋转物体的撞击极限和水的轨迹示意图如图4.35所示。图4.35表明，撞击区域的识别并非易事。如果撞击极限落在面元范围内，则需要通过插值来确定这些极限。部分

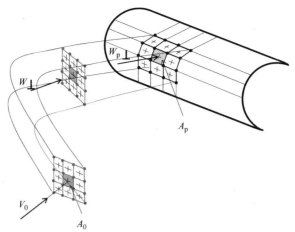

图 4.35　旋转物体的撞击极限和水的轨迹示意图

数值计算程序考虑了三维方法（NASA、ONERA、DRA 和 FENSAP – ICE）。

2. 三维撞击

旋转决定了旋转取样效果，显著增加了叶片的集水量。如前所述，在部分极端事件中，如超大水滴的降雨，与气动力和离心力的影响相比，重力和粒子间相互作用力的影响可忽略不计[23]。

为了分析三维旋流流动，将浸没在流体中的粒子的运动方程用柱面极坐标在旋转参考系中写成如下形式：

$$\frac{d^2 r_p}{dt^2} = F_r + r_p \left(\frac{d\theta_p}{dt} + \Omega \right)^2 \tag{4.70}$$

$$r_p \frac{d^2 \theta_p}{dt^2} = F_\theta - 2 \cdot \frac{dr_p}{dt} \left(\frac{d\theta_p}{dt} + \Omega \right)^2 \tag{4.71}$$

$$\frac{d^2 z_p}{dt^2} = F_z \tag{4.72}$$

式中　r_p，θ_p，z_p——粒子的柱面极坐标；

Ω——叶片的角速度。

离心力和科氏加速度分别由式（4.70）和式（4.71）右侧的最后一项表示。相互作用的粒子的单位质量力由式（4.70）～式（4.72）右侧第一项给出。由于固体颗粒和流体之间的速度差异，两相之间的相互作用力受阻力支配，并由下式给出：

$$\overline{F} = \frac{3}{4} \frac{C_D}{d} \left[\left(W_r - \frac{dr_p}{dt} \right)^2 + \left(W_\theta - \frac{dr_p \theta_p}{dt} \right)^2 + \left(W_z - \frac{dz_p}{dt} \right)^2 \right] (\overline{W} - \overline{W}_p) \tag{4.73}$$

式中　W_r、W_θ、W_z——径向、周向和轴向相对风速；

d——液滴直径；

C_D——液滴阻力系数。

从质点初始位置和速度开始，在三维流场中对式（4.70）～式（4.72）进行数值积分。

唯一的试验经验是在螺旋桨上进行的。结果表明，旋转会引起局部和总体效率评估的重要变化，即

1）对于恒定转速，β 随着径向位置向外移动而增加。

2）当转速增加时，β 增加。

3）存在流入的影响（通过改变推力）。对风电机组而言，流线在靠近转子时发散（流管变形）。

三维表面的局部效率定义为上游远端截面面积与撞击区域表面积之比，如图 4.35 所示。假设液滴相对于自由流的速度可忽略不计，这四个轨迹在上游区域 A_0 的拐点处释放，并撞击在覆盖区域 A_p 的面板的拐点。

确定三维碰撞率的问题只能用数值方法解决。但是用一些简化的假设，可以推导出一个近似的三维收集率。

二维碰撞率由式（4.74）给出：

$$\beta_{2D} = \frac{\mathrm{LWC}_p V_p}{\mathrm{LMC}_0 V_0} = \frac{A_0}{A_p} \tag{4.74}$$

当叶片在其运动面中以相对速度 W 运动时，如图 4.29 所示沿流管的质量守恒原理得到：

$$\beta_{3D} = \frac{(\mathrm{LWC})_p W_p}{(\mathrm{LMC})_0 V_0} \tag{4.75}$$

通过比较两个方程得到：

$$\beta_{3D} = \beta_{2D} \frac{W_p}{V_p} \tag{4.76}$$

在风电机组叶片上，相对速度的变化要么是由于沿叶片径向的变化，要么是由于转子运行条件的变化（转速的变化）。局部速比 x 定义为：

$$x = \frac{\Omega r}{V_0} \tag{4.77}$$

因此，流线的转向（扩展）可以通过一个诱导因子 a 来考虑：

$$V_p = V_0(1 - a)$$

因为

$$W^2 = \left[V_p^2 + (\Omega r)^2 \right]^{0.5}$$

或者

$$\frac{W}{V_p} = \left[1 + \left(\frac{x}{1-a} \right)^2 \right]^{\frac{1}{2}}$$

根据叶尖速比，上式变为：

$$\frac{W}{V_p} = \left[1 + \left(\frac{\mathrm{TSR}}{1-a} \right)^2 \left(\frac{r}{R} \right)^2 \right]^{\frac{1}{2}}$$

三维收集率变为：

$$\beta_{3D} = \beta_{2D}\left[1 + \left(\frac{TSR}{1-a}\right)^2\left(\frac{r}{R}\right)^2\right]^{\frac{1}{2}} \tag{4.78}$$

3. 三维碰撞率计算

用表4.5的输入参数数据对叶片前缘进行碰撞率的计算。叶片前缘的内切圆柱体直径 D（r）根据叶片轮廓和厚度从叶根到叶尖按一定的关系变化，其可通过表4.2的数据进行插值得到。

表4.5　输入参数数据

参　　数	值
ρ_{air}（kg/m^3）	1. 20
ρ_d/（kg/m^3）	1000
μ_{air}/（Pa·s）	0. 0000018
d/μm	20
LWC/（g/m^3）	0. 2
V_0/m/s	12
TSR	6
a	0

图4.36 显示了二维碰撞率与斯托克斯数和叶片半径的关系。由于翼型较薄（内切直径 D 较小），二维碰撞率向叶尖方向增加。叶片前缘的撞击水量如图4.37 所示。

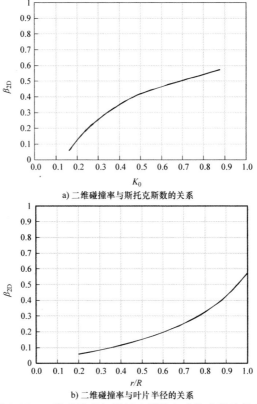

a) 二维碰撞率与斯托克斯数的关系

b) 二维碰撞率与叶片半径的关系

图4.36　二维碰撞率与斯托克斯数和叶片半径的关系

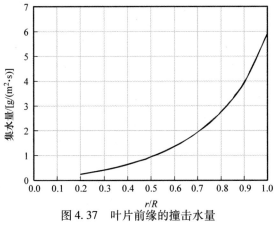

图4.37 叶片前缘的撞击水量

注: LWC = 0.2g/m³。

利用式 (4.78) 计算前缘点的三维碰撞率, 并在图4.38中与图4.36的二维数值解进行比较。

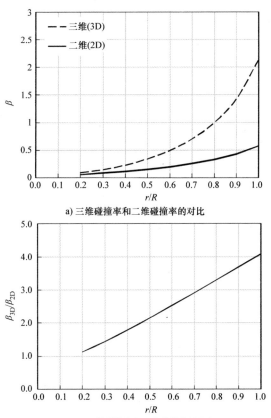

a) 三维碰撞率和二维碰撞率的对比

b) 三维碰撞率和二维碰撞率的比率

图4.38 三维碰撞率和二维碰撞率的对比和比率

从这个简单模型中可以明显看出，相对于等效的纯平移二维边界条件，旋转导致向叶尖部位积累更多的水流。碰撞率超过二维情况的 4 倍，并且集水量也相应增加。

现在有趣的是分析只有风速变化而环境条件不变的情形。计算结果表明，对于三维条件，在给定叶尖速比的情况下，每个叶片段的碰撞率都达到最大值，而在任何半径下都不一定相同。

图 4.39 描绘了叶片中跨段的三维和二维停滞碰撞率与叶尖速比的关系，其中 $MVD = 20\mu m$，$V_0 = 3 \sim 12 m/s$。在大约 $TSR = 6$ 时可达到最大碰撞率，而在二维模型中，β_0 随着 TSR 的增大而下降，而三维模型则显示出更复杂的特性。这个例子表明，从设计的角度来看，需要仔细研究可能导致整个运行工况潜在结冰的更危险情况。这对防冰系统设计中设置适当的边界条件至关重要。

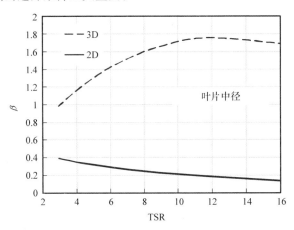

图 4.39　叶片中跨段的三维和二维停滞碰撞率与叶尖速比的关系

4.5　质量守恒方程

控制体的质量守恒如图 4.40 所示，它描述了在表面处通过给定控制体的质量流量。质量守恒方程写为：

$$\sum_i^n \dot{m}_i - \sum_{out}^m \dot{m}_{out} = \frac{m}{dt} \tag{4.79}$$

式中　m/dt 是累积项。

假设流量恒定（即 $m/dt = 0$），则式（4.79）可变为：

$$\dot{m}_{w,imp} + \dot{m}_{w,in} - \dot{m}_{w,out} - \dot{m}_{w,ev} - \dot{m}_{ice} - \dot{m}_{w,sh} - \dot{m}_{w,st} = 0 \tag{4.80}$$

式中　$\dot{m}_{w,imp}$ ——撞击水的质量流量；

　　　$\dot{m}_{w,in}$ ——进入给定截面的回流水的质量流量；

　　　$\dot{m}_{w,out}$ ——离开给定截面的回流水的质量流量；

$\dot{m}_{w,ev}$——蒸发、升华水的质量流量；

$\dot{m}_{ice}$——给定截面中水冻结的质量流量；

$\dot{m}_{w,sh}$——流出水的质量流量；

$\dot{m}_{w,st}$——由表面张力引起的静止水的质量流量。

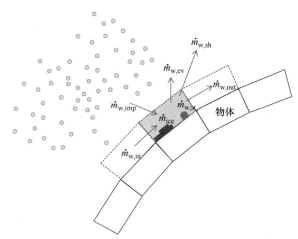

图 4.40　控制体的质量守恒

4.5.1　基本质量流量分析

1. 撞击水的质量流量

撞击在各个面板单位面积上的水流量为：

$$\dot{m}_{w,imp} = \text{LWC} \beta_{3D} V \quad (\beta > 0) \tag{4.81}$$

当 $\beta = 0$ 时，结果为 0。

相对于每个面板的收集率 β_{2D} 可以根据文献［24］中介绍的简化方法或根据前面章节中描述的方法来确定。

旋转翼型的实际收集率可以通过如下方程校正二维收集率：

$$\beta_{3D} = \beta_{2D} F\left(\text{TSR}, \frac{r}{R}\right) \tag{4.82}$$

其中：

$$F\left(\text{TSR}, \frac{r}{R}\right) = \left[1 + \frac{\text{TSR}^2}{1-a}\left(\frac{r}{R}\right)^2\right]^{\frac{1}{2}} \tag{4.83}$$

由式（4.82）可知，$\beta_{3D} \geqslant \beta_{2D}$，且由式（4.83）定义的因子 F 考虑了旋转的影响。

2. 蒸发水的质量流量

水既可以蒸发也可以升华，后者出现在水膜不再覆盖冰面时。尽管存在相关条件，通过蒸发或升华离开控制体的潜在水质量流量仍可由下式给出：

$$\dot{m}_{ev}^{pot} = h_m \Delta\rho_v$$

式中 h_m——蒸汽传质系数。

上式可以表示为：

$$h_m = \frac{h_c}{\rho_{air}c_{p,air}L^{\frac{2}{3}}}$$

$\Delta\rho_v$ 是边界层上的水蒸气密度差，其表达式为：

$$\Delta\rho_v = \rho_{v,s} - \rho_{v,e}$$

式中 $\rho_{v,s}$——表面的水蒸气密度；

$\rho_{v,e}$——边界层边缘的水蒸气密度。

L 是刘易斯数，由下式给出：

$$L = \frac{k_{air}}{\rho_{air}c_{p,air}D_{ev}}$$

式中 D_{ev}——空气中水蒸气的扩散率。

水蒸气密度由理想气体的状态方程式给出：

$$\rho_v(T) = \frac{e_v(T)}{\dfrac{R}{mm_w}T}$$

因此，潜在的蒸发水质量流量为：

$$\dot{m}_{ev}^{pot} = \frac{h_c}{\rho_{air}c_{p,air}L^{\frac{2}{3}}}\frac{mm_w}{R}\left(\frac{e_{v,s}}{T_s} - \frac{e_{v,e}}{T_e}\right) \tag{4.84}$$

表面的蒸汽压是饱和蒸汽压

$$e_{v,s} = e_{v,s}^{sat}$$

因此，潜在的蒸发水质量流量为：

$$\dot{m}_{ev}^{pot} = \frac{h_c}{\rho_{air}c_{p,air}L^{\frac{2}{3}}}\frac{mm_w}{R}\left(\frac{e_{v,s}^{sat}}{T_s} - \frac{e_{v,e}}{T_e}\right) \tag{4.85}$$

边界层边缘的蒸汽压和遵循道尔顿定律的自由流中的蒸汽压有关，并且假设液滴沿着翼型流动时没有凝结或蒸发，因此：

$$\frac{e_{v,e}}{p_e} = \frac{e_{v,\infty}}{p_\infty} \tag{4.86}$$

$$e_{v,\infty} = Rhe_{v,\infty}^{sat}$$

式（4.85）变为：

$$\dot{m}_{ev}^{pot} = \frac{h_c}{\rho_{air}c_{p,air}L^{\frac{2}{3}}}\frac{mm_w}{R}\left(\frac{e_{v,s}^{sat}}{T_s} - \frac{Rhe_{v,\infty}^{sat}p_e}{T_ep_\infty}\right) \tag{4.87}$$

水面上的关于饱和蒸汽压的关系式对空气中和吸积表面都适用。采用以下经验公式：

对于 $T < T_0 = 273.15K$：

$$e^{sat} = 6894.7\exp\left\{20.15247167 - \frac{11097.16963}{1.8T}\right\}$$

对于 $T > T_0 = 273.15\text{K}$：

$$e^{\text{sat}} = 6894.7\exp\left\{14.56594634 - \frac{7129.219482}{1.8T - 72}\right\}$$

边界层边缘的密度和温度可以使用理想的气体等熵关系来推导：

$$T_e = T_\infty\left(\frac{p_e}{p_\infty}\right)^{\frac{\gamma-1}{\gamma}}$$

$$\rho_e = \rho_\infty\left(\frac{p_e}{p_\infty}\right)^{\frac{1}{\gamma}}$$

在这里，因为 $c_{p,\text{eq}} \approx c_{p,\text{air}}$，因此以下边界层的分析将引入空气的比定压热容和绝热指数 γ。

如假设水膜的厚度可以忽略不计，则所有控制体温度等于底层温度。

蒸发水的质量流量最终由以下条件给出：

$$\dot{m}_{w,ev} = \dot{m}_{w,ev}^{\text{pot}}$$

条件是

$$\dot{m}_{w,ev} < \dot{m}_{w,\text{imp}} + \dot{m}_{w,\text{in}}$$

或者由以下条件给出

$$\dot{m}_{w,ev} = \dot{m}_{w,\text{imp}} + \dot{m}_{w,\text{in}}$$

条件是

$$\dot{m}_{w,ev} > \dot{m}_{w,\text{imp}} + \dot{m}_{w,\text{in}}$$

3. 冻结水的质量流量

控制体中转变成冰的水的质量流量可以通过以下公式确定：

$$\dot{m}_{\text{ice}} = f(\dot{m}_{w,\text{imp}} + \dot{m}_{w,\text{in}}) \tag{4.88}$$

式（4.88）中 f 称为冻结系数，由 Messinger[1] 提出，其意义和用途将在下一节讨论。

4. 流出水的质量流量

流出水的质量流量是基于对结冰物理学的定性观察来评估的。脱落现象主要由韦伯数决定。

韦伯数为

$$We = \frac{\rho_e W_e^2 d_b}{\sigma}$$

式中　ρ_e——边界层边缘给定位置处的空气密度（kg/m³）；

　　　W_e——边界层边缘给定位置处的相对空气速度（m/s）；

　　　σ——水与空气之间的表面张力（kg/s²）；

　　　d_b——表面水滴的直径（m）。

如果韦伯数低于临界值（当前一般认为是500），则没有水流出。高于此点，质量损失百分比等于韦伯数变化的百分比。临界韦伯数（We_{cr}）计算通常由经验公式确定[22]：

$$\begin{cases} \dot{m}_{\text{w,sh}} = \dot{m}_{\text{w,out}}\left(1 - \dfrac{We_{\text{cr}}}{We}\right), & We > We_{\text{cr}} \\ \dot{m}_{\text{w,sh}} = 0, & We < We_{\text{cr}} \end{cases}$$

其中 $We_{\text{cr}} = 500$。

应当强调的是，这种关系不是基于任何质量损失的定量测量。使用该方法计算的质量损失很小，结果与定性的试验观察结果相符。

5. 静止水的质量流量

静止水的质量流量通过经验公式计算得出[22]：

$$\dot{m}_{\text{w,st}} = \frac{h_{\text{b}}\rho_{\text{w}}}{\Delta t}\left\{\dot{m}_{\text{w,st}}\right\}_{t = t - \Delta t} \tag{4.89}$$

式中　h_{b}——水滴的高度，$h_{\text{b}} = 0.5d_{\text{b}}$。

该质量流量考虑了由于表面张力（韦伯数）效应而未离开控制体的未冻结水的量。只要其值不超过可用的未冻结水量，就可以独立确定该变量。

4.5.2　水膜连续性和破裂

值得一提的是，由于表面张力和质量力之间复杂的相互作用，表面上流动的水膜将在某处发生破裂。水膜表面破裂示意图如图 4.41 所示。

在这种情况下，表面的某些部分不再润湿。因为蒸发是传热的主要方式之一，这种情况对表面的冷却过程具有最重要的影响，在结冰过程的后面几个阶段作用将更明显。

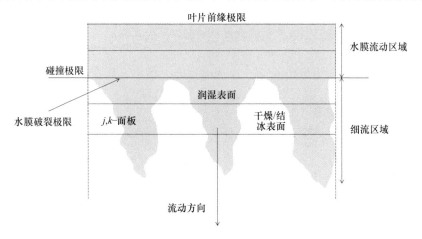

图 4.41　水膜表面破裂示意图

因此，可以定义面积比 K_A，该参数定义为水（水滴或水流）覆盖的面积 A_{w} 与控制体表面积 A_{p} 的比值：

$$K_A = \frac{A_{\text{w}}}{A_{\text{p}}}$$

在水撞击区域，测量结果表明 K_A 的值为 1。水膜破裂仅发生在撞击极限的下游，在那里水以细流的形式回流。飞行和风洞数据显示，K_A 值从 1 迅速下降到 0.3。图 4.42[25] 显示了水撞击区域后表面润湿率随撞击极限的距离的变化示意图。

膜的高度随蒸发、温度、压力梯度和剪切应力而变化。当薄膜高度达到临界高度时，将形成细流。

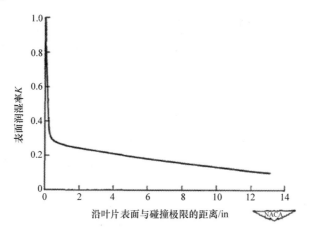

图 4.42　水撞击区域后表面润湿率随撞击极限的距离的变化示意图

从传热的角度来看，表面可能会产生两种情况：

1) 未加热表面存在表面、冰、水、空气界面；不再被水覆盖的冰表面部分经历升华过程。控制体分别在空气 – 水和空气 – 冰界面处发生蒸发和升华。升华比热容 Δh_{subl} 等于融化比热容 Δh_f 和蒸发比热容 Δh_{ev} 之和：

$$\Delta h_{subl} = \Delta h_f + \Delta h_{ev}$$

2) 加热表面存在表面、水、空气界面；未被水覆盖的那部分表面由于蒸发而进行冷却过程。因此，控制体分别在表面 – 空气和水 – 空气界面处发生对流和蒸发。

这些情况如图 4.43 所示。

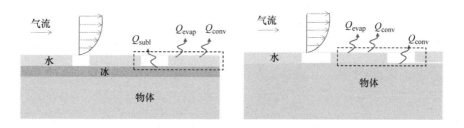

图 4.43　水膜在冰表面和非冰表面上破裂的换热过程

采用最简单的方法，假设表面上的水膜足够薄，可以包含在边界层中。通过计算和直接观察证实了这一假设。因此，可以假设对于未加热表面，水膜在所考虑的面板上温度恒定，等于叶片的外壁温度。更完整的论述请见本章后半部分。

对飞机机翼的试验表明，水膜在空气摩擦作用下沿壁面匀速运动。前已述及，由于离心作用，风电机组叶片的某些部分也存在径向水迁移。这种效应实际上否定了空气边界层界面处的无滑移假设。在文献［26］中建立了考虑到这一情况的模型。

4.6 冻结系数和 Messinger 模型

结冰模拟程序中广泛使用的物理模型是基于梅辛格（Messinger）[1]的研究而发展来的，该研究是为了计算结冰保护和 LWC 测量系统的加热需求。该模型基于未加热表面在三种表面温度（即小于 273.15K、等于 273.15K 和大于 273.15K）的结冰条件。通常，该模型在干燥或雾凇条件下（即气温远低于冰点，LWC 值较低）效果较好；在雨凇条件下（即气温接近冰点，而 LWC 值较高），结果则不太令人满意。误差的产生是由于模型中忽略了表面水动力学的影响，导致了不确定的回流现象以及通过水-冰界面的热传导。

根据梅辛格（Messinger）的原始定义，冻结系数是撞击区域内结冰量与撞击在其上的水量之比。尽管该参数可以假设为 $-\infty \sim +\infty$ 间的任何值，但实际上人们只关心以下范围的值：

1) $f = 1$：湿冰生长，所有进入控制体的水在控制体内冻结，形成雾凇。

2) $f = 0$：无结冰。

3) $0.3 \geqslant f \geqslant 0$：湿冰生长，形成雨凇。

图 4.44[27]描述了这种情况，三维坐标中可以定性地评估上述三个冻结系数范围内冰量、水膜厚度和表面温度的变化。

结冰通常由雨凇、雾凇和过渡区组成。因此，冻结系数的值沿表面变化，应根据表面上每个控制体的质量和能量平衡来计算。

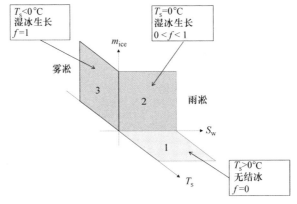

图 4.44 冻结系数示意图

4.7　能量守恒方程

将能量守恒公式应用于包含水层的控制体得到:

$$\sum_i^n \dot{m}_{in}\left(h_{in} + \frac{W_{in}^2}{2}\right)_{in} - \sum_{out}^m \dot{m}_{out}\left(h_{out} + \frac{W_{out}^2}{2}\right)_{out} + \sum_k^p \dot{q}_k = \frac{d(m_w u)}{dt} \tag{4.90}$$

$d(m_w u)/dt$ 是累加项,可以写成:

$$\frac{d(m_w u)}{dt} = \frac{dm_w}{dt}u + \frac{du}{dt}m_w$$

根据质量守恒定律所述的恒定流动条件,右边第一项为零。

为了将能量守恒与在平衡温度假设下开发的模型(Messinger 模型)相耦合,水控制体的内能变化也为零:

$$\frac{du}{dt}m_w = \frac{c_w(T_w - T_{ref})}{dt}m_w$$

因此式(4.90)可写成稳态方程:

$$\sum_i^n \dot{m}_{in}\left(h_{in} + \frac{W_{in}^2}{2}\right)_{in} - \sum_{out}^m \dot{m}_{out}\left(h_{out} + \frac{W_{out}^2}{2}\right)_{out} + \sum_k^p \dot{q}_k = 0 \tag{4.91}$$

展开式(4.91)得:

$$\dot{m}_{w,in}\left(h_{w,in} + \frac{W_{w,in}^2}{2}\right) - \dot{m}_{w,out}\left(h_{w,out} + \frac{W_{w,out}^2}{2}\right) +$$

$$\dot{m}_{w,imp}\left(h_{w,imp} + \frac{W_{w,imp}^2}{2}\right) - \dot{m}_{w,sh}\left(h_{w,sh} + \frac{W_{w,sh}^2}{2}\right) + \tag{4.92}$$

$$\dot{m}_{w,st}h_{w,st} - \dot{m}_{w,ev}\Delta h_{w,ev} - \dot{m}_{ice}\Delta h_{ice} + \sum_k^p \dot{q}_k = 0$$

如图 4.45 所示的热通量为:

$$\sum_k^p \dot{q}_k = -\dot{q}_{conv} + \dot{q}_{cond} - \dot{q}_{lr} + \dot{q}_{sr} \tag{4.93}$$

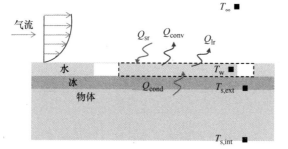

图 4.45　热通量示意图

其中：

$$\dot{q}_{\mathrm{conv}} = h_{\mathrm{c}}(T_{\mathrm{s}} - T_{\mathrm{rec}})$$

$$\dot{q}_{\mathrm{cond}} = \frac{k_{\mathrm{ice}}}{t_{\mathrm{ice}}}(T_{\mathrm{ice}} - T_{\mathrm{s,ext}}) = \frac{k_{\mathrm{b}}}{t_{\mathrm{b}}}(T_{\mathrm{s,ext}} - T_{\mathrm{s,int}}) \qquad (4.94)$$

$$\dot{q}_{\mathrm{lr}} = \varepsilon\sigma(T_{\mathrm{s,ext}}^4 - T_{\infty}^4)$$

$$\dot{q}_{\mathrm{sr}} = S_{\mathrm{r}}$$

式中　$k_{\mathrm{ice}}/t_{\mathrm{ice}}$——冰层的热阻。

接下来将详细分析这些热通量。

热通量分析

4.7.1　表面传热系数

表面传热系数的计算可以使用航空领域的经验公式，也可以采用适合翼型几何形状和流动状态的更复杂的方法。

参考图4.46，翼型的最前缘适用于以下公式[28,29]：

$$Nu_{\mathrm{c}} = Re_{\mathrm{c}}^{0.5}Pr^{0.4}\left[1.14 + \left(\frac{c}{D}\right)^{0.5} - 2.353072\left(\frac{c}{D}\right)^{3.5}\left(\frac{s}{c}\right)^3\right]$$

对于翼型的后部区域则是：

$$\begin{cases} \text{层流：} Nu_{\mathrm{c}} = 0.286Re_{\mathrm{c}}^{0.5}\left(\frac{u_{\mathrm{e}}}{W}\right)^{0.5}\left(\frac{c}{s}\right)^{0.5} \\ \text{湍流：} Nu_{\mathrm{c}} = 0.296Pr_{\mathrm{c}}^{\frac{1}{3}}Re_{\mathrm{c}}^{0.8}\left(\frac{u_{\mathrm{e}}}{W}\right)^{0.8}\left(\frac{c}{s}\right)^{0.2} \end{cases}$$

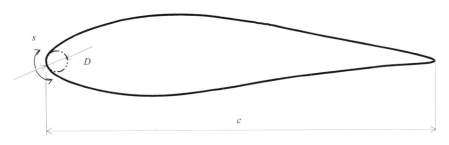

图 4.46　翼型的弦长 c，前缘直径 D 和表面坐标 s

表面传热系数可由努塞尔数的定义推导得到：

$$Nu_{\mathrm{c}} = \frac{h_{\mathrm{c}}c}{k_{\mathrm{air}}} \qquad (4.95)$$

通过积分边界层计算方法可以更准确地计算表面传热系数，其中边界层为层流流动，对流系数可以通过 Smith 和 Spalding[30] 的公式来计算得到：

$$h_{c,e} = Pr \frac{c_1 K_t u_e^{1+c_2}}{\left(\nu \int_0^s u_e^{c_3} ds \right)^{0.5}} \tag{4.96}$$

其中系数 c_1、c_2、e、c_3 与普朗特数（Pr）成正比。

影响表面传热系数的最不确定因素是边界层中从层流到湍流的过渡点的位置以及过渡区域的弦向范围。

叶片表面上存在的水对边界层造成干扰导致过渡提前。NASA 的试验证据表明，在这种情况下，过渡的开始发生在水滴撞击的后端附近。

对于这种情况下的过渡位置没有任何明确的定义，通常仅假定其位置在驻点之后的第一个面元。对于湍流边界层，采用以下关系：

$$h_{c,t} Pr \frac{\dfrac{c_f}{2} \rho u_e c_p}{Pr_t + 0.52 \sqrt{\dfrac{c_f}{2}} \left(u_e \dfrac{c_f}{2} \dfrac{k_s}{\nu} \right)^{0.45} Pr^{0.8}} \tag{4.97}$$

表面摩擦系数和边界层动量厚度以及表面粗糙度有关：

$$\frac{c_f}{2} = \left[\frac{0.41}{\ln\left(\dfrac{864\theta_t}{k_s} + 2.568 \right)} \right]^2 \tag{4.98}$$

将 Thwaite 的方法扩展到湍流速度剖面，得到边界层动量厚度：

$$\theta_t = \frac{0.0263\nu^2}{u_e^{3.4}} \int_0^s u_e^4 ds + \theta_1 \tag{4.99}$$

最后，关于湍流的普朗特数 Pr_t，Wright 建议使用 0.9。但是 Schilchting 认为，该值仅表示湍流边界层内部深处质量与能量扩散之比（即 $\delta_t < 0.2$），而在边界层的边缘处，湍流普朗特数可以降低至 0.5。因此，使用平均普朗特数可能更合适，考虑到空气存在，可以认为 $Pr_t = Pr$。

为求解过渡位置，大多数先进模型使用细流和水滴高度来获得局部表面等效粗糙度，用于临界雷诺数的计算。

4.7.2　长波辐射

假设冰层温度为 0℃，云层和其中的饱和湿空气在气温 T 辐射，据此计算长波辐射。发射率假设为 1（冰的发射率为 0.98，水的发射率为 0.96[31]）。

$$\dot{q}_{lr} = \varepsilon\sigma\left(T_s^4 - T_\infty^4 \right)$$

4.7.3　短波辐射

$$\dot{q}_{sr} = S_r$$

接收的总散射辐射通量 S_r 可以测量或模拟得到。

有些气象站的总散射辐射通量记录为逐小时平均值。如果要通过模拟得到总散射辐射通量，需要作以下假设：

1）结冰表面的反射率为零（冰是透明的）。

2）进入吸积层的辐射要么被冰吸收，要么被下面的物体吸收。

3）没有辐射从地面反射回物体表面。

4）冰的反射率接近但大于零，这取决于冰层中含有空气或雪的量。

5）较短波长的可见光不会被冰吸收，但可能会被下面的物体吸收；假设其与结冰层处于热平衡状态。

6）地面也存在一定的辐射，具体取决于地表覆盖物以及地面上冰/雪的状态参数。

这些假设只是粗略的，存在一些误差，但其优点是简单方便。

短波辐射和长波辐射通量符号相反，但量级相当。在夜间气温相对较低，没有短波辐射通量，长波辐射通量相对较大。

对于一般的防冰设计，某些特定系统设计为具有给定的表面发射率（叶片用黑色涂层），辐射的贡献可以忽略不计。

4.8 问题的求解

为了简化问题，可以进行以下假设。

1）与表面水膜速度相关的动能可以忽略不计，于是：

$$\frac{W_{w,in}^2}{2} \approx 0, \quad \frac{W_{w,out}^2}{2} \approx 0$$

2）忽略流出水和静止水：

$$\dot{m}_{w,sh} \approx 0, \dot{m}_{w,st} \approx 0$$

3）辐射热通量比其他热通量小：

$$\dot{q}_{sr} \approx 0, \dot{q}_{lr} \approx 0$$

水和冰的物理性质随温度而变化。假定冰密度为雾淞密度，因为该模型原则上不能描述雨淞密度。相变仅在 $T = T_{ref} = 273.15K$ 时出现。撞击水、回流水和冰温度直接假定等于表面温度，于是 $T_{w,in}^i = T_{w,out}^{i-1} = T_w = T_{ice} = T_{s,ext}$。

因此能量守恒方程式（4.92）化简为：

$$
\begin{aligned}
&\dot{m}_{w,in}c_w(T_{w,in} - T_{ref}) - \dot{m}_{w,out}c_w(T_{w,out} - T_{ref}) + \\
&\beta LWC W_{w,imp}\left[c_w(T_{w,imp} - T_{ref}) + \frac{W_{w,imp}^2}{2}\right] - \\
&K_A\left[\frac{h_c}{\rho_{air}c_{p,air}L^{\frac{2}{3}}}\frac{mm_w}{R}\left(\frac{e_{v,s}^{sat}}{T_s} - \frac{Rh\,e_{v,\infty}^{sat}p_e}{T_e p_\infty}\right)\right]\Delta h_{ev}^{T=T_{ref}} - \\
&\dot{m}_{ice}\left[c_{ice}(T_{ice} - T_{ref}) + \Delta h_f^{T=T_{ref}}\right] - \\
&h_c(T_w - T_\infty) - h_c\left(T_e + \frac{rWe^2}{2c_{p,air}} - T_\infty\right) + \dot{q}_{cond} = 0
\end{aligned}
\tag{4.100}
$$

每个控制体包含如下变量：

1）热力学变量：T_{ref}、c_w、c_{ice}、$\Delta h_{ev}^{T=T_{ref}}$、$\rho_{air}$、$c_{p,air}$、$L$、$mm_w$、$R$、$\Delta h_f^{T=T_{ref}}$、$e_{v,s}^{sat}$。

2）气候变量：T_∞、p_∞、LWC、Rh。

3）风电机组和风电场变量：$T_{w,in}$、$T_{w,out}$、$T_{w,imp}$、T_{ice}、T_s、K_A、β、We、p_e、T_e、h_c、$W_{w,imp}$、$\dot{m}_{w,in}$、$\dot{m}_{w,out}$、$\dot{m}_{w,imp}$、$\dot{m}_{ice}$、$\dot{q}_{ice}$。

未知变量为 T_s、$\dot{m}_{w,out}$ 和 $\dot{m}_{cond}$。

假设变量为 $T_{w,in}$、$T_{w,out}$、$T_{w,imp}$、T_{ice}、$W_{w,imp}$、$\dot{m}_{w,in}$、$\dot{m}_{w,imp}$、$\dot{q}_{cond}$，所有其他变量都已知。通过质量守恒和冻结系数给出了求解该问题所需的两个封闭形式的辅助方程。

$$\dot{m}_{w,imp} + \dot{m}_{w,in} - \dot{m}_{w,out} - \dot{m}_{w,ev} - \dot{m}_{ice} = 0 \tag{4.101}$$

$$\dot{m}_{ice} = f(\dot{m}_{w,imp} + \dot{m}_{w,in}) \tag{4.102}$$

假设是：

$$T_{w,in}^i = T_{w,out}^{i-1} = T_{s,ext}$$

$$T_{w,imp} = T_\infty$$

$$T_{ice} = T_{s,ext}$$

$$W_{w,imp} = W$$

$$\dot{m}_{w,in}^i = \dot{m}_{w,out}^{i-1}$$

$$\dot{q}_{cond} = 0$$

m_{imp} 来自粒子轨迹分析。

4.8.1 情况 A：结冰表面 $T_w < T_s \leqslant 0\,℃$

对于结冰采用时间步长法求解。首先，确定洁净几何表面的流场和液滴冲击特性。先假定表面平衡温度 $T_S = 273.15\mathrm{K}$。

然后在该温度下建立能量平衡方程，并求解该表达式以确定冻结系数 f。对于 $0 < f < 1$，$T_S = 273.15\mathrm{K}$，开始的假设是正确的。$f < 0$ 表示表面温度 $> 273.15\mathrm{K}$。因此，可将 f 设置为 0 从而求解 T_S。注意，由于许多参数都是 T_S 的函数，因此需要迭代计算。

同样，$f > 1$ 表示 $T_S < 273.15\mathrm{K}$，要将 f 设置为 1。

必须通过迭代计算来确定控制体的热力学特性。用质量平衡方程确定离开控制体的回流水的质量流量。离开控制体的任何水流都将从驻点流出，流入下一个控制体。

计算求解流程如图 4.47 所示。

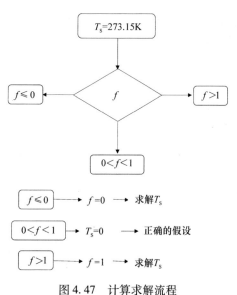

图 4.47 计算求解流程

对相邻的下游控制体重复该计算过程，并沿叶片上下表面继续计算。

指定时间步长后，该冻结系数将转换为冰层厚度，随着冰的增长，表面坐标也随之变化。

时间步长 Δt 中冰增长的厚度：

$$\Delta t_{\text{ice}} = \frac{(\dot{m}_{\text{w,imp}} + \dot{m}_{\text{w,in}})f}{\rho_{\text{ice}}}\Delta t \qquad (4.103)$$

冰质量由式（4.102）推导得到。

计算完初始冰层后，有两种计算思路。最理想的是不断重复整个过程，由于结冰导致外部形状变化，每一次计算从求解流场开始，以得到不断修正的局部收集率和热力学参数。

遗憾的是，由于大部分计算时间都花费在了流场的计算上，因此该方法增加了冰层的计算时间。在两块相邻面元的等分线处，沿表面的法线方向添加新的冰层。

4.8.2 情况 B：无冰表面 $T_s > 0℃$

在这种情况下，能量方程变为：

$$
\begin{aligned}
&\dot{m}_{\text{w,in}} c_{\text{w}} (T_{\text{w,in}} - T_{\text{ref}}) - \dot{m}_{\text{w,out}} c_{\text{w}} (T_{\text{w,out}} - T_{\text{ref}}) + \\
&\beta \text{LWC} W_{\text{w,imp}} \left[c_{\text{w}} (T_{\text{w,imp}} - T_{\text{ref}}) + \frac{W_{\text{w,imp}}^2}{2} \right] - \\
&K_A \left[\frac{h_c}{\rho_{\text{air}} c_{p,\text{air}} L^{\frac{2}{3}}} \frac{\text{mm}_{\text{w}}}{R} \left(\frac{e_{\text{v,s}}^{\text{sat}}}{T_{\text{s,ext}}} - \frac{Rh\, e_{\text{v,}\infty}^{\text{sat}} p_e}{T_e p_\infty} \right) \right] \Delta h_{\text{ev}}^{T=T_{\text{ref}}} + \\
&(\dot{m}_{\text{w,in}} + \dot{m}_{\text{w,imp}}) c_{\text{w}} (T_{\text{ref}} - T_{\text{s,ext}}) - \\
&h_c (T_{\text{w}} - T_\infty) - h_c \left(T_e + \frac{rWe^2}{2c_{p,\text{air}}} - T_\infty \right) + \dot{q}_{\text{gen}} = 0 \qquad (4.104)
\end{aligned}
$$

每个控制体包含如下变量：

1）热力学变量：T_{ref}、c_{w}、c_{ice}、$\Delta h_{\text{ev}}^{T=T_{\text{ref}}}$、$\rho_{\text{air}}$、$c_{p,\text{air}}$、$L$、$\text{mm}_{\text{w}}$、$R$、$e_{\text{v,s}}^{\text{sat}}$。

2）气候变量：T_∞、p_∞、LWC、Rh。

3）风电机组和风电场变量：$T_{\text{w,in}}$、$T_{\text{w,out}}$、$T_{\text{w,imp}}$、$T_{\text{s,ext}}$、K_A、R、β、We、p_e、T_e、h_c、$W_{\text{w,imp}}$、$\dot{m}_{\text{w,in}}$、$\dot{m}_{\text{w,out}}$、$\dot{m}_{\text{w,imp}}$、$\dot{q}_{\text{gen}}$。

未知变量为 $\dot{q}_{\text{gen}}$、$\dot{m}_{\text{w,out}}$。

图 4.48 为加热无冰表面的物理过程，该过程涉及的主要热量也在图中显示。

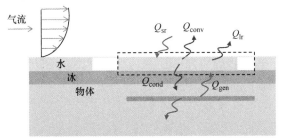

图 4.48 加热无冰表面的物理过程

对于内部热空气循环加热的 IPS，有以下关系：

$$\dot{q}_{gen} = \dot{q}_{IPS} = \frac{k_b}{t_b}(T_{s,int} - T_{s,ext})$$

而对于嵌入式热电阻加热系统有：

$$\dot{q}_{gen} = \dot{q}_{IPS} = \eta_{IPS}I^2R$$

式中 η_{IPS}——系统的热效率。

假设变量为 $T_{w,in}$、$T_{w,out}$、$T_{w,imp}$、$T_{s,ext}$、$W_{w,imp}$、$\dot{m}_{w,in}$、$\dot{m}_{w,imp}$，所有其他变量都已知。还需要一个由质量守恒给出的辅助方程：

$$\dot{m}_{w,imp} + \dot{m}_{w,in} - \dot{m}_{w,out} - \dot{m}_{w,ev} = 0 \tag{4.105}$$

假设是：

$$T_{w,in}^i = T_{w,out}^{i-1} = T_{s,ext}$$
$$T_{w,imp} = T_\infty$$
$$W_{w,imp} = W$$
$$\dot{m}_{w,in}^i = \dot{m}_{w,out}^{i-1} \tag{4.106}$$

$T_{s,ext}$取决于 IPS 控制策略和技术。

4.8.3　叶片结冰实例

图 4.49～图 4.58 给出了应用结冰模型的典型结果，其中显示了与特伦托大学和意大利航空航天研究中心（CIRA）合作获得的一些结果。计算使用了 MULTI - ICE 程序。

MULTI - ICE 程序通过菜单中的方法计算流场，并通过预测—校正的方法估算冰的生长。表 4.6 列出了模拟中采用的 Tjæreborg 风机叶片几何参数和流体动力学参数。气象参数 $LWC = 0.8g/m^3$，$d = 20\mu m$。静态温度设定为 270.15K，静压设定为 100kPa，结冰时间设定为 45min。

对于风电机组叶片的平面形状，计算了从第 14 节（对应于叶尖部分）到第 6 节。表 4.6 和图 4.49～图 4.57 给出了操作条件参数以及撞击和结冰的结果。对于每一小节，第一张图显示了未污染的翼型以及与洁净翼型相交的水滴轨迹，第二张图是结冰形状。

表 4.6　模拟中采用的 Tjæreborg 风机叶片几何参数和流体动力学参数

叶片几何参数								
单元段	R/m	翼型	c/m	t/c（%）	β_{twist}/(°)	ϕ_{flow}/(°)	攻角/(°)	W/(m/s)
0	0.00	Circular	1.80					
1	1.46	Circular	1.80					
2	2.75	Circular	1.80					
3	2.96	Circular	1.80					
4	6.46	NACA 4430	3.30	30.58	8.00	36.16	30.16	19.35
5	9.46	NACA 4424	3.00	24.10	7.00	26.23	21.23	25.32

（续）

叶片几何参数								
单元段	R/m	翼型	c/m	t/c（%）	β_{twist}/(°)	ϕ_{flow}/(°)	攻角/(°)	W/(m/s)
6	12.46	NACA 4421	2.70	21.15	6.00	19.41	15.41	31.66
7	15.46	NACA 4418	2.40	18.71	5.00	15.32	12.32	38.19
8	18.46	NACA 4416	2.10	16.81	4.00	13.03	11.03	44.80
9	21.46	NACA 4415	1.80	15.44	3.00	11.40	10.40	51.50
10	24.46	NACA 4414	1.50	14.40	2.00	10.12	10.12	58.25
11	27.46	NACA 4413	1.20	13.33	1.00	8.87	9.87	65.04
12	28.96	NACA 4412	1.05	12.76	0.50	7.95	9.45	68.43
13	29.86	NACA 4412	0.96	12.74	0.20	6.82	8.62	70.45
14	30.50	NACA 4412	0.94	12.59	0.16	3.23	5.07	71.92

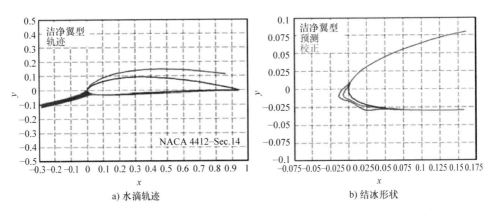

图 4.49　第 14 节的结果：洁净翼型上的水滴轨迹和结冰形状（附彩插）

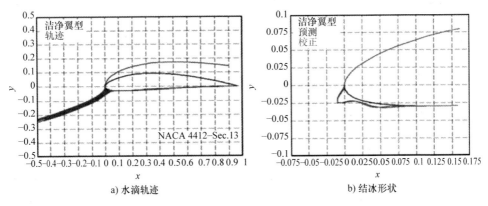

图 4.50　第 13 节的结果：洁净翼型上的水滴轨迹和结冰形状（附彩插）

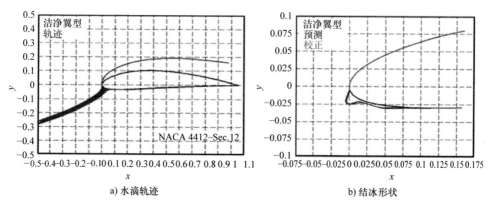

a) 水滴轨迹   b) 结冰形状

图 4.51 第 12 节的结果：洁净翼型上的水滴轨迹和结冰形状（附彩插）

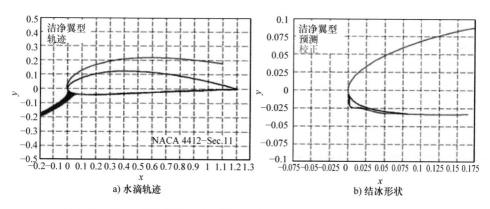

a) 水滴轨迹   b) 结冰形状

图 4.52 第 11 节的结果：洁净翼型上的水滴轨迹和结冰形状（附彩插）

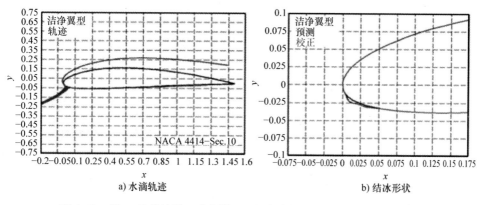

a) 水滴轨迹   b) 结冰形状

图 4.53 第 10 节的结果：洁净翼型上的水滴轨迹和结冰形状（附彩插）

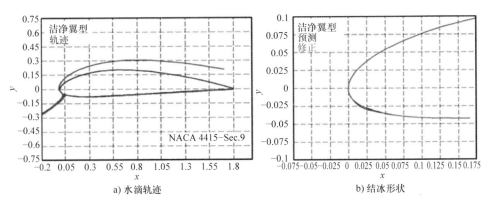

图 4.54 第 9 节的结果：洁净翼型上的水滴轨迹和结冰形状（附彩插）

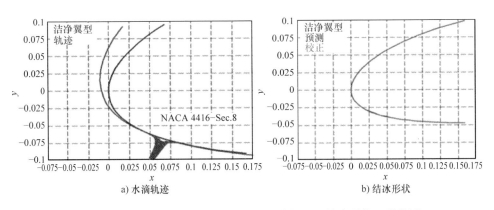

图 4.55 第 8 节的结果：洁净翼型上的水滴轨迹和结冰形状（附彩插）

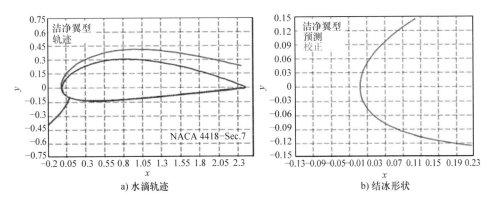

图 4.56 第 7 节的结果：洁净翼型上的水滴轨迹和结冰形状（附彩插）

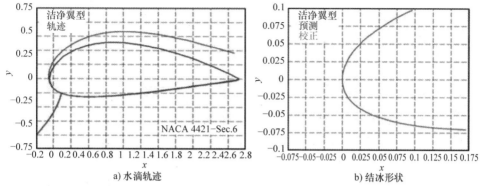

a) 水滴轨迹   b) 结冰形状

图4.57 第6节的结果：洁净翼型上的水滴轨迹和结冰形状（附彩插）

从第9节到第6节，可以看出表面上没有明显的冰生成。在这些单元段上，撞击系数非常小，也能证明这一点。

在这些模拟结果的基础上，进行第二次计算，将结冰时间延长至180min。对于三个典型的单元段（第7节、第9节和第14节），图4.58显示了更长结冰时间时的结冰形状。

从叶根到叶尖，随着叶片厚度的减小，冲击极限增大，覆冰质量增大。180min后在叶尖部分有20%面积产生覆冰。从叶根到叶尖，最大收集率逐渐提高。随着气流角的逐渐减小，最大收集率的位置向$s/c=0$处移动。可以看出从第9节到第6节，在稳定运行条件下，翼型的轮廓上并未产生大量积冰。这些单元段上非常有限的撞击系数也证明了这一点。实际上，从图中可以看出，由于撞击区域非常有限，因此在轮廓上显示的水滴轨迹也很短。

传热系数（单位为kW/m^2）从根部到叶尖逐渐增大，主要是因为相对速度的影响。

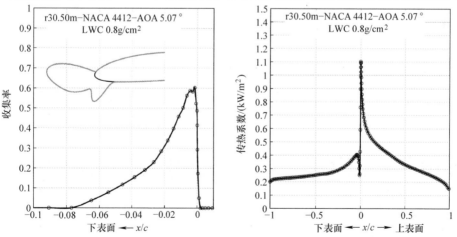

图4.58 第7节（上图）：上表面$x/c=0.033$，下表面$x/c=0.0487$，结冰面积=$0.0002m^2$；

第9节（中图）：上表面$x/c=0.0101$，下表面$x/c=0.046$，结冰面积=$0.0012m^2$；

第14节（下图）：上表面$x/c=-0.021$，下表面$x/c=0.076$，结冰面积=$0.02m^2$

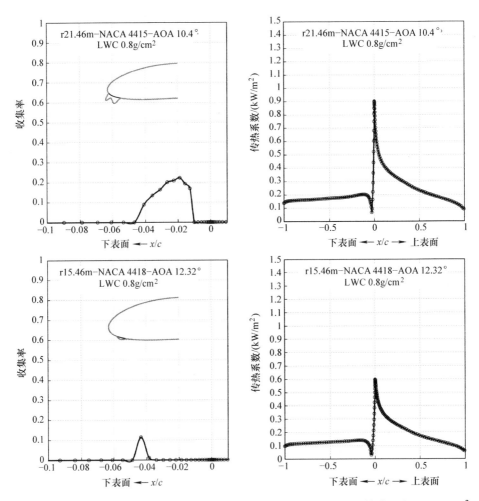

图 4.58　第 7 节（上图）：上表面 $x/c = 0.033$，下表面 $x/c = 0.0487$，结冰面积 $= 0.0002\text{m}^2$；

第 9 节（中图）：上表面 $x/c = 0.0101$，下表面 $x/c = 0.046$，结冰面积 $= 0.0012\text{m}^2$；

第 14 节（下图）：上表面 $x/c = -0.021$，下表面 $x/c = 0.076$，结冰面积 $= 0.02\text{m}^2$（续）

4.9　冰面的热流体动力学过程

由于本书主要分析未结冰的加热表面，虽然分析过程较完整，但结冰过程的分析方法上却做了很多简化。由于忽略了相界面处的动态过程，因此有必要为描述结冰现象的更复杂的方法提供一些提示。目前已有多种模型可用于分析与表面结冰过程相关的多相流和热力学问题。本章简要论述近年来文献中出现的两种理论：雨凇结冰过程中的表面微观物理学和回流水动力学。

4.9.1 表面微观物理学

水膜在表面上的形成通常经历复杂的动力相互作用。当固体从流体状态冻结时，邻近固液界面的流体运动可能会对固体产生相关影响。

美国宇航局刘易斯研究中心制作的结冰过程的显微影像表明，表面上凝聚的液滴在初始流动之后不再流动，而是被收集并冻结在各个表面粗糙度之间的凹槽中。该过程需要对结冰表面进行三维分析。先前研究中大多数采用宏观数学模型，因为粗糙度除了对表面传热系数有增强作用外，对冻结过程没有直接的影响。Tsao 等人[32]改进了高雷诺数三层理论，以便通过空气 – 水 – 热动力相互作用考虑水和冰表面的小规模波浪状和不规则形状的粗糙度。反过来，这种相互作用将改变冰形成过程中的局部表面传热系数，进一步增强了局部冰粗糙度的形成。该模型假设，当晶体凝固前沿向过冷液相区域推进时，其形状会受到形态不稳定的影响，从而导致复杂的生长模式。热扩散促进了其中不断增长的固体具有尽可能大的表面积。在这种情况下，潜热耗散得更快。最后，凝固前沿的形态不稳定性受到毛细作用力的限制。观察到形态的多样性就是这两个力相互作用的结果，即过冷度和表面张力。形态不稳定的固液界面上，典型的不规则或波纹状尺度约为 $0.1\mu m \sim 1mm$。在此基础上，用局部相平衡和 Gibbs – Thomson 关系对弯曲固液界面进行建模。

当模拟中考虑雨凇结冰条件时，可得到由小尺度表面冰粗糙度引起膜破裂。因此，在冰表面上容易形成水珠。这种方法就不需要使用基于如图 4.42 所示的表面润湿率参数进行经验评估。

常用的传统斯特凡（Stefan）问题（一维 Stefan 或相变问题）[33]无法描述自然界中这种图案的形成，因为 Stefan 问题缺少设置晶体图案所需的维度信息。当物体的曲率很小时（只有非常大的曲率才有明显的冰点下降），该方法的结果与 Tsao 模型相当。

4.9.2 一般结冰过程中的回流水动力学和扩展的 Messinger 模型

最近，为了更好地模拟斯特凡相变问题，Myers[34]和 Oezgen[35]等人改进了原先的 Messinger 方法。

最初的 Messinger 模型用来描述控制暴露于结冰的绝缘、未加热表面平衡温度的条件[1]。由于该模型基于平衡温度，因此对于瞬态积冰无法建模。这意味着，当发生从雾凇到雨凇的转变时，冻结系数突然从一个值（雾凇状态）变化到另一个较小的定值，并保持这个新值直到下一个时间步长。与之相反，斯特凡问题求解预测冻结系数实际上将从初始雾凇条件的值单调递减到其最终稳定值。这导致对冰厚的预测不足。

假设控制体瞬时温度处处相同，忽略了短时间通过空气、水、冰和体层的热传导过程。在雨凇条件下，由于存在混合过程，等温假设对于空气 – 水层仍然适用，但是对于水冰和冰层则并不适用。根据等温假设，冰 – 水界面无热传导，因此在冰形成过程的能量方程中只保留潜热项。许多研究者已经摒弃这种方法多年[36-38]，而倾向于认为在冰质量增加的过程中，冰的热传导也发挥作用。这里将简要叙述一个综合模型，给出冰层和水层的能量方程。该模型基于 Myers、Oezgen 和 Canibekcan 的成果，提供控制体内部温度分布的更多物理参数，并改进了传热预测。尽管 Myers 模型可以模拟三维域，但在此假设中所考虑的控制体中的热传递为一维传热。雾凇和雨凇的生长都可以模拟。改进 Messinger 方法的物理模型如图 4.59 所示。

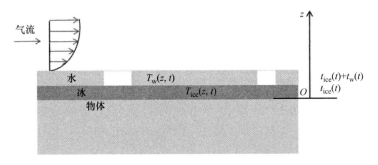

图 4.59   改进 Messinger 方法的物理模型

控制方程分别为水和冰的一维傅里叶方程，质量守恒方程式和斯特凡或相变条件。

$$\frac{\delta T_{\mathrm{w}}}{\delta t} = \frac{k_{\mathrm{w}}}{\rho_{\mathrm{w}} c_{p,\mathrm{w}}} \frac{\delta^2 T_{\mathrm{w}}}{\delta z^2} \tag{4.107}$$

$$\frac{\delta T_{\mathrm{ice}}}{\delta t} = \frac{k_{\mathrm{ice}}}{\rho_{\mathrm{ice}} c_{\mathrm{ice}}} \frac{\delta^2 T_{\mathrm{ice}}}{\delta z^2} \tag{4.108}$$

$$\rho_{\mathrm{ice}} \frac{\delta t_{\mathrm{ice}}}{\delta t} + \rho_{\mathrm{w}} \frac{\delta t_{\mathrm{w}}}{\delta t} = \beta \mathrm{LWC} W_\infty + \dot{m}_{\mathrm{w,in}} - \dot{m}_{\mathrm{ev,subl}} \tag{4.109}$$

$$\rho_{\mathrm{ice}} \Delta h_{\mathrm{f}} \frac{\delta t_{\mathrm{ice}}}{\delta t} = k_{\mathrm{ice}} \frac{\delta T_{\mathrm{ice}}}{\delta z} - k_{\mathrm{w}} \frac{\delta T_{\mathrm{w}}}{\delta z} \tag{4.110}$$

其中坐标 z 垂直于曲面。ρ_{ice} 可以取不同的值，根据当地的结冰过程，雾凇为 $\rho_{\mathrm{ice,r}}$ 雨凇为 $\rho_{\mathrm{ice,g}}$。$\dot{m}_{\mathrm{ev,subl}}$ 表示表面发生了蒸发（雨凇）或升华（雾凇）的量。

为了确定冰和水的厚度以及每一层的温度分布，必须指定适当的边界和初始条件。进行以下假设：

1）冰与物体表面严密接触，并瞬间达到相同温度：

$$T_{\mathrm{ice}}(0,t) = T_{\mathrm{w}}(0,t)$$

2）冰 - 水边界的温度是连续的，等于冰点温度：

$$T_{\mathrm{ice}}(0,t) = T_{\mathrm{s}} = T_{\mathrm{ref}}$$

3）润湿开始时（$t=0$）：

$$t_{\mathrm{ice}} = t_{\mathrm{w}} = 0$$

4）在气 - 水（雨凇）或气 - 冰（雾凇）界面处，能量守恒式（4.92）结果等于冰 - 水层传导交换的热通量。

仍然忽略辐射的贡献，分析两个不同的条件：

对于 $z = t_{\mathrm{ice}}$ 的雾凇：

$$k_{ice} \frac{\delta T_{ice}}{\delta z} = \dot{m}_{w,in} c_w (T_{w,in} - T_{ref}) - \dot{m}_{w,out} c_{w,l} (T_{w,out} - T_{ref}) +$$

$$\beta LWC W_{w,imp} \left[c_w (T_{w,imp} - T_{ref}) + \frac{W_{w,imp}^2}{2} \right] -$$

$$K_A \left[\frac{h_c}{\rho_{air} c_{p,air} L^{\frac{2}{3}}} \frac{mm_w}{R} \left(\frac{e_{v,s}^{sat}}{T_s} - \frac{Rh\, e_{v,\infty}^{sat} P_e}{T_e P_\infty} \right) \right] \Delta h_{ev}^{T=T_{ref}} -$$

$$\dot{m}_{ice} \left[c_{w,ice} (T_{ice} - T_{ref}) + \Delta h_f^{T=T_s} \right] -$$

$$h_c (T_w - T_\infty) - h_c \left(T_e + \frac{rWe^2}{2c_{p,air}} - T_\infty \right) + \sum_i^n \dot{q}_r \qquad (4.111)$$

或者

$$k_{ice} \frac{\delta T_{ice}}{\delta z} = \sum_i^n \dot{q}_r \qquad (4.112)$$

对于 $z = t_{ice} + t_w$ 的雨凇:

$$k_w \frac{\delta T_w}{\delta z} = \dot{m}_{w,in} c_{w,l} (T_{w,in} - T_{ref}) - \dot{m}_{w,out} c_{w,l} (T_{w,out} - T_{ref}) +$$

$$\beta LWC W_{w,imp} \left[c_w (T_{w,imp} - T_{ref}) + \frac{W_{w,imp}^2}{2} \right] -$$

$$K_A \left[\frac{h_c}{\rho_{air} c_{p,air} L^{\frac{2}{3}}} \frac{mm_w}{R} \left(\frac{e_{v,s}^{sat}}{T_s} - \frac{Rh\, e_{v,\infty}^{sat} P_e}{T_e P_\infty} \right) \right] \Delta h_{ev}^{T=T_s} -$$

$$\dot{m}_{ice} \left[c_{ice} (T_{ice} - T_{ref}) \right] -$$

$$h_c (T_w - T_\infty) - h_c \left(T_e + \frac{rWe^2}{2c_{p,air}} - T_\infty \right) + \sum_i^n \dot{q}_g \qquad (4.113)$$

或者

$$k_w \frac{\delta T_w}{\delta z} = \sum_i^m \dot{q}_g \qquad (4.114)$$

1. 雾凇生长

与式 (4.103) 的简单表达式相比,这个模型可以得到一个更特别的方程来计算冰的厚度。雾凇的厚度可以直接由质量守恒式 (4.109) 计算,因为水滴在撞击 ($t_w = 0$) 时立即冻结:

$$t_{ice,r}(t) = \frac{\beta LWC W_{w,imp} + \dot{m}_{w,in} - \dot{m}_{ev,subl}}{\rho_{ice,r}} t \qquad (4.115)$$

可以证明,当冰层厚度 t_{ice} 低于临界值时,温度分布受以下因素控制:

$$\frac{\delta^2 T_{ice}}{\delta z^2} = 0 \qquad (4.116)$$

临界值厚度为

$$t_{ice}^* = \frac{k_{ice}}{\beta LWC W_\infty c_{ice}}$$

该模型表示准稳态解，当冰层较薄时，一种更通用的简化方法也很有效。这种情况下的物理假设是，冰生长的时间尺度小于通过冰的热传导时间尺度，因此在吸积过程中温度可以不变。

例如，表 4.7 给出了 Tjæreborg 风电机组叶尖部分的 t_{ice}^*、t_{ice}^{**} 和 t_w^{**} 的计算数据。

表 4.7 **Tjæreborg 风电机组叶尖部分 t_{ice}^*、t_{ice}^{**} 和 t_w^{**} 的计算数据**

参数	第 10 节	第 13 节
$k_{ice}/[(W/(m \cdot K)]$	2.18	2.18
$c_{ice}/[J/(kg \cdot K)]$	2050	2050
$c_w/[J/(kg \cdot K)]$	4218	4218
β_0	0.351	0.528
$LWC/(kg/m^3)$	0.002	0.002
ϕ	0.001	0.001
$W_\infty/(m/s)$	58.25	70.45
c/mm	1500	960
t_{ice}^*/mm	26.1	14.29
k_s/c	0.0173	0.0148
t_{ice}^{**}/mm	25.980	14.28
t_w^{**}/mm	0.0068	0.0036

对上述方程式进行两次积分，可以得出雾凇层中的温度分布：

$$T_{ice}(z) = T_s + \frac{\sum_i^n \dot{q}_r}{k_{ice}} \cdot z \tag{4.117}$$

2. 雨凇生长

基于类似的考虑，如果冰层厚度小于 t_{ice}^{**}：

$$t_{ice}^{**} = \frac{k_{ice}}{(1-\phi)\beta LWC W_\infty c_{ice}}$$

并且

$$t_w^{**} = \frac{k_w}{\phi \beta LWC W_\infty c_w}$$

如表 4.7 所示。ϕ 是液态水的比例。与其他层（冰和表面）相比，水层必须保持足够薄（表 4.7 模拟的尖端部分约为 3mm），以保证其温度随时调整。

傅里叶方程可以简化如下：

$$\frac{\delta^2 T_{ice}}{\delta z^2} = 0$$

$$\frac{\delta^2 T_w}{\delta z^2} = 0$$

将方程式的两次积分，得出冰层的温度分布：

$$T_{ice}(z) = \frac{T_{ref} - T_s}{t_{ice}}z + T_s$$

和水温层分布：

$$T_w(z) = T_{ref} + \frac{\sum_i^m \dot{q}_g}{k_w}z - T_{ice}$$

整理质量守恒方程得到了水的高度：

$$t_w = \frac{\beta LWCW_{w,imp} + \dot{m}_{w,in} - \dot{m}_{ev}}{\rho_w}(t - t_{onset}) - \frac{\rho_{onset}}{\rho_w}(t_{ice} - t_{onset}) \tag{4.118}$$

雨凇起点定义了雨凇开始的条件。

将式（4.118）代入式（4.110），得到一阶微分方程：

$$\rho_{ice,g}\delta h_f \frac{\delta t_{ice}}{\delta t} = \frac{k_{ice}(T_{ref} - T_s)}{t_{ice}} - z\sum_i^m \dot{q}_g \tag{4.119}$$

雨凇到雾凇的连续性方程：

$$\frac{\delta t_{ice,r}}{\delta t} = \frac{\delta t_{ice,g}}{\delta t}$$

其中 $t_{ice} = t_{onset}$。

借助于式（4.119）和式（4.115），最终得到雨凇出现时的厚度：

$$t_{ice,g} = \frac{k_{ice}(T_{ref} - T_s)}{(\beta LWCW_\infty + \dot{m}_{w,in} - \dot{m}_{ev,subl})\Delta h_f + \sum_i^m \dot{q}_g} \tag{4.120}$$

3. 修正冻结系数

Messinger 原始的冻结系数定义为凝固的水量与撞击在控制体上的水量之比，与之相比，修正的冻结系数定义为回水（或分别表示为雨凇和雾凇）与进入控制体的水之比：

$$f_r = \frac{\rho_{ice,r}t_{ice,r}}{(\beta LWCW_\infty + \dot{m}_{w,in})t} \tag{4.121}$$

$$f_g = \frac{\rho_{ice,g}t_{ice,g} + \rho_{ice,g}(t_{ice} - t_{ice,onset})}{(\beta LWCW_\infty + \dot{m}_{w,in})t} \tag{4.122}$$

因此，流出控制体的回流水质量流率为：

$$\dot{m}_{w,out} = (1 - f)(\beta LWCW_\infty + \dot{m}_{w,in}) - \dot{m}_{ev} \tag{4.123}$$

对于压力表面和吸力表面，未冻结的水都会进入后续控制面：

$$\dot{m}_{w,in} = \dot{m}_{w,out}$$

参 考 文 献

1. Messinger BL (1953) Equilibrium temperature of an unheated icing surface as a function of air speed. J Aeronaut Sci 20(1):29–42
2. MacArthur CD (1983) Numerical simulation of airfoils ice accretion. AIAA paper 83:0112
3. Wright WB (2002) User manual for the NASA green ice accretion code LEWICE-version 2.2.2. NASA Langley Research Center, NASA/CR-2002-211793
4. Wright WB (1995) Users manual for the improved NASA Lewis ice accretion code LEWICE 1.6. NASA Langley Research Center, NASA CR198355
5. Hedde T, Guffond D (1995) ONERA Three-dimensional icing model. AIAA J 33(6):1038–1045
6. Tran P, Brahimi MT, Paraschivoiu I, Pueyo A, Tezok F (1995) Ice accretion on aircraft wings with thermodynamic effects. AIAA J 32(2):444–446
7. Baruzzi GS, Habashi WG, Guvremont G, Hafez MM (1995) A second order finite element method for the solution of the transonic Euler and Navier-Stokes equations. Int J Numer Methods Fluids 20:671–693
8. Bourgault Y, Habashi WG, Dompierre J, Baruzzi GS (1999) A finite element method study of Eulerian droplets impingement models. Int J Numer Methods Fluids 29:429–449
9. Beaugendre H, Morency F, Habashi WG (2003) FENSAP-ICEs three-dimensional in-flight ice accretion module. J Aircr 40(2):239–247
10. Croce G, Beaugendre H, Habashi WG (2002) CHT3D: FENSAP-ICE conjugate heat transfer computations with droplet impingement and runback effects. AIAA paper 2002-0386
11. Lozowski EP, Stallabrass JR, Hearty PF (1983) The icing of an unheated, nonrotating cylinder. Part I: a simulation model. J Clim Appl Meteorol 22:2053–2074
12. Finstad KJ, Lozowski EP, Makkonen L (1988) On the median volume diameter approximation for droplet collision efficiency. J Atmos Sci 45(24):4008–4012
13. Langmuir I, Blodgett KB (1945) A mathematical investigation of water droplet trajectories. General Electric, RL 225 Ad 64354
14. Dorsch RG, Brun RJ, Gregg JL (1954) Impingement of water droplets on an ellipsoid with fineness ratio 5 in axisymmetric flow. National Advisory Committee for Aeronautics, Technical note NACA-TN-3099
15. Hacker PT, Brun RJ, Boyd B (1953) Impingement of droplets in 90° elbows with potential flow. National Advisory Committee for Aeronautics, Technical note 2999
16. Langmuir I (1946) Collected works of Irving Langmuir. Pergamon Press 10:348–393
17. Beard KV, Pruppacher HR (1969) A determination of the terminal velocity and drag of small water droplets by means of a wind tunnel. J Atmos Sci 26:1066–1072
18. Wang PK, Pruppacher HR (1977) An experimental determination of the efficiency with which aerosol particles are collected by water drops in subsaturated air. J Atmos Sci 34:1664–1669
19. Anderson DN (2004) Manual of scaling methods. Ohio Aerospace Institute, Brook Park, Ohio, Technical report, NASA/CR-2004-212875
20. Finstad KJ, Lozowski EP, Gates E (1988) A computational investigation on water particle droplet trajectories. J Atmos Ocean Technol 5:160–170
21. Wright WB, Potapczuk M (1996) Computational simulation of large droplet icing. FAA International conference on inflight icing, DOT/FAA/AR96/81
22. Wright WB (1995), Capabilities of LEWICE 1.6 and comparison with experimental data. AHS international icing symposium, Montreal, Canada
23. Hamed A (1981) Particle dynamics of inlet flow fields with swirling vanes. AIAA paper 81-0001, 19th AIAA aerospace sciences meeting. St. Louis (January 1981)
24. Farag KA, Bragg MB (1997) Three dimensional droplet trajectory code for propellers of arbitrary geometry. In: Proceeding of 36th AIAA Aerospace Sciences Meeting and Exhibit
25. Gelder FT, Lewis JP (1951) Comparison of heat transfer from airfoil in natural and icing conditions. NASA Langley Research Center, NACA TN 2480

26. Al-Khalil KM, Keith TG, De Witt KJ (1993) New concept in Runback water modeling for anti-iced aircraft surfaces. J Aircr 30(1):41–49
27. Bourgault Y, Beaugendre H, Habashi WG (2000) Development of a shallow-water icing model in FENSAP-ICE. J Aircr 37(4):640–646
28. Schmidt E, Wenner K (1943) Heat transfer over the circumference of a heated cylinder in transverse flow. NASA Langley Research Center, NACA TM 1050
29. Martinelli RC, Guibert AG, Morin EH, Boelter LMK (1943) An investigation of aircraft heaters, VIII—a simplified method for the calculation of the unit thermal conductance over wing. NASA Langley Research Center, NACA ARR (WR W-14)
30. Smith AG, Spalding DB (1958) Heat transfer in a laminar boundary layer with constant fluid proprieties and constant wall temperature. J R Aeronaut Soc 62:60–64
31. Incropera F, DeWitt D (1996) Fundamentals of heat and mass transfer, 5th ed. Wiley, New York
32. Tsao JC, Rothmayer AP (2002) Application of triple-deck theory to the prediction of glaze ice roughness formation on an airfoil leading edge. Comput Fluids 31(8):977–1014
33. Myers TG, Hammond DW (1999) Ice and water film growth from incoming supercooled droplets. Int J Heat Mass Transfer 31(42):2233–2242
34. Myers TG (2001) Extension to the Messinger model for aircraft icing. AIAA J 39(2):211–218
35. Oezgen S, Canibek M (2008) Ice accretion simulation on multi-element airfoils using extended Messinger model. J Heat Mass Transfer. doi:10.1007/s00231-008-0430-4
36. Huang JR, Keith TG Jr, De Witt KJ (1993) Efficient finite element method for aircraft de-icing problems. J Aircr 30(5):695–704
37. Bourgault Y, Beaugendre H, Habashi WG (2000) Development of a shallow-water icing model in FENSAP-ICE. J Aircr 37(4):640–646
38. De Witt KJ, Baliga G (1982) Numerical simulation of one-dimensional heat transfer in composite bodies with phase change, NASA CR-165607

第 5 章
防 冰 系 统

摘要：

本章提出了防冰系统评估程序，对不同防冰系统进行了系统的评估和比较，讨论了现有风电机组防冰系统的优缺点，对气囊式除冰（已应用于航空领域）、微波、低附着力涂层材料、间歇式（循环）热空气加热、废热回收加热式防冰等新兴技术进行了综述。为了对这些系统的性能进行比较，做了一些简单的计算。在此基础上，提出了计算 IPS 能量效率和评估防冰系统功率、能量需求的综合模型，并以实例对该理论进行说明。本章在前几章知识的基础上，对热空气加热防冰系统的设计进行了详细计算，包括叶片几何离散化、热空气动力模型和共轭传热模型，给出了计算结果并对简化方法进行了讨论。

5.1 引言

对覆冰期间叶片与环境热交换的热流量和结冰持续时间进行可靠评估是选择和设计风电机组防冰系统的基础。由于结冰是航空和海事中的常见现象，因此风电机组防冰系统的设计方法可以借鉴这些经验。基本工况的差异决定了不能简单迁移和套用这些方案，但针对其特殊需求仍可以采取一些解决措施。

目前只有少数专用程序用于风电机组防冰系统的设计，包括适用于预测防冰系统功率需求的 LEWICE ANTICE（2.0 版）[1] 以及由芬兰技术研究中心开发的模拟风电机组叶片结冰的 TURBICE[2]，和近期刚推出的 FENSAP ICE[3] 等。由特伦托大学以研究为目的开发的 TREWICE 程序[4] 可用于分析热力防冰或除冰系统，还可以模拟连续或间歇加热模式下的热空气防冰系统。

风电机组热防冰系统的选型、分析和设计采用迭代方法。IPS 设计评估基本流程如图 5.1 所示。

第一个阶段是评估防冰系统的需求。此阶段需要项目地点的结冰严重程度以及覆冰对风电机组发电量和载荷影响的可靠信息，采用相应的程序对防冰系统的必要性和经济可行性进行评估。场地特点和系统类型会影响初始投资和运营成本。

通常，防冰系统须结合先进理念进行设计，而不仅局限于传统机组的技术改造。现

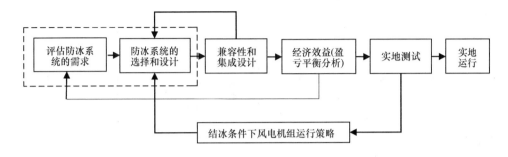

图 5.1 IPS 设计评估基本流程

场试验应完成相应的设计验证,并确定风电机组及防冰系统的运行规则。

基于以下原因,防冰系统的设计仍面临着许多困难:

1)缺乏气象和场址参数。

2)缺少叶片材料在极低温（−20~0℃）和极高温（70~110℃）条件下的持续运行数据（包括热性能和力学性能）。

3)缺少防冰系统的设计工具。因为气候条件（LWC、MVD 等）、数据可用性、结冰检测系统、运动部件的相对速度、电源供应、特定工况下的最大需求、材料、性能、旋转部件、典型结冰时间、认证规则等因素的差异,那些为航空领域开发的分析工具并不适用于风电机组。结构化和繁重的计算任务需求使得建立和验证可靠的数值分析工具变得十分困难,目前还不适用于部分私营企业或研究中心。

4)防冰系统与风电机组的系统集成还需要在设计和认证方面多加努力。

防冰系统的设计应能使叶片不受覆冰的影响,以便其在结冰条件下能持续、安全、经济地运行。航空领域中的防冰系统通常按最恶劣工况进行设计,即在持续结冰等恶劣条件下仍能使碰撞的水滴完全或部分蒸发。而风电机组对覆冰的容忍度则相对较高,在某些条件下,允许有一定程度的覆冰。按此基础设计的加热叶片能应对大多数的寒冷工况。

单独的标准结冰程序尚不能满足热力防冰系统的设计需求。通常,采用结冰程序的目的是预测冰在表面的积聚和生长,而防冰程序还需要确定使外表面保持特定温度所需的热量。在热平衡分析中可以对结冰程序进行修改,增加外部热源以使叶片外表面温度保持在冰点以上。增加外部热源意味着引入一个共轭传热模型。通常,共轭传热分析包括外部流场分析、叶片壁面热传导分析和内部流场分析（采用叶片内空气加热时）。

与非定常结冰过程相比,稳态条件简化了防冰系统分析方法。图 5.1 所示设计流程的虚线部分简化的设计流程示意图如图 5.2 所示。

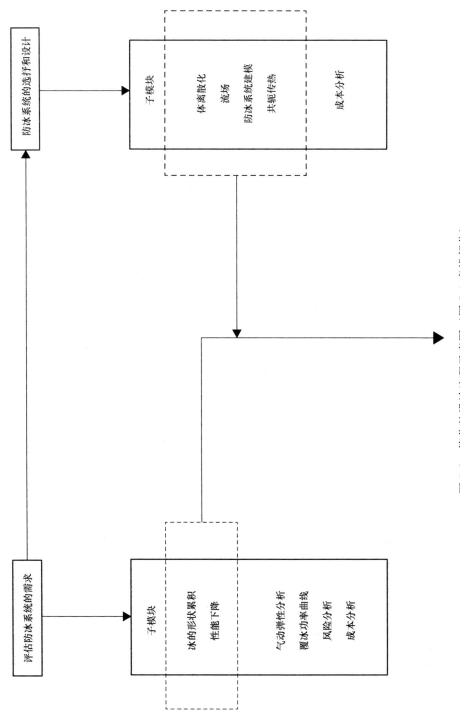

图 5.2 简化的设计流程示意图（图 5.1 虚线部分）

5.2 防冰系统评估流程

前已述及，防冰系统（IPS）应能在覆冰条件下持续、安全和经济地运行。

持续运行意味着没有或减少由于以下原因导致的失效：

1）叶片上覆冰。

2）覆冰检测失效。

3）防冰系统失效。

安全运行意味着没有或降低以下风险：

1）结冰对人或财产的潜在伤害。

2）对维修人员的潜在风险。

经济运行意味着将以下损失降低至最低限度：

1）结冰造成的能量损失。

2）结冰导致的设备可用率降低。

3）防冰系统的额外投资成本。

4）防冰系统的运行成本（功率级别、能量需求和维护成本）。

5）保险成本。

由于风电机组的防冰系统会带来额外的投资和运营成本，因此需要一定的判断标准来评估其收益。图 5.3 给出了风电机组防冰系统总体设计流程。该流程首先根据环境数据和技术导则、制造商的设计要求和目的为数值模拟和试验指定相应的边界条件。覆冰分析是确定受冰污染的翼型轮廓形状、性能损失和载荷修正的前提条件。该步骤中，采用空气动力学程序模拟叶片上的结冰情况以及由此产生的表面/质量载荷。性能衰减分析能够评估能量输出（参见第 2 章的 DLM 矩阵）。甩冰轨迹和结构损伤容限分析也是该流程的输出结果之一。由此从技术层面对防冰系统的必要性进行了论证。对于轻度结冰，当结构和性能损失可以忽略不计，对人和财物的风险可接受时，不需要防冰系统，只需对其在结冰期间的运行做出规定即可。如果确需使用防冰系统，则根据工程经验初步选择其技术方案。

图 5.3 显示了五种类型的防冰系统：热力防冰系统、机械防冰系统、液体防冰系统防冰涂层和混合型防冰系统。该阶段，可采用简化方法来评估防冰系统的功率和能耗，并用盈亏平衡分析来评估其经济可行性。当在结冰条件下运行有限制，经济评估不可行时，该流程结束。当防冰技术初步可行时，如图 5.4 所示为防冰系统的设计、验证和认证流程。为评估防冰系统的技术可行性和可靠性，需对模型进行数值模拟和现场试验。如需对部件进行重新设计，则该流程结束。如重新设计，则还需进行新的盈亏平衡分析；否则，设计仅遵循技术适用原则。

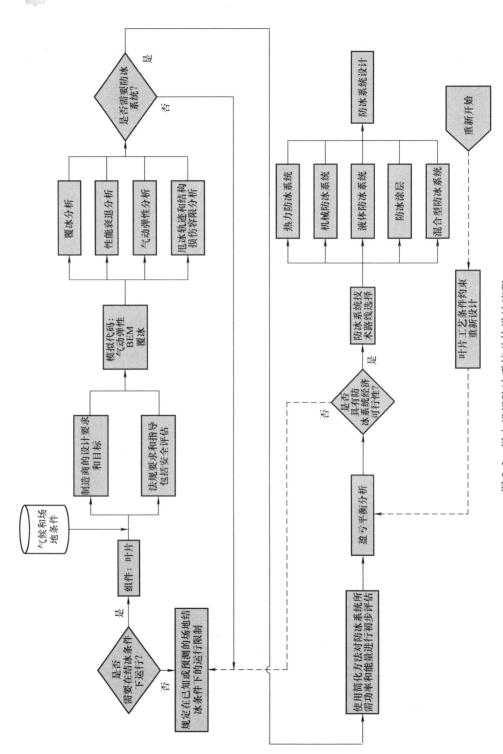

图 5.3 风电机组防冰系统总体设计流程

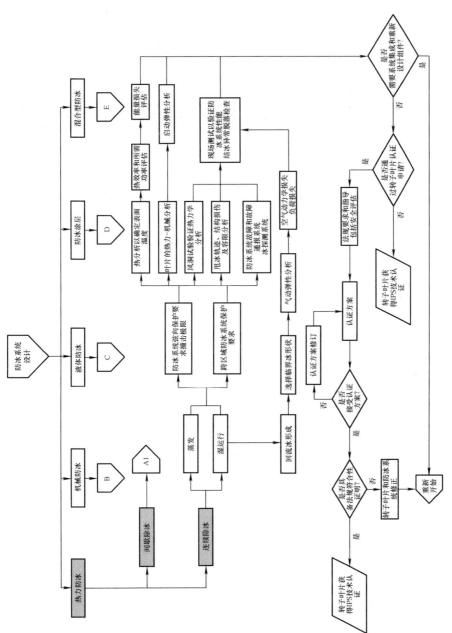

图 5.4 防冰系统的设计、验证和认证流程

5.3　防冰系统概述与讨论

在公开文献和各种数据库中检索有关防冰和除冰的相关应用,可检索到航空、海事、铁路、电网、电信等不同领域中不同发展阶段的 40 多种技术。可以根据一定的标准对这些防冰系统进行分类。

5.4　防冰系统分类

防冰系统的分类标准有以下三类:

1)第一种基于机械、热力或其他运行原理。

2)第二种基于防冰系统运行的持续时间,并通过交替系数进行分析(后文讨论)。

3)第三种基于能量需求(将防冰系统分为主动系统和被动系统)。

下文将使用第一种分类方法对现有防冰技术进行讨论。能量需求与运行原则有关,后文将与能量效率一起进行专门讨论。最后简述间歇性的概念。

5.4.1　基于运行原理的防冰系统分类

防冰系统可以根据运行原理不同分为机械防冰、热力防冰和其他防冰系统,后者将所有不包括在前两类中的系统划分为一类。

5.4.2　机械防冰系统和热力防冰系统

1. 机械防冰系统

机械防冰系统采用机械冲击来实现除冰。根据其原理,也可将其称为除冰系统。主要方法有强制振动法、电磁脉冲法、超声波法、表面变形法(包括电磁应变轨迹法、记忆合金相变法和气囊法等)。风电行业也采用手工打磨叶片表面的方法。叶片的柔韧性也是促使覆冰破裂的因素之一,可将其归为此类。

航空领域中广泛应用机械防冰系统,特别是小型飞机上。采用机电装置使前缘蒙皮移动,并且前缘刮冰器同时工作。当冰形成后,前缘蒙皮会被拉伸,使冰裂开并脱落。前缘蒙皮的材料可以是乳胶基弹性材料或硅胶基弹性材料。后者在风电机组中有不同的实现方式。

2. 热力防冰系统

热力防冰系统使用合适的热源来提高水滴撞击物体前的温度,或者加热撞击区域周围外表面(额外的安全区域)。前者将在新兴技术部分进行讨论。后者使用两种加热策略来提供防冰所需热量,即采用分布式热源(电热盘)或集中式热源(热空气)来加热。前者在预期位置通过电能耗散来实现加热(焦耳效应),而后者的热源固定在一个位置,然后通过合适的热媒(一般为空气,也可以使用其他传热介质)进行热传递。

微波防冰系统可归为此类。

热量将撞击的水滴蒸发或保持液态以防止其冻结。这也是防冰系统的工作原理。蒸发工况需要提供足够的热量来蒸发所有撞击表面的水滴，而"湿运行"工况只需提供防止加热表面结冰的最低热量。超出加热表面之外的区域水依然会冻结成冰。因此，使用"湿运行"系统时必须小心谨慎，以免在关键位置出现覆冰。

除冰系统则是采用加热方法来使表面升温或融化已经形成的覆冰。

在热力防冰系统中，热源可由风电场自身电气系统供电，也可以是独立的加热装置。回收利用风电机组电气设备或换热设备释放的热量也是一种有趣的技术方案。热源分类如图5.5 所示。

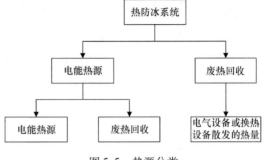

图 5.5　热源分类

5.4.3　其他防冰系统

该类系统包括所有非纯机械或热力方法的防冰系统，如：

1）太阳热辐射涂层。

2）疏水和防冰涂层、黏性产品和润滑脂。

涂层技术具有被动式的优点，无须额外供能即可运行。

疏水和防冰材料的特殊涂层可以降低冰和叶片表面之间的黏接力。叶片表面涂层的优点是成本低廉，没有机械运动部件，也不需特殊的防雷保护。

然而该方法不能完全防止冰的形成或实现除冰，只是延缓其影响，现场维护也比较复杂。潜在的气动性能问题和磨损风险也应引起关注。此外，有些涂层可能有毒或有腐蚀性。

如图 5.6 所示，将叶片前缘涂成黑色，白天叶片会升温，冰的融化时间会比白色叶片更短。黑色表面能促进入射辐射的吸收，然而这也将导致叶片在晴天被加热，增加其夜晚的对外辐射，而被冷却的副作用。

玻璃钢（GRP）对高温敏感，叶片在夏季的表面高温可能会影响玻璃钢材料的性能，但这一结论仍存在较大争议。

无论是夏季还是冬季，在有风的地区，黑色叶片的太阳能增益相对较低。而且其在夜晚无效，在多云天气下效率也较低。由于冬季山区和亚北极地区日照稀少，结冰严重，这种方法效果不佳。在瑞典 Appelbo 附近，对一台 NEG – micron 公司的 900kW 风电机组进行的测试以叶片覆冰而导致长时间停机而告终[5]。

这两种系统的共同缺点是不对称覆冰会导致不平衡，运行期的甩冰也是需要特别注意的问题。

图 5.6　涂有黑色氟乙烷（Sta – Clean）涂层的 Vestas V47 – 660（左）和 Bonus 150kW（中）
涂覆黑色油漆的 Searsburg 风电机组叶片（右）
注：注意叶片前缘的冰层。

5.5　基于持续时间的防冰系统分类

为进行能量分析，防冰系统可根据应用机械或热力方法除冰的持续时间来进行分类。交替系数 τ 为防冰系统运行的持续时间和总结冰时间的比值，总结冰时间是有热量供应和无热量供应的时间之和。如式（5.1）：

$$\tau = \frac{T_{\text{heat–on}}}{T_{\text{heat–on}} + T_{\text{heat–off}}} = \frac{T_{\text{heat–on}}}{T} \tag{5.1}$$

交替系数小于1，表示循环运行；交替系数等于1，表示连续运行。在防冰应用中（广泛应用于航空领域），快速而充分的热量可迅速融化冰层；利用空气动力或离心力去除大部分的覆冰。这两种操作方式决定了不同的功率和能量需求，以及叶片上不同的载荷，从而对整个系统的成本产生不同的影响。

5.6　基于能量需求的防冰系统分类

这类系统中，除涂层外，其他系统在运行时都会根据系统效率不同而产生不同的能耗需求，这些将在后面讨论。

5.7　防冰系统在风电机组中的应用

在主动防冰系统中，一些公司开发了商用产品，如 Kelly Aerospace、VTT（KAT）、Enercon、EcoTEMP、Ice CODE/Goodrich、Vests、Siemens、LM Glasfiber 等。实际上，其

中大部分产品仍在研发和改进中。然而，现在很难获取相关资料，无论是研发阶段还是实际应用的。因此，下文由相关会议上收集的资料以及展会上与部分运营商的个人讨论编写而成。

5.7.1　电加热防冰系统

电加热防冰系统使用嵌入叶片外壁或粘在叶片外表面的电热箔来加热。该系统为叶片外表面提供所需热量，使其保持相应的温度。理想情况下，如果叶片整个表面能被完全加热，就能得到等温表面，从而实现最小的耗热量。然而，实际情况必须考虑不可避免的背面损失。

前缘（电热丝或碳纤维）电热箔最初于 1992 年由芬兰技术研究中心（VTT）研制。1993 年，Pyhatunturi 瀑布顶部的一台 220kW 风电机组成为第一台安装叶片电加热防冰系统的风机。其目前已作为叶片电加热防冰系统研发的试验平台，开展了许多的测试工作。

叶片电加热防冰系统是利用叶片表面的电热箔来实现的。第一个商用的叶片电加热防冰系统 1996 年由 Kemijoki Arctic Technology Oy[6] 公司交付。图 5.7 为由 Kemijoki Arctic Technology Oy 交付的叶片加热系统细节[7]，其显示了加热（无冰）部分一直延伸至叶片根部。

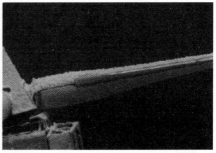

图 5.7　由 Kemijoki Arctic Technology Oy 交付的叶片加热系统细节[7]

电热箔通过表面加工工艺安装和层压在叶片表面上。额定功率 600kW 的风电机组每支叶片的典型热功率约为 15kW。供电和控制系统包括供电变压器、电缆、安全开关、防雷保护、控制单元、冰探测器、控制单元和机组控制系统的接口等。

现场试验结果表明，该系统的能耗为年发电量的 1%～4%。该系统在恶劣条件下非常有效，也可以作为除冰系统使用。对系统进行改进后，可对叶片不同区域分别加热，以获得最高的系统效率，但分区供电和对不同加热表面的温度进行监测都比较困难。目前该系统仍有三个问题尚未解决：第一是加热元件的材料为金属或碳纤维，易吸引雷击。第二是前缘加热元件安装位置的结构问题。如图 5.8 所示，叶片转动时，重力对叶片结构产生较大载荷。GRP 承载梁和加热元件的纤维都将产生较高的应变。碳纤维加热元件的杨氏模量比玻璃纤维要高得多，加热纤维将会承受更多载荷。第三是回流水会冻结前缘区域的尾部。如第3章所述，尽管该系统保持叶片前缘洁净很容易，但水仍会使尾部结冰形成"脊"，对空气动力产生较大影响。

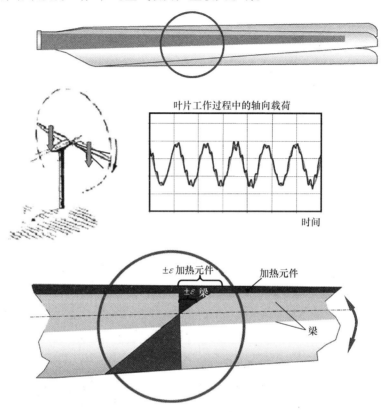

图 5.8 Kemijoki Arctic Technology Oy[6]公司叶片电加热防冰系统结构分析

LM 玻璃纤维公司对 LM35 0P 叶片的电热箔进行了多项试验。为降低雷击的敏感性，电热箔占据了叶片的外半部，每支叶片的加热功率约 17kW[8]。

如图 5.9 所示为凯利航空公司电加热除冰示意图[9]。凯利航空公司提出一种名为 Tedlar 的连续导热层，该外层内嵌有黏合剂和防护层。叶片分区加热系统根据不同部位的长度、宽度和厚度等匹配不同的功率。在撞击区域或叶片前缘，为融冰而持续保持一定温度。在一个除冰周期中，电压升高，加热区的温度升高，改变了覆冰的粘接强度并使其在空气动力作用下实现脱离。一旦电源断开，加热区立即冷却并继续产生覆冰，直至下一个除冰周期。根据供电能

图 5.9 凯利航空公司电加热除冰示意图[9]

力不同，该系统有 1 ~ 10℃/s 的升温速率。加热系统在不同区域循环往复，以保持对称、平衡的除冰性能。根据叶片温度，每个区域的除冰时间为 20 ~ 40s 不等，总除冰时间为 714min。

因为风机叶片是转动的，电加热防冰系统不能简单地通过电缆与电网相连来实现供电。LM 风能公司（原 LM 玻璃纤维公司）可为叶片加热器提供功率达 60 ~ 80kW 的能量转换装置。

5.7.2　管道内热空气循环加热系统

最初于 20 世纪 50 年代开发用于飞机部件（尤其是机翼）防冰和除冰的空气管道循环系统现在仍是飞机机翼的常用技术方案。它也可用于风电机组，其最早应用可追溯到 1949 年的一项德国专利[10]（见图 5.10）。

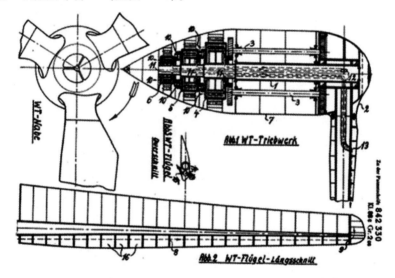

图 5.10　1949 年风电机组叶片热空气防冰系统专利[10]

该叶片内热空气循环加热系统利用发电机的余热对叶片内空气进行加热。该系统直到 20 世纪 80 年代才投入商业使用，不过那时已经开发了更合理的除冰和防冰系统[11]。

热空气加热系统简单可靠的特点使其在风电机组中更易使用。

热空气加热防冰系统主要有两种类型，即开式系统和闭式系统，二者均在叶片壳内设置一定的隔板（见图 5.11 和图 5.12）。开式系统的热空气从叶片根部进入，通过前缘区域（耗热量最大的区域）的通道向叶尖流动，最后从叶尖排出。隔板可能与翼梁重合。

空气静压沿通道的变化取决于离心力、压力损失和叶片壁面的热损失之间的局部平衡。对于小型快速旋转的叶轮，可以在通道中使用自然吸气，这取决于入口空气压力和温度、转子转速和回路的形状（通道截面、长宽比和叶片长度）。在给定的环境和运行条件下，系统的热性能取决于空气质量流量、入口空气压力和温度[13]。

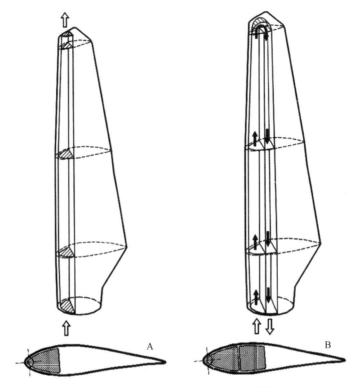

图 5.11　开式和闭式系统原理图[12]

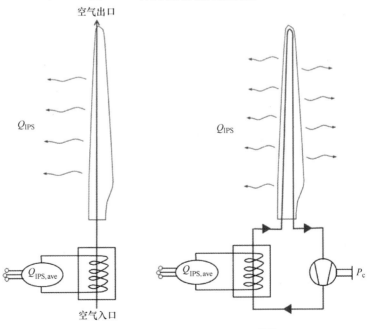

图 5.12　开式、闭式系统布置图[12]

　　闭式系统中，在叶片壳内设置两条（或多条）通道，使空气从叶尖通过回流通道回流至法兰处。空气从叶尖返回，然后重新加热，再次进入叶片。这种方案需要风机实现通道内空气的强制流动，但能够为叶片尾部区域[13,14]提供结冰防护。尽管该系统较复杂，需要更高的功率来维持空气循环，但其热性能远优于开式系统。采用本章末尾提供的模型对两种系统进行模拟，开式和闭式系统性能曲线如图5.13和图5.14所示。图中显示了两种系统在环境温度和风速变化时的运行性能，其性能表现取决于由叶片根部进入的空气温度。结果表明，即使在中等结冰条件下，开式系统也需要很高的热风温度才能运行。当叶片采用耐温材料时，理论上闭式系统可以将风电机组的工作温度范围扩大到 -4℃。

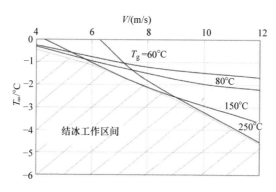

图5.13　开式系统性能曲线

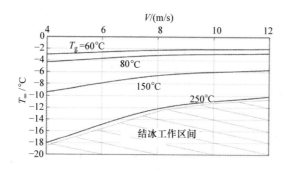

图5.14　闭式系统性能曲线

　　除冰系统相关的文献很少，几乎均运用于航空领域[15]，但航空领域由于材料和翼型制造技术的不同，与风电机组有很大的差异。关于试验研究的论文更是少之又少，只提到使用电热箔来防冰，没有涉及内部空气循环系统[1]。叶片壳内空气的分布使叶片表面温度的控制颇具挑战性。图5.15为叶尖区域外表面温度，其显示了0°攻角通用叶尖截面壁外温度分布的计算结果。试验1为电热箔加热，试验2、3、4为热空气加热叶根部位。

　　保持叶片壁面前缘的最小温度会使叶片尾部出现较大的温度梯度，无法达到等温壁

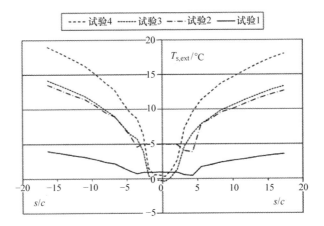

图 5.15　叶尖区域外表面温度

面的要求，与电热箔相比，需要更高的热流密度。热空气加热系统的优点是：碳纤维区域和叶片的气动性能一般不受防冰系统的影响，对防雷保护系统也没有负面影响。缺点是由于 GRP 材料是良好的隔热体，因此在高风速或低温中旋转时，强对流造成的热损失会增加耗热量。

尽管大多数航空防冰系统的设计目的是蒸发掉机翼上捕获的大部分水分，但由于所需热量太高（超过 $20kW/m^2$），这种方式并不适用于风电机组。

Enercon 管道内热空气循环方案如图 5.16 所示，该方案目前被 Enercon Gmbh 采用。Enercon 为叶片防冰系统提供了两种不同的工作模式，一种用于运行中的风机（防冰），另一种用于静止的风机（防冰）。每个叶片都设置一套单独的除冰系统。在叶片根部安装一台风机和加热器，最高可将空气加热到 72℃。叶片内部为闭环通道，叶尖乏气循环至叶根进行再次加热，能有效提高系统热效率。

每个叶片的功耗范围从 E44 型 900kW 风电机组 20m 长叶片的 12.2kW 到 E82 型 2000 ~ 3000kW 风电机组 40m 长叶片的 23.8kW。

叶片除冰系统可以自动操作，也可以手动操作。自动模式下，当检测到覆冰时，风电机组关闭，除冰系统激活。风电机组在规定的加热时间后自动重新启动。在发电机处于静止状态时进行除冰操作，可以降低甩冰的风险。在风电机组运行过程中使用除冰系统时，系统可以检测覆冰并在早期发展阶段将其融化。如果探测到非常恶劣的条件，尽管除冰系统被激活了，但冰仍然在增长，那么风电机组将会停止运行，风机静止除冰程序将会启动。基于近年来的模拟和测试，可根据经验确定适用于特定风机的冰耐受范围。据报道[17]，该系统只有在风机处于静止状态时才会被激活。叶片加热系统并不能阻止冰的形成，但减少了冰融化所需的时间。装有叶片除冰系统的风机在加热一段时间后重新启动，通常需要几个小时。如果一检测到结冰就需要关闭风电机组，则可以通过设置控制系统参数来实现。这种情况下风机只能手动重启。

图 5.17 为 Enercon E82 型叶片除冰系统启动和关闭。

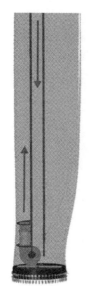
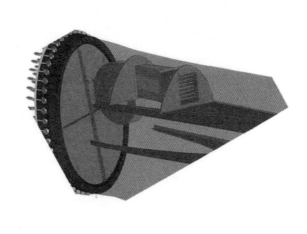

图 5.16　Enercon[16] 管道内热空气循环方案

a) 除冰系统启动　　　　　　　　　　　b) 除冰系统关闭

图 5.17　Enercon E82 型叶片除冰系统启动和关闭

当环境温度小于或等于 +2℃时，叶片加热系统被激活，控制系统接收冰已经在叶片上形成的信息，根据实际情况测量风机的功率曲线。

图 5.18 所示为奥地利阿尔卑斯山海拔 1600m 的 moschkogela 风电场中 E70 风机叶片表面温度的红外探测结果，其叶片内沿前缘内侧安装有加热管，为叶片提供热空气加热[18]。

该系统于 2008 年夏天被一套改进的叶片内部热空气循环加热系统所取代。新系统的总加热功率为每台风机约 70kW。由于对覆冰引起叶片变形较敏感，采用功率曲线法进行覆冰监测。

风电机组工作性能的下降可用来检测覆冰的产生（通过风、转速、功率、桨距的

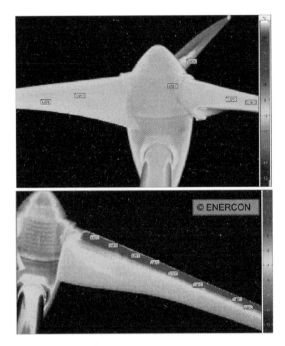

图 5.18　奥地利阿尔卑斯山海拔 1600m 的 moschkogela 风电场中 E70 风机
叶片表面温度的红外探测结果[18]（附彩插）

相关性获得）。功率曲线法的一个缺点是不能检测风机静止时的覆冰。由结冰（或其他原因）引起的发电量损失是通过实测 10min 发电量与根据功率曲线和风速计[18]测量数据计算的理论发电量进行比较来计算的。

虽然原理简单，但热空气加热除冰系统仍存在以下缺点：

1）由于风机叶片壁面的导热性能较差，需要很高的热流密度。

2）需要空气循环动力系统。

由于风机叶片壁面的低导热性 $[\lambda_m < 1W/(m \cdot K)]$ 和叶片壁厚（叶尖约 10mm，叶根约 70mm），传热问题主要来自于叶片壁面的热阻。即使加强内部空气循环（如用于飞机机翼或螺旋桨叶片）也只能获得很小的效益（在叶片尖端区域的一部分）。因此，叶片内壁需要非常高的温度，普通 GRP 材料无法在这样的条件下工作，导致系统无法在较低的环境温度下高效使用（见图 5.13 和图 5.14）。使用导热性更好的叶片可以改善这个问题。通过下列措施也可改善此问题：

1）大幅减少叶片厚度。

2）利用聚合物基体电荷变化。

3）使用热桥。

4）优化加热功率的分配。

图 5.19 所示为 Enercon 叶片[19]对加热功率分配进行优化的技术细节显示了一种用

热空气管道引导热流流向叶尖的方式。

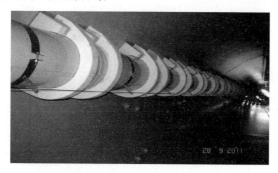

图 5.19　Enercon 叶片内热空气管道将热流引导至叶尖[19]

综上所述，热空气加热防冰系统具有以下特点：

1）非常高的防冰功率密度（1～10kW/m²）。

2）只对中等结冰条件有效。环境温度低于 –3℃时，系统将会失效。

3）由于功耗过大，仅适用于叶片表面的一小部分。

4）当覆冰检测系统故障或检测延迟时，除冰功率不足以彻底去除已经形成的覆冰。

5.8　管道内热空气防冰系统的设计

如图 5.11 和图 5.12 所示的简单管道热空气防冰系统中，热量由叶片壳内的热气流提供，并在叶尖处排出。空气由专用的电加热器或发电机释放的热量进行加热。热空气进入叶根后，被传送到叶片外壳内，通过对流或传导使叶片壁面升温。

根据该系统的特点，可以做一些基本假设：

1）风机在结冰条件下运行时，气候和气象条件保持不变。

2）加热策略不考虑叶片带冰运行，因此叶片表面保持湿润。

3）采用基于拉格朗日法的粒子轨迹分析，确定叶片湿润表面的扩展问题。由于防冰运行不是基于耐冰策略，且叶片轮廓的被撞击率不随时间变化（表面保持不被冰污染），所以碰撞率只计算一次，并认为随不随时间改变。

4）由于叶片的壁厚较厚，通过叶片壁的导热基本上是一维的。这一特征已经通过 ANSYS 的二维分析得到了证实。

5）流经叶片的气流为二维定常流动，叶片内部为一维流动，空气处于充分发展的流态。

6）叶片壳内热气流的演变是一个多变过程，多变指数是逐段计算的。

从叶根到叶尖的方向，逐段、逐扇区匹配内外流场特征以及热力边界条件。所得模型为准三维稳态热流体动力学模型。该方法可分析给定环境条件和风机工作条件下叶片的外表面温度，并为每个叶片提供防冰热源。

整个模型的求解步骤如下：

1）定义叶片的几何模型（几何建模）。

2）确定叶片的热场和流场（热流体动力分析）。

3）共轭传热（热分析）。

5.8.1 几何建模

如图 5.20 所示，每个叶片沿径向划分为一系列小节（i 从 1 到 N）。每节沿弦向分成一系列小段（j 从 1 到 M）。叶片壳内划分成一个或多个区域，从而根据结构布局方案即可确定壳内热流形式。

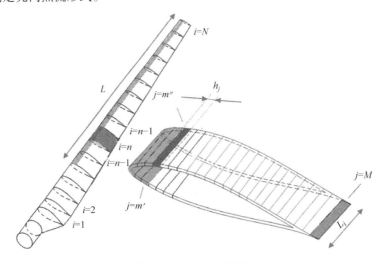

图 5.20   叶片几何离散化

5.8.2 热流体动力分析

外部流场采用二维方法建模。通过一组代码建立流经叶片的流场中不同截面和不同入流角下的压力和速度分布。用边界层积分方法采用编码生成的数据求得边界层边缘每个面、翼展方向、弦向位置的压力值 $P_e^{i,j}$。边界层边缘的速度 v_e 和温度 T_e 通常由第 4 章中的热力学关系计算。

$$p_e = p_\infty + \frac{1}{2}\rho_\infty v_\infty^2 \left[1 - \left(\frac{v_e}{W_\infty} \right)^2 \right]$$

$$T_e = T_\infty^0 \left(\frac{p_e}{p_\infty^0} \right)^{\left(\frac{\gamma-1}{\gamma} \right)}$$

$$T_\infty^0 = T_\infty \left(\frac{p_\infty^0}{p_\infty} \right)^{\left(\frac{\gamma-1}{\gamma} \right)}$$

$$p_\infty^0 = p_\infty + \frac{1}{2}\rho_\infty W_\infty^2$$

利用 Kays 和 Crawford[20] 提出的边界层积分方法，推导得到边界层从层流到湍流的过渡点。过渡发生在：

$$Re_\theta > 1.74\left(1 + \frac{22400}{Re_s}\right)Re_s^{0.46}$$

Re_θ 和 Re_s 分别为动量厚度和相对驻点的坐标 s 的计算值：

$$Re_\theta = \frac{W_e\theta}{\mu_{air}}$$

$$Re_s = \frac{W_e s}{\mu_{air}}$$

动量厚度：

$$\theta = \left[\left(0.45\frac{\mu_{air}}{W_e^6}\int_s^0 W_e^6 ds\right)\right]^{\frac{1}{2}}$$

恢复温度：

$$T_{rec} = T_e + r\frac{W_e^2}{2c_p}$$

5.8.3 共轭传热分析

该模块用于确定叶片壳内气流的径向温度和压力变化。假定叶片内气流在任意位置处具有相同的径向速度分布，且在通道内充分发展。该假设的依据为：叶片入口部分相对较长（约为叶片长度的 10% ~ 20%），气流在入口处发展，该部分在空气动力学中没有界定和剖析，在计算中没有考虑。如果径向段足够短，则压力—体积过程多变指数为常数。根据多变关系和温度数据可计算局部段压力。

采用如图 5.21 所示的三个用于质量和能量守恒分析的控制体来模拟共轭传热问题，即控制体 1、控制体 2、控制体 3。对于每一个控制体，在稳态和充分发展流动时，可得到质量守恒和能量守恒方程。

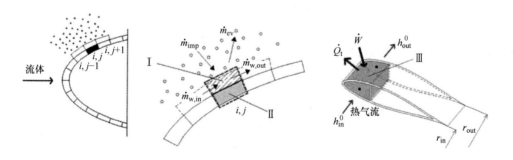

图 5.21 用于质量和能量守恒分析的控制体

1. 控制体 1

对于第 i 节和第 j 段，质量守恒表明：

$$\dot{m}_{w,imp} + \dot{m}_{w,in} - \dot{m}_{w,out} - \dot{m}_{ev} = 0 \tag{5.2}$$

由于表面张力的影响，静水和流出水的质量流量在这里忽略不计。能量守恒方程为：

$$\left[\dot{m}_{w,in} c_w \left(T_{w,in} - T_{ref} \right) - \dot{m}_{w,out} c_w \left(T_{w,out} - T_{ref} \right) + \right.$$

$$\dot{m}_{w,imp} c_w \left(T_{w,imp} - T_{ref} \right) + \dot{m}_{w,imp} \frac{W_{w,imp}^2}{2} - K_A \dot{m}_{ev} h_{ev}^{T=T_{s,ext}}$$

$$\left. h_{c,ext} \left(T_{s,ext} - T_{rec} \right) \right] A_{ext} + \frac{1}{R} \left(T_{s,int} - T_{s,ext} \right) A_m = 0 \tag{5.3}$$

如第 4 章所述，与其他传热形式相比，辐射换热（长波辐射和短波辐射）具有不连续性，故该模型忽略辐射换热的作用。式 5.3 可简化为以下热平衡方程：

$$\Delta \dot{Q}_{ice} + \frac{1}{R} \left(T_{s,int} - T_{s,ext} \right) A_m = 0 \tag{5.4}$$

2. 控制体 2

控制体 2 的能量守恒：

$$h_{c,int} \left(\overline{T}_{a,m} - T_{s,int} \right) A_{int} = \Delta \dot{Q}_{ice} \tag{5.5}$$

3. 控制体 3

控制体 3 的质量守恒：

$$\dot{m}_{a,in} = \dot{m}_{a,out} = \dot{m}_a \tag{5.6}$$

控制体 3 的能量守恒：

$$\dot{m}_a \left(h_{in}^0 - h_{out}^0 \right) - \Delta \dot{Q}_{ice} = 0 \tag{5.7}$$

通过分解总焓差，可得到：

$$h_{out}^0 - h_{in}^0 = u_{out} - u_{in} + \frac{u_{r,out}^2 - u_{r,in}^2}{2} + \frac{u_{t,out}^2 - u_{t,in}^2}{2} + \frac{p_{out}}{\rho_{out}} - \frac{p_{in}}{\rho_{in}}$$

在不可压缩流动中，$u_{out} - u_{in}$ 对应的摩擦损失 ΔW_d 为：

$$\Delta W_d = \frac{L}{D_h} f \frac{\left(\dfrac{W_{out} + W_{in}}{2} \right)^2}{2}$$

摩擦系数 f：

$$f = a + b \left(Re_{D_h} \right)^c$$

式中　a、b、c——常数。

通过多变过程中温度和压力的关系，给出了通道段内压力的变化规律为：

$$p_a T_a^{\frac{m}{m-1}} = const \tag{5.8}$$

多变指数 m：

$$m = \frac{c_p - c_m}{c_v - c_m} = \frac{c_p - \left(\dfrac{\Delta \dot{W}_d}{dT} - \dfrac{\Delta \dot{Q}_{ice}}{dT} \right)}{\dfrac{c_p}{k} - \left(\dfrac{\Delta \dot{W}_d}{dT} - \dfrac{\Delta \dot{Q}_{ice}}{dT} \right)} \tag{5.9}$$

设以下运行常数：

对于开式系统（单向）：

$$(T_{s,ext}^{i,j} - T_{min}) > 0$$

$$(T_{max} - T_{s,int}^{i,j}) > 0$$

$$p_{out}^N - p_\infty = 0$$

对于闭式系统：

$$(T_{s,ext}^{i,j} - T_{min}) > 0$$

$$(T_{max} - T_{s,int}^{i,j}) > 0$$

$$0.1 - Ma > 0$$

式中　T_{min}——防止结冰的最低外表面温度；

　　　　T_{max}——连续运行的材料最高允许工作温度。

通过迭代计算一个假定温度 $T_{in}^{i,j}$，从而计算出各分段的局部传热系数。采用第 4 章中的边界层积分模型[20,21]来计算外部表面传热系数。

用 Petukhov、Kirillov 和 Popov[22]关系式计算内部表面传热系数。

$$h_{c,int} = \frac{k_{air}}{D_h} \frac{\frac{f}{8} Re_{D_h} Pr}{1.07 + 12.7 \left(\frac{f}{8}\right)^{\frac{1}{2}} \left(Pr^{\frac{2}{3}} - 1\right)} \tag{5.10}$$

其中 f 由下式给出：

$$f = (1.82 \lg Re_{D_h} - 1.64)^{-2} \tag{5.11}$$

根据水力直径计算的雷诺数 Re_{D_h} 为：

$$D_h = \frac{4A_p}{p}$$

式中　A_p——截面的表面积；

　　　　P——湿周。

假设复合材料叶片壁面接触热阻为局部等效热阻 $R^{i,j}$。通过 Halpin - Tsai[23]给出的关系式，可估算中空纤维增强复合材料的等效横向导热系数。

5.8.4　截水率

如第 4 章所述，通过粒子轨迹分析可计算局部碰撞。该模型将由平板流求解器获得的流场解叠加在轮廓周围，然后将流线重构为水粒子的运动。

该模型忽略了水膜受到离心作用而导致的水膜向外侧部分迁移的影响。

5.8.5　设计结果

采用 Tjæreborg 风机[24]叶片平台，假设在叶片内部靠近前缘的位置插入分隔板，在叶片外壳内形成明渠。额定转速下，模拟的输入数据见表 5.1 和表 5.2 所示。

表 5.1　模拟的输入数据（环境参数及风机参数）

参数	数值
p_∞ /Pa	99000
T_∞ /℃	-2.0
LWC/(g/ m³)	0.2
MVD/μm	20.0
湿度	99%
风速/(m/s)	13.79
转速/(r/min)	22.15

表 5.2　模拟的输入数据（开路系统）

参数	数值
$T_{a,max}$ /℃	130
$\dot{m}_a$ /(kg/s)	1
t_{min} /mm	10
t_{max} /mm	50
λ_{max} /[W/(m · K)]	0.5
A_c /m²	0.025

　　Tjæreborg 风机叶片参数[24]见表 5.3，其平面图如图 5.22 所示。叶片壳内管道的平均水力直径为 0.145m，通道面积设为 0.250m²。叶片的几何布局如图 5.23 所示。其显示前缘及内外表面区域的壁厚变化。管道内静压 p_a 和末端温度 T_a 的变化如图 5.24 所示。

表 5.3　Tjæreborg 风机叶片参数[24]

截面	r/R	半径/m	剖面形状	c/m	t/m	t/c (%)	β_{twist} /(°)	ϕ_{flow} /(°)	攻角 /(°)	W /(m/s)
0	0.00	0.00	圆形	1.80						
1	0.05	1.46	圆形	1.80						
2	0.09	2.75	圆形	1.80						
3	0.10	2.96	圆形	1.80						
4	0.21	6.46	NACA 4430	3.30	1.009	30.58	8.00	36.16	30.16	19.35
5	0.31	9.46	NACA 4424	3.00	0.723	24.10	7.00	26.23	21.23	25.32
6	0.41	12.46	NACA 4421	2.70	0.571	21.15	6.00	19.41	15.41	31.66
7	0.51	15.46	NACA 4418	2.40	0.449	18.71	5.00	15.32	12.32	38.19
8	0.61	18.46	NACA 4416	2.10	0.353	16.81	4.00	13.03	11.03	44.80
9	0.70	21.46	NACA 4415	1.80	0.278	15.44	3.00	11.40	10.4	51.50

（续）

截面	r/R	半径/m	剖面形状	c/m	t/m	t/c (%)	β_{twist} /(°)	ϕ_{flow} /(°)	攻角 /(°)	W /(m/s)
10	0.80	24.46	NACA 4414	1.50	0.216	14.40	2.00	10.12	10.12	58.25
11	0.90	27.46	NACA 4413	1.20	0.16	13.33	1.00	8.87	9.87	65.04
12	0.95	28.96	NACA 4412	1.05	0.134	12.76	0.50	7.95	9.45	68.43
13	0.98	29.86	NACA 4412	0.96	0.122	12.74	0.20	6.82	8.62	70.45
14	1.00	30.50	NACA 4412	0.94	0.118	12.59	0.16	3.23	5.07	71.92

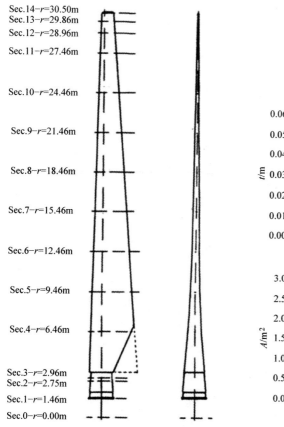

图 5.22　Tjæreborg 风机叶片平面图

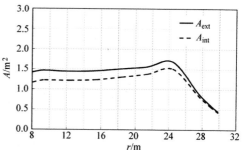

图 5.23　叶片的几何布局

　　代表性截面上单位面积的撞击水质量如图 5.25 所示。根据第 4 章的模型，相较于外侧部分（第 9 ~ 13 节），中间部分（第 7 节）只是略微湿润。

　　图 5.26 为截面位置 $r = 15.460\text{m}$（第 7 节）、$r = 21.460\text{m}$（第 9 节）和 $r = 28.96\text{m}$（第 13 节）处撞击区域的内外壁温度、外传热系数 $h_{c,\text{ext}}$ 和总传热系数 U。U 可以定

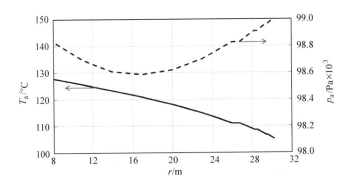

图 5.24　管道内静压 p_a 和末端温度 T_a 的变化

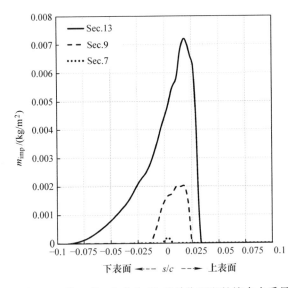

图 5.25　第 7 节、9 节和 13 节单位面积的撞击水质量

义为：

$$U = \cfrac{1}{\cfrac{1}{h_{c,ext}A_{ext}} + \cfrac{1}{2\lambda_{mat}}\ln\left(\cfrac{A_{int}}{A_{ext}}\right) + \cfrac{1}{h_{c,in}A_{int}}}$$

图 5.27 详细地显示了尖端截面（第 13 节）的热通量随无量纲曲线坐标 s/c 的变化曲线。

显热通量的影响可以忽略不计。由于热交换主要由热对流控制，当叶片壁面表面传热系数最大时，壁面（在叶片前缘区域）温度达到最低值，而在驻点处对流换热最小，壁面温度最高，水的传质热通量可以忽略（见图 5.26）。翼型越薄，叶尖相对流速越高，产生的集水量越大，表面传热系数也越大。

然而，当质热交换与其他传热作用相当时，将在截面上形成了复杂的温度场。与内

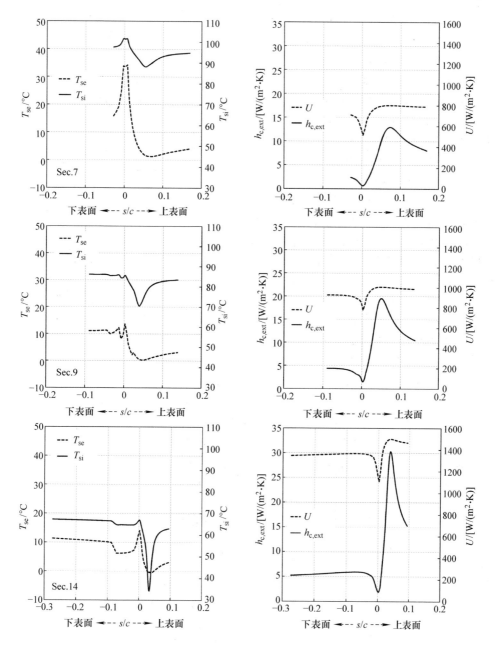

图 5.26 $r = 15.460\text{m}$（第 7 节）、$r = 21.460\text{m}$（第 9 节）和 $r = 28.96\text{m}$（第 13 节）处撞击区域的内外壁温度、外换热系数 $h_{c,\text{ext}}$ 和总换热系数 U

侧部分相比，增加的热流密度导致整体壁面温度降低（尤其在叶片前缘处）。

图 5.28 为 $r = 15.460\text{m}$（第 7 节）、$r = 21.460\text{m}$（第 9 节）和 $r = 28.96\text{m}$（第 13 节）

的净热通量。

图 5.29 所示为各截面净热通量和总热功率示意图，其显示了叶片各节净热通量需求，即防冰系统所需热功率。和预期一样，叶尖区域需要更强的净热通量。一个叶片的热功率需求大约是 27.6kW。

图 5.30 显示了叶片外壁各节撞击区域八个段的平均外壁温度。外壁温度从根部区域向外呈下降趋势，直至表面由干变湿。从该点开始，壁面冷却效果增加，外壁温度下降至接近叶尖的最小值。如前所述，在最靠近尖端部分的损失减缓了这种冷却，壁面温度降至最小值后恢复很小。此时，平均热流的非线性增加也突显出来。叶片根部吸入空气量为 1kg 时，系统运行模拟的输出数据见表 5.4。

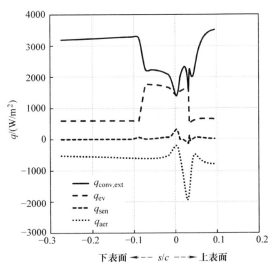

图 5.27　尖端截面（第 13 节）的热通量随无量纲曲线坐标 s/c 的变化曲线

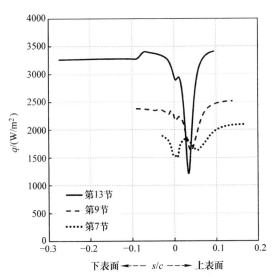

图 5.28　$r = 15.460$m（第 7 节）、$r = 21.460$m（第 9 节）和 $r = 28.96$m（第 13 节）的净热通量

叶片外壁最低温度 T_{min} 约比结冰阈值低 1℃。但这仅是尖端截面上一个单点，由于忽略了横向传导，在前缘部分多个子段上计算的平均温度更能反映实际情况，如图 5.30 所示。叶片换热能力较差，温度仅下降 24.8℃，为了避免外壁温度下降到 0℃以

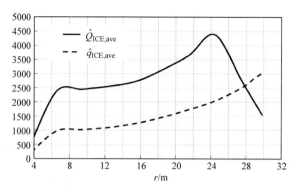

图 5.29 各截面净热通量和总热功率示意图

下，叶片根部入口空气温度需达到约 130℃，它决定了复合材料力学性能的最高工作温度（约 80℃）。

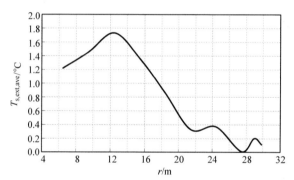

图 5.30 撞击区周边八个段的平均外壁温度

基于此，该三叶片转子结构的防冰总热功率约为 83kW。如果系统效率为 0.7，则使热空气循环所需要的机械功率约为 1.2kW。

表 5.4 模拟的输出数据

参数	数值
机位数（个）	14
$\dot{Q}_{\mathrm{IPS,ave}}$（单个叶片）/kW	27.56
$\dot{Q}_{\mathrm{IPS,ave}}$（三个叶片转子）/kW	82.78
叶片换热系数	0.18
$T_{\min}$/℃	-0.713
$T_{\max}$/℃	130.9
T_{out}/℃	105.2
p_{out}/Pa	99001.4
ΔT/℃	24.8
Δp/Pa	99853

为了验证叶片壁面一维热传导假设的准确性，利用 ANSYS 进行了叶片实际截面的二维数值模拟。采用等效传热系数作为外边界条件，如下所示：

$$h_{\text{eq,ext}}^{i,j} = \frac{\Delta \dot{Q}_{\text{IPS}}^{i,j}}{A_{\text{ext}}^{i,j}(T_{\text{s,ext}}^{i,j} - T_{\infty})}$$

温度和热流通过一维程序计算。内部传热系数与一维程序中使用的相同。图 5.31 为一维和二维模拟计算的外壁温度随无量纲坐标变化情况对比。由于材料的导热系数低，在温度梯度较小的地方（前缘区域）一致性较好，而在驻点处出现一定差异，显示出轻微的二维传导效应。由于该差异只影响驻点附近的少数控制体，因此对防冰热通量计算的影响是有限的：轮毂附近的最大热流差约为 2%，但换热效果较差（见图 5.26）。

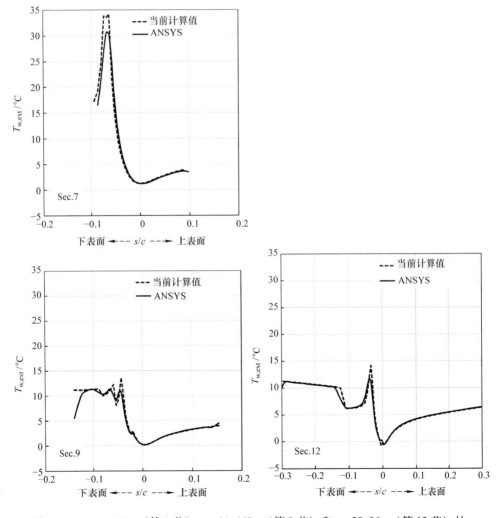

图 5.31 $r = 15.460\text{m}$（第 7 节）、$r = 21.460\text{m}$（第 9 节）和 $r = 28.96\text{m}$（第 13 节）处，本模型模拟计算的外壁面温度与 ANSYS 计算值对比

5.9 防冰系统的能量效率

作为辅助设施的防冰系统导致了年发电量损失。防冰系统运行期间的发电量为：

$$E_{ice,ave} = \int_{T_{heat-on}} P dt = \int_{T_{heat-on}} \frac{1}{2} \rho V^3 C_P(V) \eta_m \eta_{el} \eta_{aux} \eta_{IPS} dt \qquad (5.12)$$

防冰系统的运行周期 $T_{heat-on}$ 由式（5.1）给出。该周期可能与结冰的持续时间一致，也可能不一致。这取决于所采用的防冰策略以及结冰探测系统能否正确地启动和关闭防冰系统。

防冰系统的效率可定义为防冰系统所需热能与结冰期间的发电量之比：

$$\eta_{IPS} = \frac{\dot{Q}_{IPS,ave}}{P_{ice,ave}} \qquad (5.13)$$

对于电加热防冰系统，系统实际的发热量为理想状态下（表面保持在规定温度）平均发热量和加热效率的比值，其中考虑了电缆和叶片背面的热损失：

$$\dot{Q}_{IPS,ave} = \frac{\dot{Q}_{ice}}{\varepsilon_{IPS}} \qquad (5.14)$$

对于热空气防冰系统，通过表面温度与所需的最低温度的差异来计算系统热效率。效率还包括推动系统内部热空气流动所需机械功率，防冰系统实际的平均加热功率为：

$$\dot{Q}_{IPS,ave} = \frac{\dot{Q}_{ice}}{\varepsilon_{IPS}} + \overline{P}_m \qquad (5.15)$$

表 5.5 为防冰系统的平均热效率，其中的最大热效率来自于电热箔。由于实际情况下无法获得理论最低表面温度的最佳热分布，导致热风防冰系统的大量热量被浪费。

表 5.5 防冰系统的平均热效率

防冰策略	ε_{IPS}
电热箔	0.9
热空气加热，闭式系统	0.6
热空气加热，开式系统	0.3

5.10 估算防冰所需功率的简化方法

本节在前一章所述模型的基础上，介绍了一种用于初步估算防冰功率和平均能量需求的快速方法。

如前所述，防冰热效率取决于多个变量，一般可以分为气象变量、风机特性与运行变量、防冰系统特性等。各变量之间的关系如下式所示：

$$\dot{Q}_{IPS,ave} = f\Big(\underbrace{V,\ T,\ LWC,\ MVD}_{气象变量}, \underbrace{Z,\ 叶片尺寸，控制，\lambda_{mat}}_{风机特性与运行变量}, \underbrace{T_{s,min},\ A_{heat},\ \eta_{IPS}}_{防冰系统特征}\Big)$$

$$E_{\text{IPS,ave}} = g\left(\dot{Q}_{\text{IPS,ave}}, t_{\text{ice}}\right) \tag{5.16}$$

式 5.16 中的任何一组与结冰有关的变量都可以通过合适的模型来计算其防冰热功率[2,4]，如图 5.5 所示。参照图 5.20 的叶片离散化模型，防止叶轮表面结冰所需的热功率可以表示为：

$$\dot{Q}_{\text{ice}} = Z \sum_{i=1}^{N} \dot{q}_i L_i H_i \tag{5.17}$$

式中　Z——叶片数；

L_i——加热片翼展方向长度；

H_i——加热板弦向长度。

$$\dot{q}_i = \frac{\sum\limits_{j=M'}^{M''} \dot{q}_{\text{ice},j}}{\sum\limits_{j=M'}^{M''} A_j} \tag{5.18}$$

式中　$\dot{q}_{\text{ice},j}$——单个加热片提供的热通量。

防冰所需热量与受热面积成正比。被加热部分无论是沿翼展方向还是沿弦向延伸均应考虑撞击长度（由水冲击计算得出）和基于工程经验（e.e.）的安全系数（k_s）。因此，弦向延伸长度可以表示为：

$$H_i = \underset{\text{e.e.}}{k_s} \left(\underset{\text{液滴计算轨迹}}{s_u + s_l}\right) \tag{5.19}$$

翼展方向长度的起始部分取决于叶根部位的结冰风险。

式（5.18）中，$\dot{q}_{\text{ice},j}$ 是指叶片 i 节 j 段所交换的弦向热通量，其 N 个位置之和便是翼展方向热通量。$\dot{q}_{\text{ice},j}$ 可通过求解各 j 段的质量和能量守恒得到（参见第 4 章关于结冰过程的详细分析）。

根据 $\dot{q}_i$ 来确定 $\dot{Q}_{\text{ice}}$ 更加复杂且烦琐，因为对每个分项都要计算并在表面上进行积分。为突显前缘区域防冰热流量的主要影响变量，敏感性分析可以一定程度上简化该问题。选择两个重要的风机参数（即表面施加的温度 $T_{s,\text{ext}}$ 和叶片截面距旋转轴的距离 r 以及六个环境参数（即气温、海拔、风速、液态水含量、平均液滴直径和相对湿度）进行分析。$r/R = 70\%$ 处的叶片的热通量代表整个叶片的平均热通量 $\dot{q}_{\text{ice}}$，下文将证明该结论。因此，参照表 4.2 中所述的叶片特征以及表 5.6 所示的"基线条件"的相对范围，对热通量进行了合理的变量研究。变量与基线值在每个图的底部一起显示。

叶片前缘处单位热通量的敏感性分析如图 5.32 所示，热通量分为冷却和加热两种，详见图例。

表 5.6　用于敏感性分析的变量范围以及基线条件

参数	集合（−）	基线	集合（＋＋）
$T_s/℃$	1	2	3
$T_\infty/℃$	−1	−3	−5
$V/(\text{m/s})$	9	13.79	17

（续）

参数	集合（－）	基线	集合（＋＋）
$R_h/(m/s)$	0.81	0.9	0.99
$LWC/(g/m^3)$	0.10	0.15	0.20
$MVD/\mu m^3$	10	0.30	50
z/m	0	1000	2000
R/m	15	30.5	45

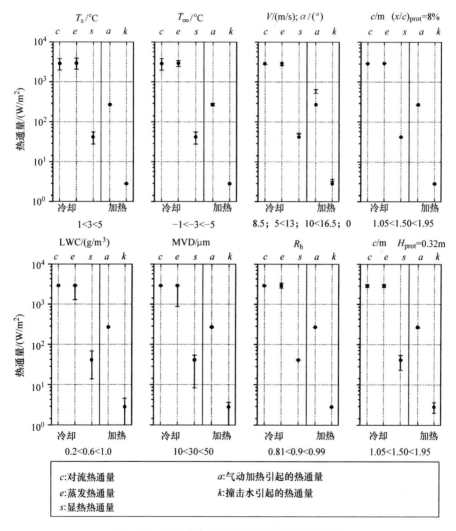

图 5.32 叶片前缘处相对热通量的敏感性分析

图 5.32 的相关注释：

1）叶片前缘与外界环境热交换的热通量变化很大。

2）对流和蒸发热通量较高。

3）参数 LWC 和 MVD 较高时，显热通量不能忽略，而冲击热通量可以完全忽略。

4）影响所有冷却热通量大小和防冰热通量需求值的两个参数是外加表面温度和自由流空气温度。

5）风速的影响在额定值以上可忽略不计，而在这个值下（如果是变桨变速型风机），它有助于降低冷却热通量和加热热通量。

6）场地海拔的影响几乎可以忽略不计（热通量的微小变化取决于雷诺数引起的对流换热降低）。

就"基线条件"而言，图 5.33 和图 5.34 以更合适的方式分别显示了外表面温度和自由空气温度对热通量的影响。

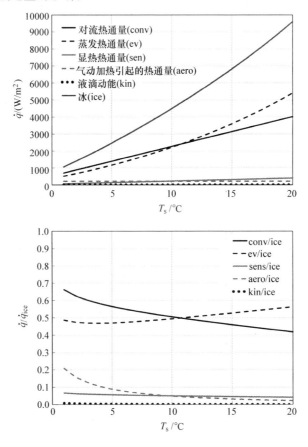

图 5.33 叶片前缘处热通量（上）以及分别归一化到净热通量 $\dot{q}_{ice,j=1}$（中）和对流热通量 $\dot{q}_{conv}$（下）的值与外加表面温度（$T_\infty = -3℃$）的变化关系

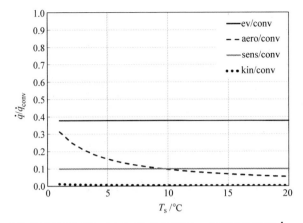

图 5.33　叶片前缘处热通量（上）以及分别归一化到净热通量 $\dot{q}_{\text{ice},j=1}$（中）

和对流热通量 $\dot{q}_{\text{conv}}$（下）的值与外加表面温度（$T_{\infty} = -3\,℃$）的变化关系（续）

基于该分析，可以简化式（4.104），考虑更相关的项：

$$\dot{q}_{\text{ice},j=1} = \dot{q}_{\text{conv}} + \dot{q}_{\text{ev}} + \dot{q}_{\text{sens}} - \dot{q}_{\text{kin}} - \dot{q}_{\text{aer}} \tag{5.20}$$

其中，

$$\dot{q}_{\text{conv}} = h_c(T_{s,\text{ext}} - T_{\infty})$$

$$\dot{q}_{\text{ev}} = \frac{0.622h_c 2.5 \times 10^6}{c_{p,\text{air}} p_{\infty}^0 \text{L}^{\frac{1}{3}}} \times 27.03 \times (T_{s,\text{ext}} - T_{\infty})$$

$$\dot{q}_{\text{sens}} = \beta_{\text{3D},0}\text{LWC}(\Omega r) c_w(T_{s,\text{ext}} - T_{\infty})$$

$$\dot{q}_{\text{kin}} = \beta_{\text{3D},0}\text{LWC}(\Omega r)\frac{W^2}{2}$$

$$\dot{q}_{\text{aer}} = h_c\frac{rW_{\infty}^2}{2c_{p,\text{air}}}$$

因此，可得到式（5.21）

$$\dot{q}_{\text{ice},j=1} = \dot{q}_{\text{conv}}(1 + \alpha_{\text{ev}} + \alpha_{\text{sens}} + \alpha_{\text{aer}}) \tag{5.21}$$

式中　α_{ev}、α_{sens} 和 α_{aer}——系数，由图 5.33 和图 5.34 得到。

该简化模型表明，由于相对风速沿叶片半径方向增大，防冰所需热通量从叶根向叶尖方向增加，其变化规律近似为线性，如图 5.35 所示为防冰热通量 $\dot{q}_{\text{ice}}$（W/m^2）沿半径的分布。其平均位置大约在叶片长度的 70% 处。

基于该简化模型，研究防冰功率随叶片类型（1 型、2 型和 3 型）和叶片尺寸的变化是很有意义的。首先，比较额定功率为 1MW 的双叶片和三叶片风机防冰热功率的参数，见表 5.7。

其次，为了与单叶片风机进行比较，三台风机的额定功率介于 300~350kW，叶轮直径相同，叶片数量分别为单叶片、双叶片和三叶片。用于比较三台风机防冰热功率的参数见表 5.8。表 5.7 和表 5.8 还给出了模拟中采用的沿叶片半径方向的加热长度 L 和加热宽度 H。

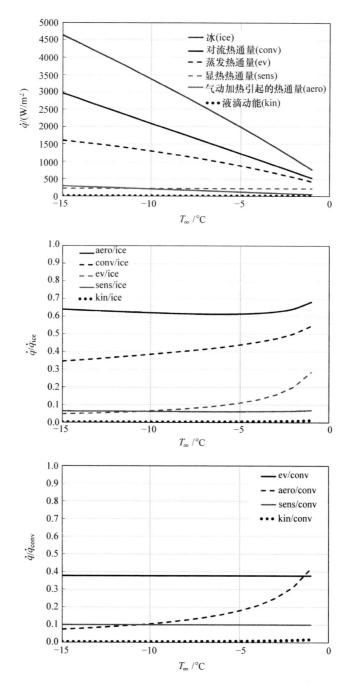

图 5.34　叶片前缘处热通量（上）以及分别归一化到净热通量 $\dot{q}_{\mathrm{ice},j=1}$（中）和对流热通量 $\dot{q}_{\mathrm{conv}}$（下）的值与环境温度的变化关系，$T_{\mathrm{s}} = +2℃$

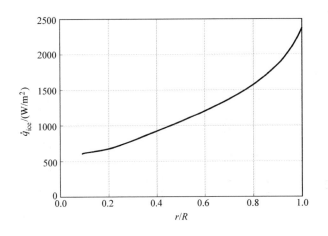

图 5.35   防冰净热通量 $\dot{q}_{ice}$（W/m²）沿半径的分布

表 5.7   用于比较额定功率为 1MW 的双叶片和三叶片风机防冰热功率的参数

风机	P_R/kW	D/m	Z	Ω/ (r/min)	W/ (m/s)	翼型	加热长度 L/m	加热宽度 H/m
m1	1000	54	3	22	15	NACA 63 × × ×	20.2	0.3
m2	1000	54	2	22	15	NACA 63 × × ×	20.2	0.3

表 5.8   用于比较单叶片、双叶片和三叶片中型风机防冰热功率的参数

风机	P_R/kW	D/m	Z	Ω/ (r/min)	W/(m/s)	翼型	加热长度 L/m	加热宽度 H/m
m3	300	33.4	3	31	14	NACA 44 × ×	12.5	0.3
m4	320	33	2	41.2	13	NACA 44 × ×	12.5	0.3
m5	350	33	1	57	12	NACA 44 × ×	12.5	0.3

根据表中的参数，采用式（5.17）和式（5.21）可计算风机的防冰热功率需求 $\dot{Q}_{ice}$（W）。模拟中假定的场址参数见表 5.9。

表 5.9   模拟中假定的场址参数

T_s/℃	T_∞/℃	p_∞/Pa	Rh	LWC/(g/m³)	MVD/m
+2	−3	89870	0.99	0.1	20

为了实现湿润状态，将外表面温度设置为 +2℃。图 5.36 和图 5.37 表明，双叶片风机在额定功率下的最佳转速直接导致了冷却热通量的增加。与此同时，由于气动加热

导致热通量也有所增加，所以叶片数量变化对比热通量的影响并不明显。然而，从三叶片到单叶片，风机的防冰热功率需求却大大降低，几乎与叶片数量成正比。

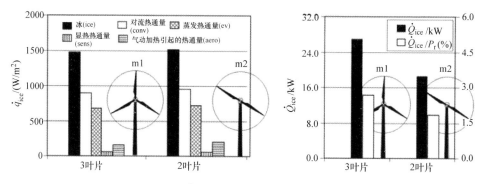

图 5.36　叶片 70% 截面上的 $\dot{q}_{ice}$（W/m²），风机的防冰热功率需求 $\dot{Q}_{ice}$（kW）及防冰热功率与风机额定功率的比值 $\dot{Q}_{ice}/P_r$（表 5.7）

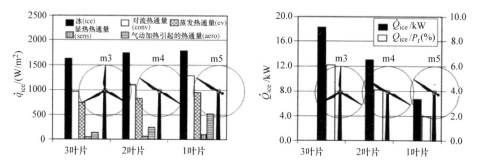

图 5.37　叶片 70% 截面上的 $\dot{q}_{ice}$（W/m²），风机的防冰热功率需求 $\dot{Q}_{ice}$（kW）及防冰热功率与风机额定功率的比值 $\dot{Q}_{ice}/P_r$（表 5.8）

由图 5.36 和图 5.37 可知，对两个不同尺寸的三叶片风机的防冰热通量 $\dot{q}_{ice}$ 进行比较，防冰热通量随着叶片尺寸的减小而增大，对于双叶片风机也是如此。当风机的额定功率相同时，叶片数量减少导致防冰热功率与额定功率之比降低。对于相同叶片数量、不同额定功率的风机，额定功率较大的风机防冰热通量需求较低。上述防冰热通量的值并没有考虑 IPS 的系统效率，实际值和与额定功率的比值应根据表 5.5 中所示的值进行修正。

将该分析扩展到六个额定功率不同的三叶片风机，用于比较防冰热功率与转子尺寸的风机数据见表 5.10。数据均来自于厂家公开资料。对于六台风机，假设加热区宽度相同，叶轮尺寸减小，弦长也相应减小，而叶片的集水量却增多。翼展方向上的加热长度等于叶片的轮廓长度。

表 5.10   用于比较防冰热功率与转子尺寸的风机数据

风机	P_R/kW	D/m	Z	Ω/ (r/min)	W/ (m/s)	翼型	加热长度 L/m	加热宽度 H/m
m1	300	33.4	3	31	14	NACA 63 × × ×	12.5	0.3
m2	600	44	3	27	15	NACA 63 × × ×	15.5	0.3
m3	1000	54	3	22	15	NACA 63 × × ×	20.2	0.3
m4	1300	62	3	19	15	NACA 63 × × ×	23.2	0.3
m5	2000	76	3	17	15	NACA 63 × × ×	28.5	0.3
m6	2300	82.4	3	17	15	NACA 63 × × ×	30.9	0.3

由图 5.38 可知，随着叶轮尺寸的增大，由于冷却和加热作用逐渐趋于平衡，70% 截面处的比热通量也趋向于稳定。

至于防冰的热量需求，风机的额定功率随着尺寸的增大而增大，但由于假设的单位叶片长度受热面积不变，所以叶片加热面积也随之增大。然而，如图 5.38 所示对风机的防冰热功率与额定功率的比值进行分析，该比值对小型风机似乎是不利的。

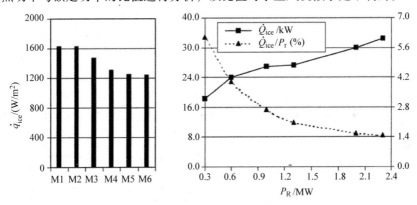

图 5.38   叶片 70% 截面上的 $\dot{q}_{ice}$（W/m²），风机的防冰热功率需求 $\dot{Q}_{ice}$（kW）及防冰热功率与风机额定功率的比值 $\dot{Q}_{ice}/P_r$（表 5.10）

无论采用何种防冰技术均能得到类似的上述结论，在进行防冰系统设计时必须进行仔细的评估。防冰系统热效率 η_{IPS} 是确定其能耗基础参数。对于不同类型和尺寸的风机，其结果可能会有边际误差，仅可直接扩展到电加热式防冰系统，因为其效率相差不多（见表 5.5）。另一方面，对于热空气循环型防冰系统，则上述结果将局限于相同尺寸风机的比较。对于不同尺寸的风机，由于叶片几何特征的不同和非设计工况的不同，不能直接得出结论，应该进行详细的分析。对于兆瓦级的三叶片风机，其防冰热功率需求为额定功率的 2% ~ 8%（取决于环境条件），该结论也被商业防冰系统的相关数据所证实。

5.11　防冰系统新技术

在防冰方面，最近几年提出了一些新的解决方案：

1）机械防冰。

① 气囊式除冰系统。

② 电磁脉冲装置。

2）热力防冰。

① 电磁辐射加热。

② 间歇加热。

③ 废热回收加热。

④ 气膜加热。

3）低附着力涂层。

5.11.1　机械防冰

1. 气囊式除冰系统

气囊式除冰系统是小型飞机经常使用的机械除冰系统，其主要依靠在机翼前缘和操作面上安装充气橡胶套来实现防冰的效果，但该系统会造成空气动力干扰和额外的噪声。Goodrich 开发的充气橡胶套的工作原理如图 5.39 中所示。在正常的非充气状态下，橡胶粘附在与除冰器连接的机翼表面。在形成受控的冰层之后，利用压缩空气进行充气。充气周期持续几秒，以达到最佳的除冰效果，并防止在已充气的表面上形成额外的冰块。

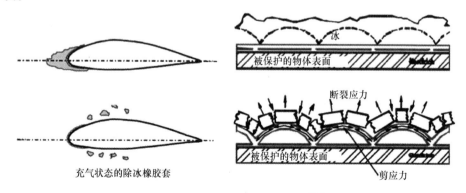

图 5.39　充气橡胶套的工作原理[25]

因此，破裂的冰可以自然地通过离心力和空气动力去除。随后，除冰器将空气排放到大气中来放气，使系统真空来确保翼型[25]前缘上没有橡胶套凸起。该系统能耗非常低[26]。如图 5.40 所示，Goodrich 建造了 6m×1m 气囊式除冰系统试验装置，并在一个 1.5MW 的风电机组叶片实验室模拟设备上测试了该技术。测试表明，应用在风电机组上时需要高压工作环境，该系统能够令人满意地在 $-10℃$ 以上去除雨凇，在 $-20\sim-10℃$ 去除残冰。

在实际运行过程中，由于叶片振动和离心力的辅助作用，残留的冰被清除，因此获得了额外的益处。

由于此类防冰系统的复杂性，防冰系统失效的风险进一步提高，且橡胶套表面粗糙度对气动性能和噪声排放的影响尚不清楚。此外，磨损和维修问题也严重限制了该系统的推广和应用。

图 5.40　气囊式除冰系统试验装置[25]

2. 电磁脉冲装置

这种全新的除冰系统还没有在风机上测试过，这里主要介绍其应用潜力。该方法使用非常快速的电磁感应振动脉冲序列，使金属耐磨层弯曲并使冰破裂[27]。目前主要通过叶片表面附近的螺旋线圈来实现。当电流作用于线圈时，线圈和叶片壁之间产生的磁场使叶片表面和覆冰之间产生突发的相对位移，进而使冰块脱落。该方法最近已用于 Raytheons Premier I 型商务机。Hydro - Quebec 公司将其用于输电线路防冰，Goodrich 目前也正致力于将这种方法用于航空领域。该系统高效、环保、能耗低，对赫兹传输无干扰。但是，在使用该方法时需对应用程序、防雷以及风机叶片的维护等问题进行详细评估。

5.11.2　热力防冰

1. 电磁辐射加热

电磁加热可以通过红外（波长 $700\mu m\sim1m$）和微波辐射（波长 $1mm\sim1m$）来实现。

原则上可以采用直接加热和间接加热的方式。直接加热是指将微波能量直接通过空气或介质表面传导，传向接近物体表面的过冷水滴。

液态水或冰吸收的能量由下式给出：

$$P_{ab} = I_0(1 - e^{\alpha t})$$

式中　I_0——磁场强度；

α——单位长度的吸收系数；

t——介质的特征厚度（蒸汽、水、冰）。

水的吸收系数是水相（蒸汽、液体、固体）和辐射频率的函数，因此可以用不同相的光谱来表征。通常，红外和微波频率下的吸收特性会发生较大的变化。

当水为液态时，单位表面水温升高所需的功率为：

$$\dot{q} = LWCWc_w(T_w - T) = LWCWc_w\Delta T$$

单一表面是液滴以速度 W 通过的最上游区域。因此，通过红外线或微波辐射将水的单位表面加热 1K 所需的功率为：

$$\dot{q}_{ab} = LWCWc_w(1 - e^{\alpha d})$$

式中　d——液滴直径。

假设 $LWC = 0.002 kg/m^3$，$W = 60 m/s$，$c_w = 4.182 J/(kg \cdot K)$，$d = 20 \mu m$，液态水吸收系数取决于相对波长，水在不同辐射波长下单位表面上的水温度上升 1K 所需的功率如图 5.41 所示。

从图中可以看出，微波在较高频段范围内需要较高的比功率。

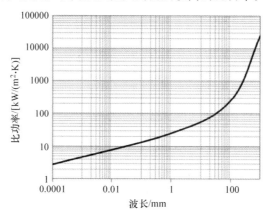

图 5.41　不同辐射波长下单位表面上的水温度升高 1K 所需的功率

水也可以在表面加热。在这种情况下，不同辐射波长下单位表面上 0.1mm 厚的水温度升高 1K 所需的功率如图 5.42 所示。β_∞ 假定为 0.5：

$$\dot{q}_{ab} = \beta_\infty LWCWc_w(1 - e^{\alpha d})$$

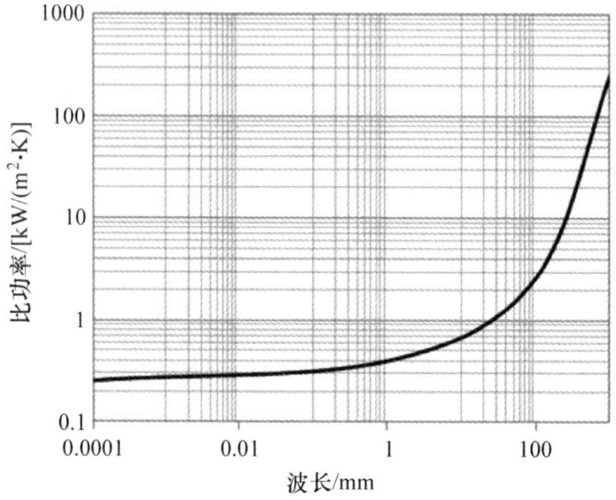

图 5.42　不同辐射波长下单位表面上 0.1mm 厚的水温度升高 1K 所需的功率

在这种情况下，微波高频段所需的比功率也比较高，绝对功率似乎更合理。为了使水层保持液态，需要源源不断的电力供应。

水吸收能量的能力差，导致微波加热水或融化冰的效率很低。由于微波是立体发射的，因此微波在空气中传播会浪费大量能量。由于微波能量从要除冰的表面反射，因此效率将进一步降低。

介电表面波导的使用能提升系统效率，但相应的制造过程也更加复杂。微波能量的直接传输需要高功率通量，从而使得该解决方案不实用。

LM 公司正开展该技术在融冰中的应用研究[8]。该公司搭建了一个 LM19.1 叶片的试验装置，并安装了一台 6kW、2.54GHz、发射功率小于 $10mW/m^2$ 的微波发生器。事实证明，在原型制作阶段，该装置对叶片成本的影响较小，并且没有防雷的问题，但是要获得覆冰的极限吸收能量，需要在更高的功率下开展进一步测试工作。

该技术的另一种选择是一旦冰形成就将其融化。融化单位面积冰层的比能量为：

$$E_{ice} = \Delta h_f \rho_{ice} t_{ice}$$

融化 1mm 的冰就足以使整个冰层在离心力和空气动力作用下脱落。假设 $\Delta h_f = 334J/kg$、$\rho_{ice} = 900kg/m^3$，则相应的能源需求约为 $300kJ/m^2$ 或约 83kW·h。电磁辐射提供的能量见表 5.11。

表 5.11　融化 1mm 厚的冰所需电磁能量统计

波长/mm	能量/（MW·h）
1000	83.54
100	0.88
1	0.13
0.0001	0.08

微波的效率很低，因此建议使用间接加热策略，通过内表面有高吸收涂层的辐射导热管来实现。微波能量可由一个或多个微波发生器发出。微波能量被转换为热能，并通过低热阻的翼梁传导到叶片表面，叶片表面可以与叶片前缘整合在一起。由于叶片由高热阻材料制成，因此在壁厚范围内的热传导是无效的。

将波长增加到毫米波的测试表明红外线可以非常有效地加热水、融化冰[28]。

2. 间歇式（循环）热气体加热

前已述及，使用持续加热的方法来保护叶片免于结冰的能量损失很大，在某些情况下甚至可能是被禁止的。循环除冰是风机结冰防护的一种有效方法[29,30]。根据该原理，允许在表面上形成一些冰，然后定期在相对较短的密集加热过程中将其去除。

内部加热过程中叶片表面和冰之间会产生一层水膜，这使得冰可在离心力作用下被去除。由于加热是脉冲式的，热量被连续地供应至相对较小的表面，从而热源能够保持恒定的热负荷。因此，与连续加热相比，循环除冰可大大降低总热量输入。

采用电力作为热源的循环除冰方式存在系统重量大、加热回路受损坏、维护费用高、维护成本高、火灾风险大等固有缺点。出于经济上的考虑，可以得出这样的结论：就安装成本（以及高海拔安装时的设备重量）而言，最经济的防冰系统应使用热空气这一便捷热源。如果使用热空气循环除冰可以在保持相对较低的设备重量的同时大大降低连续加热所需的巨大热量需求，那么风电机组的性能损失也将相应地降低。

脉冲电热除冰（PETD）宜使用分布式的局部加热盘。从输电线路到桥梁，再到冰箱和制冰机，PETD 已被广泛用于各种物体表面的除冰。它利用大功率但低能量脉冲的电热加热来除冰。但是，通过分析兆瓦级风机除冰所需的功率水平可以得出结论：叶片长约为 40m，叶片表面积约为 $10m^2$，需要大量的能量才能实现 PETD 系统的高效率。平均功率密度为 $2.5kW/m^2$，受热表面积约为 $10m^2$，见表 5.10，每支叶片的脉冲功率需求约为 25kW，整个叶轮约为 73kW。由于风机的额定电压和频率分别为 AC 590V 和 50Hz，因此需要约 130A 的电流才能达到这样的功率水平。在目前的技术条件下，研制如此大容量的旋转式动力传动装置是非常具有挑战性的。

基于热空气循环的脉冲除冰系统具有与风机结构整体设计、维护成本低和消除可能的内部火源等先天优势。

尽管防冰和除冰装置所需的平均热功率水平相当，但除冰的加热周期（$t_{heat-on}$）要比防冰（$t_{heat-on} + t_{heat-off}$）短得多。与 $\overline{P}_{de-icing}/P_{anti-icing}$ 比值高达 10 的航空除冰系统相反[31,32]，风机系统的比值更低，通常仅有 0.5 ~ 1.5。这是由叶片材料的导热系数不同而造成的。这种现象可以用傅里叶数来解释：

$$Fo = \frac{k_{mat}t}{\rho_{mat}c_{mat}t_{mat}}$$

它表示物体的导热性与热惯性之比。傅里叶数大的物体，即具有大导热率 k_{mat} 和小热惯量 $\rho_{mat}c_{mat}t_{mat}$（如铝合金制成的飞机机翼），使得较大热通量容易通过体积扩散。

另一方面，较大热通量不能通过复合材料制成的厚壁风机叶片（低傅里叶数）快速扩散，会导致"内表面"（热面）温度的大幅升高，而"外表面"（冷面）在短时间内却没有明显的热扩散。因此，在后一种情况下，对于较长的升温时段，应首选低热功率密度。

数值模拟[30]验证了该方法的有效性。采用二维有限差分方法求解具有一般形状固体的能量守恒方程来处理除冰问题。特别是，该算法能够计算某层材料正在融化的多层区域热扩散过程。如图 5.43 所示为前缘区域结冰时典型风机叶片截面的离散化示意图。

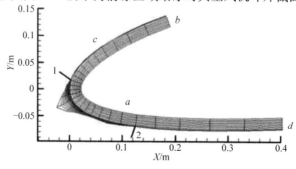

图 5.43　前缘区域结冰时典型风机叶片截面的离散化示意图（附彩插）

蓝色部分代表叶片壁，由厚度和热性能均匀一致的单层复合材料制成。红色区域则表示在前缘区域有典型的结冰。冰的形状和积聚时间是由 CIRA（未公开数据）提供的，它根据叶片周围流场和环境条件（即，环境温度、MVD 和 LWC）[33]，使用一种预测—校正方法来计算冰的增长情况。

多层域的二维瞬态热扩散方程的守恒形式为：

$$\frac{\partial u_i}{\partial t} = \frac{\partial}{\partial x}\left(k_i\frac{\partial T_i}{\partial x}\right) + \frac{\partial}{\partial y}\left(k_i\frac{\partial T_i}{\partial y}\right) + S_i \tag{5.22}$$

温度用材料的密度和比热容以内能来表示。对于任何壁层，温度与内能的关系如下：

$$T_i = \frac{u_i\rho_i}{c_i} \tag{5.23}$$

由于冰层在变暖过程中会部分融化，因此必须考虑更复杂的关系。特别是融化潜热要与冰和水的密度和比热容一起考虑（下标 w 和 ice 分别表示液态水和冰水）：

$$T = \left\{T_w + \frac{\Delta T}{u_w - u_{ice}}(u_{ice,w} - u_{ice})\right\}H(u_{ice,w} - u_{ice})H(u_w - u_{ice,w}) +$$

$$\left\{T_w + \frac{u_{ice,w} - u_{ice}}{c_{ice}\rho_{ice}}\right\}H(u_{ice} - u_{ice,w}) + \left\{T_w + \Delta T + \frac{u_{ice,w} - u_w}{c_w\rho_w}\right\}H(u_{ice,w} - u_w) \tag{5.24}$$

式中 H——Heaviside 阶跃函数。

冰 u_{ice} 与水 u_w 在熔点时的内能定义为：

$$u_{ice} = \rho_{ice}c_{ice}T_w$$

$$u_w = u_{ice} + \frac{\rho_{ice}T_w + \rho_w(T_w + \Delta T)}{2}\Delta H_f$$

式中 ΔH_f——熔化潜热。

因此，冰水温度与内能的关系可分为液相、熔融相和固相三种状态。此外，假定冰在很小的温度范围内融化（$\Delta T = 0.05℃$）。最后一种方法在在不引入不稳定热流的情况下，使用数值方法计算突变相变。

也可采用前向时间和中心空间有限差分方法 ADI[34] 来进行求解。由于叶片的加热是通过叶片壳内的暖空气流动来实现的，因此在叶片壁面的内外两侧都设置了热对流边界条件（图 5.43 中的 "a" 和 "c"）。叶片内侧壁面的换热是均匀的暖空气温度 $T_{a,in}$ 和表面传热系数 $h_{c,int}$ 的函数：

$$\dot{q}_{conv,in} = h_{c,int}(T_{a,in} - T_{s,int}) \tag{5.25}$$

同样，外侧壁面的换热是冷空气温度 T_∞ 和 "总热交换系数" 系数 h_{amb} 的函数（详见文献 [29]）：

$$\dot{q}_{out} = h_{amb}(T_{s,ext} - T_\infty) \tag{5.26}$$

h_{amb} 是表面传热系数的函数，而表面传热系数又在很大程度上受叶片表面气流速度分布和壁面温度的影响；因此，它在结冰过程中是不断变化的。但是，由于随时间的积冰计算（以及表面传热系数的计算）要求非常高，因此在计算 h_{amb} 时，采用以下简化方法：

1）升温期间表层冰水层厚度保持不变，并设置为与除冰周期中最大的冰层厚度相等。

2）在叶片表面的结冰生长期间，整体换热系数保持不变。

对于后一种假设，为了采用保守的方法，在给定的环境条件下，采用了最严重升温过程中的总换热系数。在防冰操作中，这种情况主要通过保持所有撞击水滴都处于液态来抑制冰的形成。在这种情况下，相对较高的表面温度决定了流向外界环境的热通量。

在接下来的模拟中，假设最小外表面温度为 $0.5℃$，估算 h_{amb} 的值。

图 5.44 为温度分布的稳态模拟结果。表 5.12 列出了图 5.44 模拟中的环境和功能参数。

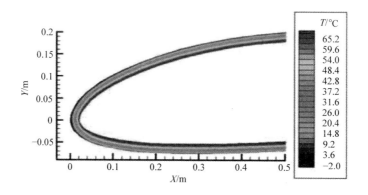

图 5.44　温度分布的稳态模拟结果（附彩插）

表 5.12　图 5.44 模拟中的环境和功能参数

参数	输入
$T_\infty/℃$	-2
$W/(m/s)$	55.75
$LWC/(g/m^3)$	0.2
$MVD/\mu m$	40
$T_{a,in}/℃$	117
$h_{c,in}/[W/(m^2 \cdot K)]$	77

进行除冰仿真，计算在额定工况下，叶片翼展方向 70% 处截面的局部热能和功率需求。虽然所考虑的部分并非结冰潜力最大的部位，但由于其厚度相当厚（0.022m），其对叶片壁面升温过程具有较好代表性。表 5.13 展示了叶片壁和冰水层的多层域特征。

外表面总换热系数分布如图 5.45 所示。由于强烈的空气加速作用以及轮廓局部的集水量，总换热系数最大［高达 $900W/(m^2 \cdot K)$］出现在前缘区域。

表 5.13　多层域特征

参数	叶片壁	冰层	水层
弦长/m	—	1.8	—
厚度/m	0.022	0.03(最大)	—
导热系数/[W/(m·K)]	0.7	2.23	0.517
比热容/[J/(kg·K)]	1000	2064	4280
密度/(kg/m³)	1400	940	1.000

该方法仅适用于流场受结冰影响不大的情况。在本例中，弦长 1.8m 的翼型上积聚的最大冰层厚度为 3cm。

由于叶片材料的低导热性，弦向热扩散可以忽略不计，对物理区域的剩余边界上施加绝热壁面条件（见图 5.43 "b" 和 "d"）。

利用商业软件 ANSYS 对无冰叶片壁面仿真进行稳态仿真（防冰工作），并与现有的有限差分法进行对比验证。结果表明，在温度和热通量分布上都有较好的一致性。对于温度和热通量，数值解之间的差异分别小于 1% 和 5%。

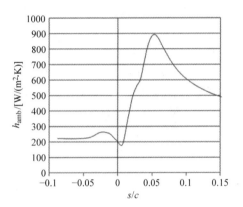

图 5.45　外表面总换热系数分布

该组数据和边界条件还用于对比评估热空气防冰和除冰系统的有效性。对给定的环境条件，比较了两种防冰系统的系统可持续性和热能需求。另外，还研究了环境温度为 −3℃ 和 −6℃ 时冰的两种不同形状。对每一种形态的冰计算其积冰时间，并将其用于分析 LWC 的值。分别计算了积冰时间为 144、72 和 36min 的情况。

对于第一个问题，将加热过程中叶片最大工作温度作为可行性阈值参数。除冰系统的利用率通过交替系数 τ 来进行评估。交替系数 τ 定义为加热时间与总循环时间之比：

$$\tau = \frac{t_{\text{heat-on}}}{t_{\text{heat-on}} + t_{\text{heat-off}}} = \frac{t_{\text{heat-on}}}{t} \qquad (5.27)$$

加热时间 $t_{\text{heat-on}}$ 取决于致使冰层脱落所需要的水层厚度。由于离心力和空气动力的作用，1mm 厚的冰水夹层足以使冰脱落。

假设叶片壁在每个加热周期结束时均回到初始温度，那么总循环时间等于冰在叶片上凝结所需要的时间。这只适用于长时间的结冰过程（即模拟中的 LWC = 0.25g/m³），在短时结冰过程中，叶片壁面的最终平均温度会高于初始温度。这种假设在大多数情况下是偏保守的。

能耗比 ε_τ 用来对比除冰和防冰系统的能耗。能耗比定义为：

$$\varepsilon_{\tau} = \frac{\dot{q}_{de-icing,ave} t_{heat-on}}{(t_{heat-on} + t_{heat-off})} = \frac{\dot{q}_{de-icing,ave}}{\dot{q}_{IPS,ave}}\tau = \xi\tau \qquad (5.28)$$

式中　　ξ——放大系数，代表除冰所需的额外功耗；

　　$\dot{q}_{de-icing,ave}$——加热阶段在内表面每线性米（相对于加热时间 $t_{heat-on}$ 和受热面积）的热功率。

后一个参数在环境温度为 -3℃ 时约为 2600W/m，在环境温度为 -6℃ 时约为 5300W/m。LWC 对热功率的影响较小。

计算两种热功率时应考虑相同的流通面积（即相同的暖气流通道），因为它们在很大程度上取决于所考虑的表面范围（见图 5.45 中的 h_{amb} 的分布）。特别地，驻点附近的总弦长为 0.64m（见图 5.43）。该长度是被认为是在防冰过程[35]中防止直接撞击水和回流水形成冰的最佳长度。

图 5.46 显示了当冷空气温度为 -3℃ 时，交替系数随热空气温度和 LWC 的变化。随着热空气温度升高，冰融化所需时间缩短，交替系数减小。该图显示了随着内部热气流温度的升高而出现的渐近趋势。图 5.46 也表明，在除冰操作中，当热空气温度高于约 140℃，最大内表面温度上升到 100℃ 以上，这个数值可能会影响叶片的结构完整性，并被假定为部件的最高工作温度。

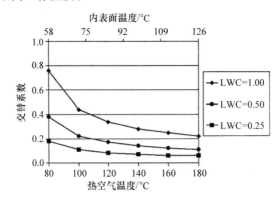

图 5.46　$T_{\infty} = -3℃$ 时交替系数随热空气温度和 LWC 的变化

在实际的除冰工作中，热空气的最低温度范围为 70~80℃，低于此温度则交替系数将迅速接近 1 的极限。

图 5.47 为防冰和除冰系统在环境温度为 -3℃ 时能耗比随热空气温度和 LWC 的变化。从图中可以看出，采用除冰替代防冰时，所有情况下热能需求均降低 40%。三条曲线均在 120℃ 时达到最小值，这意味着它是加热功率和融冰时间之间的最佳值。如果它与所需的空气加热器功率以及叶片安全工作温度相匹配，则应优先考虑该操作条件。

ε_{tau} 的计算结果表明，叶片防冰需要的热空气温度至少为 180℃，以确保外表面最低温度为 0.5℃。这时叶片壁的最高温度约为 130℃。模拟结果表明，对于所研究的叶片截面，当环境温度低于 -2℃ 时，防冰操作受到抑制。

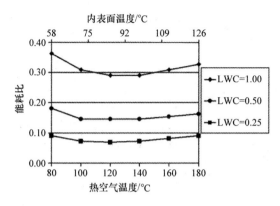

图 5.47　$T_\infty = -3℃$ 时能耗比随热空气温度和 LWC 的变化

这些数据仅用于比较目的，因为这样的叶片工作温度对于实际使用是不现实的。

图 5.48 显示了冷空气温度为 $-6℃$ 时交替系数随热空气温度和 LWC 的变化情况。相较于图 5.46，每个给定的热空气温度对应的交替系数都更高，因为此时融冰需要的热能更高，时间更长。此外，确保除冰系统正常工作的最低工作温度约为 100℃。

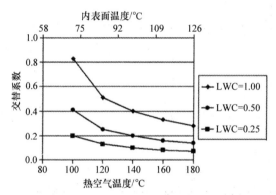

图 5.48　$T_\infty = -6℃$ 时交替系数随热空气温度和 LWC 的变化情况

当 $T_\infty = -6℃$ 时比较除冰和防冰系统的能耗比（见图 5.49），可以看到，曲线的取值低于 $T_\infty = -3℃$ 时。此时，由于环境温度下降，$\dot{q}_{ave,anti-icing}$ 大幅增加，相较于第一种情形，除冰操作更加方便。曲线的最小值向更高的热空气温度方向移动，逐渐达到"安全工作温度"的极限。然而，在考虑的温度范围内，曲线相当平坦。因此，在不显著增加能耗的情况下，可以考虑远离最高温度极限运行。

仿真结果证明了在中等低温环境中，热空气循环除冰的可行性。与常规的连续防冰相比，温度相对较低的热空气（80 ~ 120℃）适合用于除冰，叶片壁温较低（60 ~ 80℃）。相较于防冰策略，对相同数量的加热气流，防冰策略允许加热器在较低的温度下工作，这对空气加热器更加有利。因此，可以安装额定功率较低的加热器，系统运行时间有限，最多可达到结冰事件的 10%。

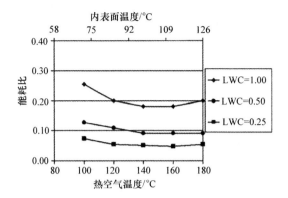

图 5.49 $T_\infty = -6℃$ 时能耗比随热空气温度和 LWC 的变化情况

较短的加热周期和适中的热功率密度大大降低了防冰作业所需的热能。

3. 废热回收加热防冰系统

废热回收加热防冰系统是利用设备现有的热源为防、除冰操作提供热能（和能量）。为此，可收集发电机和其他电气设备中损耗的部分热能。废热回收加热防冰系统的概念方案如图 5.50 所示。

参照图 5.50，如果把发电机看作热交换器，它的总热效率用焓差比表示为：

$$\varepsilon_g = \frac{h_{g,2} - h_{g,1}}{h_{w,g} - h_{g,1}} \tag{5.29}$$

再热系数可以定义为：

$$R = \frac{h_{g,2} - h_{g,1}}{h_{g,in} - h_{g,1}} \tag{5.30}$$

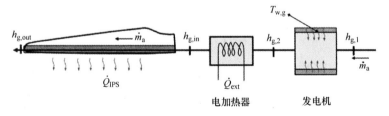

图 5.50 废热回收加热防冰系统的概念方案

发电机出口空气的焓值 $h_{g,2}$ 取决于发电机的几何形状、输送热空气套管以及该布局可实现的雷诺数，所有这些特征决定了系统的传热系数。可采用 ε – NTU 方法来计算出空气出口温度 $h_{g,2}$，以及发电机换热器的热效率 ε_g：

$$\varepsilon_g = 1 - \exp\left(-\frac{S_g U}{\dot{m}_a c_{p,air}}\right) \tag{5.31}$$

提供给叶片的热量为：

$$\dot{Q}_{\text{IPS,ave}} = \frac{\dot{Q}_{\text{ice}}}{\eta_{\text{IPS}}} = \dot{m}_a \left(h_{g,\text{in}} - h_{g,1} \right) \left(1 - R \right) \tag{5.32}$$

发电机可用的热量是发电机效率 $\eta_{g,\text{el}}$ 的函数:

$$P_{\text{av}} = P'_{\text{el}} \left(1 - \eta_{g,\text{el}} \right) S_g \varepsilon_g \tag{5.33}$$

因此,忽略动力项和促进空气循环的风扇机械功率后,稳态的能量守恒方程为:

$$P'_{\text{el}} \left(1 - \eta_{g,\text{el}} \right) S_g \varepsilon_g = \dot{m}_a \left(h_{g,\text{in}} - h_{g,1} \right) \left(1 - R \right) \tag{5.34}$$

将表 5.14 中的数据代入式 (5.34) 中,所得到的曲线如图 5.51 和图 5.52 所示。图 5.51 所示为再热系数和热量需求比 ($R=0$) 随叶片进气温度的变化。研究中分别对 1kg/s 和 2kg/s 两种不同质量流量的气流进行了模拟。从图中可以清楚地看出:在 1kg/s 的气流下,当叶片根部空气温度较低时,再热效果接近 100%,防冰功率的外部需求也相应下降。随着质量流量的增加,发电机的换热效率较低,防冰效益降低。

图 5.52 也显示了相同的结果,但是发电机提供的功率与所需防冰功率之比得到了证明。

表 5.14 模型输入参数

参数	数值
发电机工作温度 $T_{w,g}/℃$	100
环境温度 $T_{g,1}/℃$	-3
发电机的比功率 $P'_{\text{el}}/(\text{kW/m}^2)$	125
发电机内表面面积 S_g/m^2	10
发电机的效率 $\eta_{g,\text{el}}$	0.90
开路热效率 η_{IPS}	0.30

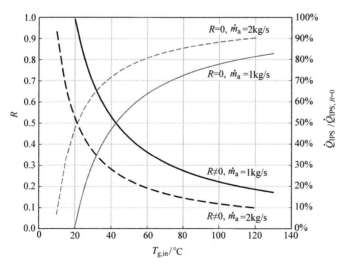

图 5.51 不同空气流量的再热系数和热量需求比随叶片进气温度的变化

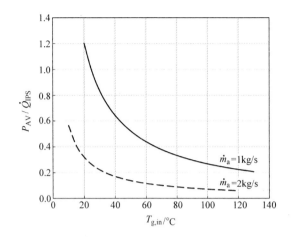

图 5.52　发电机提供的防冰功率随进气温度的变化曲线

叶片进气温度要求越低，发电机提供的热功率贡献越大。通过连续的热源（发电机）替代间歇电加热器来实现间歇加热效果，这将在其可用性方面起到决定性作用。

从技术上讲，通过适当的截风窗，暖风可以自动地流向风轮。例如，图 5.53 所示的布置方式[36,37]。

安装在塔内或机舱内的其他电气转换设备也可以作为类似的热源。

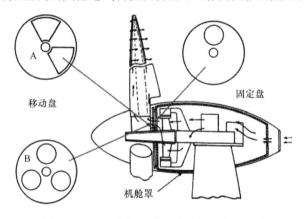

图 5.53　使热空气自动流入叶轮的布置方式

4. 气膜加热

气膜加热是一种基于已知的气膜冷却概念的技术，已经在燃气轮机叶片和燃烧室冷却中使用了 60 多年。该技术使用连续气膜部分或全部包裹在叶片外表面以减少流向叶片的热流量。类似地，如果应用于防冰系统，那么需要对气膜进行加热。气膜是通过分布在叶片壁上的槽或气孔阵列将热空气从叶片内部喷射到叶片外部而形成的。喷射式空气加热防冰系统概念图如图 5.54 所示[36]。

热空气通过叶根进入叶片，然后由内部通道引导至壁上开有槽或气孔的部分。通过

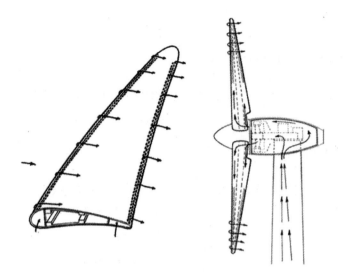

图 5.54　喷射式空气加热防冰系统概念图

设置适当的交替系数，可以实现热空气的连续或间歇喷射。

气膜加热的传热原理如图 5.55 所示。气膜加热取决于内部热空气和外部冷空气的混合。混合过程既增加了表面传热系数（取决于流体的流动特征），也增加表面空气温度。由于该传热过程绕过了高热阻的玻璃纤维壁面，净效应导致从表面到冷流的热流量减少。

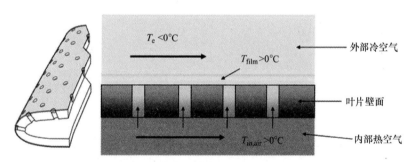

图 5.55　气膜加热的传热原理

5. 喷射加热模型

在气膜加热模型中，热气流通过壁面注入，在寒冷的外部空气中通过湍流混合扩散，离开孔板（槽或孔）后，其焓值在下游区域逐渐被破坏。随着下游与喷孔距离的增加，混合空气逐渐接近外界温度。

早在 1946 年 Weighardt[38] 就已经在除冰试验中分析了热风吹过开槽平板的情况。他将使用的温度比参数定义为：

$$\frac{T_{s,\text{ext}} - T_{a,\text{in}}}{T_{a,\infty} - T_{a,\text{in}}}$$

式中　$T_{a,\text{in}}$——注入空气的静态温度；

　　　$T_{a,\infty}$——环境的静态温度。

该温度比取决于吹气比参数，也称为气膜质量流速比，由下式给出：

$$\text{BR} = \frac{s_s \rho_{a,\text{in}} v_{a,\text{in}}}{x \rho_{a,\infty} w_{a,\infty}}$$

式中　s_s——槽的宽度；

　　　x——下游与槽的距离；

$s_s \rho_{a,\text{in}} v_{a,\text{in}}$——单位时间内从槽中喷射出的热空气质量。下面的试验确定了 $\text{BR} \leq 1$ 和 x/s_s
　　　　　　> 100 的关系。试验结果表明，随着 BR 值增大，壁面温度升高：

$$\frac{T_{s,\text{ext}} - T_{a,\text{in}}}{T_{a,\infty} - T_{a,\text{in}}} = 1 - 21.8(\text{BR})^{0.8} \tag{5.35}$$

为了将该结论由单槽推广至多孔壁面（通过该部分喷射加热的质量流），可以用质量守恒定律来推算等效质量流速：

$$\rho_a v_a = \frac{s_s \rho_{a,\text{in}} v_{a,\text{in}}}{x}$$

现在可以在式（5.35）中引入质量流速，假设 $T_a = T_{a,\text{in}}$，由于叶片壁的导热系数较低（壁面可以认为是绝热的），从而得到：

$$\frac{T_{w,\text{ext}} - T_{a,\text{in}}}{T_{a,\infty} - T_{a,\text{in}}} = 1 - 21.8\left(\frac{\rho_a v_a}{x \rho_{a,\infty} w_{a,\infty}}\right)^{0.8} \tag{5.36}$$

其中：$\dfrac{\rho_a v_a}{x \rho_{a,\infty} - w_{a,\infty}} < \dfrac{1}{100}$

$\dfrac{\rho_{a,\text{in}} v_{a,\text{in}}}{x \rho_{a,\infty} w_{a,\infty}} \leq 1$

利用式（5.36）推导出的这一方程仅适用于冷热空气间温差较小的情况。

$$\frac{\dot{m}_a}{A_a} = \rho_a v_a$$

式（5.36），给定环境条件下的叶片外表面温度 $T_{s,\text{ext}}$ 是吹气比的函数：

$$T_{s,\text{ext}} = T_{a,\text{in}} + T_{a,\infty} - T_{a,\text{in}}\left[1 - 21.8\left(\frac{\dfrac{\dot{m}_a}{A_a}}{\rho_{a,\infty} w_{a,\infty}}\right)^{0.8}\right] \tag{5.37}$$

可以将气膜温度 T_{film} 定义为进入气膜的热气流与外部自由气流的混合温度：

$$T_{\text{film}} = T_{a,\infty} - \eta_{\text{film}}(T_{a,\infty} - T_{a,\text{in}})$$

气膜效率 η_{film} 可以由众所周知的燃气轮机气膜冷却的试验推导出来的[39]，如图 5.56 所示，对缝隙和低注入速率具有令人满意的预测。

$$\eta_{\text{film}} = \frac{1.9 Pr^{\frac{2}{3}}}{1 + 0.329 \dfrac{c_{p,\text{air}}}{c_{p,a,\text{in}}} \xi^{\frac{4}{5}}} \tag{5.38}$$

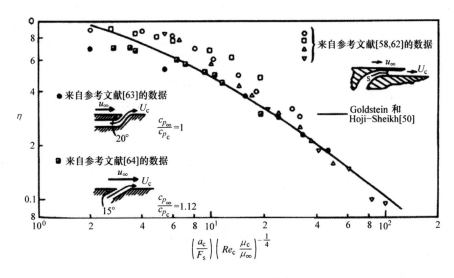

图 5.56　试验结果与 Hartnett（1985）[39] 预期结果的比较

由于环境温度和热空气的温度接近，即 $c_{p,\text{air}}/c_{p,\text{a,in}}=1$。$\xi$ 可以定义为：

$$\xi = \frac{\rho_{\text{a},\infty} v_{\text{a},\infty}}{\dfrac{\dot{m}_{\text{a}}}{A_{\text{a}}}} \left(\frac{\mu_{\text{a}} Re_{\text{s}}}{\mu_{\text{a},\infty}}\right)^{-\frac{1}{4}} \tag{5.39}$$

其中，$Re_{\text{s}} = \rho_{\text{a},\infty} v_{\text{a},\infty} s_{\text{s}}/\mu_{\text{a}}$。该模型假设注入的热量不扰动边界层，湍流边界层中发生了挟带过程。

计算叶片壁温的公式［式（5.37）］中的参数 θ 可由下式计算：

$$\theta = \frac{T_{\text{a},\infty} - T_{\text{a,in}}}{T_{\text{a},\infty} - T_{\text{s,ext}}}$$

温度比和气膜效率可用于定义热力系数：

$$\frac{Q_{\text{film}}}{Q_{\text{nofilm}}} = \frac{h_{\text{c,film}}}{h_{\text{c,ext}}}(1 - \theta \eta_{\text{film}}) \tag{5.40}$$

吹气比对驱动温度梯度的影响如图 5.57 所示。其中，叶片壁面的驱动温度梯度为吹气比 BR 的函数。相对较低的热空气质量流量和较低的热空气温度，能够大大降低冷却驱动温度。与没有气膜加热（不透壁面）相比，叶片壁面处的热通量有所减少。吹气比对冷却热流的影响如图 5.58 所示，用于防冰的热能也相应减少了。这个简单的模型表明，叶片表面防冰热通量需求降低了 70% ~ 80%，同时热空气量也大大减少了。因此，废热回收加热防冰系统可以充分利用这一解决方案。

事实上，由于防冰所需的焓很低，与其他常规系统相比，形成气膜的空气可以由机舱后部或塔架底部进入，经电气设备（电压器和发电机等）加热后直接进入叶轮。

叶片前缘外壁温度分布比较如图 5.59 所示，其中对典型的无孔壁面（现行技术）与气膜加热壁面的叶片前缘区域壁面温度分布进行了比较。与传统的热空气系统相比，

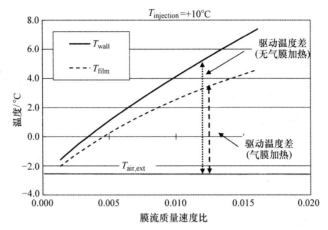

图 5.57　吹气比对驱动温度梯度的影响

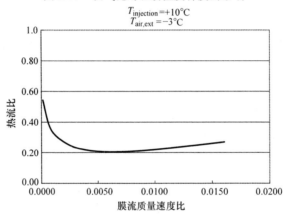

图 5.58　吹气比对冷却热流的影响

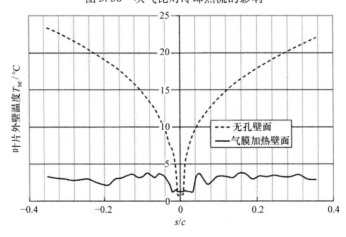

图 5.59　在无孔壁面（当前技术）和气膜加热壁面（攻角 = 0°）时，
NACA 4415 叶片前缘外壁温度分布比较

气膜加热可实现平滑且等温的表面温度分布。该计算结果是从本章提出的加热模型推导出来的，同时考虑到气膜加热和叶片截面的共轭传热，对模型进行了一定的修正。注入的空气温度设定为 +10℃。

对于射流对边界层稳定性的扰动问题，其在燃气轮机上数十年的应用表明，适当的BR 可以有效地防止射流的形成和流体动力损失。

空气的喷射降低了叶片轮廓收集效率，从而减少了撞击叶片表面的水量。从经济角度来看，由于热空气可以通过废热回收加热系统来实现，因此有利于降低运行成本。在这种配置下，系统不需要设置结冰检测系统来启动除冰操作，因为随着风机的旋转，在满足较小的空气泵送功率时，气流将自动形成。

5.11.3　低附着力涂层材料

通过以下方法可以降低冰在叶片表面的黏附作用：

1）疏水表面（降低表面润湿性）。

2）防冰表面（减少冰的黏附）。

减少表面的水或冰的附着有两大好处：

1）防冰系统的能量需求更少。

2）除冰部位较少。

早期航空领域对冰在物体表面附着的研究得出了以下结论：

1）黏接剂剪应力随表面温度的降低而线性增加。

2）具有疏水性质的表面是否也具有疏冰能力尚不明确。疏水性不一定产生疏冰性。

3）一种涂层在不同的结冰条件下会有不同的表现，雾凇或雨凇分别表示冰的干或湿生长过程。

4）材料的防冰特性会随着时间的推移和冰的反复去除而改变。

5）硅基材料降低了冰的附着力，但用作保护层时，它会随着除冰过程脱落，因此不能提供永久的涂层防护。

6）聚四氟乙烯涂料容易带电；潮湿的灰尘或湿颗粒会被吸引到表面，进而促进冰的生长。

在冰的积聚过程中，水会凝聚成水珠。涂层表面的小缺陷会导致局部结冰，从而覆盖涂层。随后这些斑块会凝结更多的冰。这种现象是"像煎锅一样的缺陷"，这种缺陷即便是在新涂覆聚四氟乙烯涂料的煎锅上也能观察到。当锅潮湿时，一些水滴甚至小水流会留在涂层上，而不会随着锅的悬挂而滑落。这些潮湿区域表明了涂层存在缺陷，影响了表面的疏水性。

涂层的耐久性取决于原始表面黏合作用的退化情况（现场条件下），即便最初能够获得非常低的结冰附着力，在反复除冰和雨水高速撞击时，也必须考虑其耐久性。

黏附强度：

表 5.15 前四列中列出了结冰叶片的通用数据。冰受到离心力和空气动力的作用。

由于后者对冰的作用比前者小一个数量级，故其可以忽略。积聚在叶尖区域的冰的质量可以通过下式计算：

$$m_{ice} = \rho_{ice} A_{ice} t_{ice}$$

离心力和由此产生的表面附着强度为：

$$F_c = \Omega^2 R m_{ice}$$

表 5.15　结冰叶片的通用数据

额定功率/kW	Ω/（rad/s）	R/m	c/m	停机		发电	
				t_{ice},CL_2/m	F_c/A_{ice}/kPa	t_{ice}/m,$k_s/c = 20 \times 10^{-4}$	F_c/A_{ice}/kPa
100	4.12	17	0.3	0.9	16	6×10^{-4}	0.16
1000	2.77	27	0.4	0.12	15	8×10^{-4}	0.15
2500	1.70	41	0.8	0.24	17	1.6×10^{-3}	0.17

$$\left.\frac{F_c}{A_{ice}}\right|_{tip} = \rho_{ice} t_{ice} \Omega^2 R$$

t_{ice} 的值取决于风电机组的运行状态。当风机在叶片覆冰情况下启动时，可以通过第4章介绍的污染等级来进行推断，实际操作时可根据相对粗糙度参数 k_s/c 来进行推导。当达到极限相对粗糙度参数 $k_s/c = 20 \times 10^{-4}$ 时，气动性能大幅下降。因此，利用该数据可得到表5.15最后四列数据。冰的密度设为 900kg/m³。

为了让冰自行脱落，所有尺寸的风机在启动时覆冰叶片上的黏附强度均应小于17kPa，而在运行时的黏附强度会小两个量级。在 -10℃ 时，冰对各种材料的典型黏附强度见表5.16。

表 5.16　-10℃时冰对各种材料的典型黏附强度

材料	黏附强度/kPa
钢	900
环氧树脂漆	400
聚氨酯树脂清漆（聚氨酯）	411
有机硅丙烯酸树脂（防水性）	198
聚氯乙烯	90
聚四氟乙烯	40

将这些数值与表5.15的数值进行比较。很明显，对于目前的材料，离心力一般不足以使冰从任何表面脱落，即使是在叶尖部位的冰也无法脱落。

因此，可以得出以下结论：

1）单独使用涂层来防止风机叶片结冰是不现实的。

2）但是，如果对叶片进行适当的涂层处理，则会降低覆冰的附着力。

3）表面的抗冰能力由局部黏合表面的分子特性决定。宏观尺度的方法对于实际用途是没有用的。涂层施工技术和最终的表面均匀性是至关重要的。对于大型风机叶片表面而言,这是一个具有挑战性的任务。

4)应考虑涂层与除冰或防冰装置的组合应用,因为减少附着力有助于提高防冰系统的性能。

5.12 海上防冰系统

风机部件必须在时变环境或运行负荷下具有抗振动的能力。理想情况下,风机应该安装传感器来监测环境载荷,包括由结冰和海冰造成的负荷以及结构的状态。与目前最先进的监测工具相比,该理念需要开发更先进的监测工具。基于此,将自动激活半主动对策,以防止过度振动。

在风机的支承结构中嵌入阻尼元件和智能元件,可以减小振动。这些措施用于降低结构的动态响应,提高结构的疲劳寿命。结构阻尼一直都是应对过度振动的有效方法。此外,风机基础也可以防止由冰导致的移动。在适当的地点,可以在风电场中扩展天然陆地抗冰带,使得单个基础上的静态和动态冰作用力保持较小的程度。

参 考 文 献

1. Al-Khalil KM, Miller DR, Wright WB (2001) Validation of NASA thermal ice protection computer codes: part 3-the validation of antice. NASA Langley Research Center, NASA/TM-2001-210907
2. Makkonen L, Laakso T, Marjaniemi M, Finstad KJ (2001) Modeling and prevention of ice accretion on wind turbines. Wind Eng 25(1):3–21
3. Beaugendre H, Morency F, Habashi WG (2003) FENSAP-ICE's three-dimensional in-flight ice accretion module. J Aircr 40(2):239–247
4. Battisti L, Fedrizzi R, Rialti M, Dal Savio S (2005) A model for the design of hot-air based wind turbine ice prevention system. In: Conference WREC05, Aberdeen, Germany, 22–27 May 2005
5. Ronsten G (2004) Svenska erfarenheter av vindkraft i kallt klimat nedisning. Vindkast Ochavisning, Elforsk rapport 04:13–40
6. Peltola E, Marjaniemi M, Stiesdal H (1999) An ice prevention system for the wind turbine blades. In: Proceedings of European wind energy conference, Nice, France, 1–5 March 1999
7. Seifert H (2003) Technical requirements for rotor blades operating in cold climate. In: Proceedings of Boreas VI, DEWI Deutsches Windenergie-Institut GmbH, p 5
8. Mansson J (2004) Why de-icing of wind turbine blades? In: Proceedings of global windpower, Chicago, 18-21 March 2004
9. Pederson E (2008) Wind turbine ice protection system (WTIPS). Kelly aerospace thermal systems. Winterwind. Norrkping, 9–10 December 2008
10. Woigt H (1949) Deutsche Patentschrift n.842330
11. Enercon International GmbH (2003) Enercon E-66 20.70 Technical Description
12. Battisti L (2006) Ice prevention systems selection and design.DTU special course, Master of Science in Wind Energy, June 2006
13. Battisti L, Dal Savio S (2003) Sistema antighiaccio per pale di turbine eoliche parte 1: valutazione del fabbisogno energetico. In: 58th congresso ATI, Padova, Italy, 8–12 September 2003
14. Battisti L, Soraperra G (2003) Sistema antighiaccio per pale di turbine eoliche parte 2: sistemi

a circolazione di aria. In: 58th congresso ATI. Padova, Italy, pp 8–12 September 2003

15. Thomas SK, Cassoni RP, MacArthur CD (1996) Aircraft anti-icing and deicing techniques and modeling. J Aircr 33(5):841–853

16. Albers A (2011) Summary of a technical validation of ENERCON's rotor blade de-Icing system. Deutsche wind guard consulting Gmbh, PP11035-V2

17. Enercon International GmbH (2010), ENERCON ice detection system power curve method. Technical description, D0154426-2

18. Krenn A, Winkelmeier H, Wlfler T, Tiefenbacher K (2011) Technical assessment of rotor blade heating system in the Austrian Alps. In: Winterwind 2011 conference. Umeå, Sweden, 9–10 February 2011

19. Jonsson C (2012) Further development of ENERCON's de-icing system. In: Winterwind 2012 Conference, Skelleftea, 7–8 February 2012

20. Kays WM, Crawford ME (1980) Convective heat transfer and mass transfer. McGraw-Hill, New York

21. Ruff GA, Berkowitz BM (1990) Users manual for the NASA Lewis ice accretion prediction code (Lewice), NASA Langley Research Center, Technical report, NASA CR 185129

22. Incropera F, DeWitt D (1996) Fundamentals of heat and mass transfer, 5th edn. Wiley, New York

23. Halpin JC (1992) Primer on composite materials analysis, 2 Revised edn. Technomic publication, Lancaster

24. Øye S (1988) Project K 30 m Glasfibervinge Teknik Beskrivelse. Afdelingen for Fluid Mekanik Den Politekniske Lreanstalt, Lyngby, Denmark

25. Botura G, Fisher K (2003) Development of ice protection system for wind turbine applications. In: Proceedings of the VI BOREAS conference, Pyhatunturi, Finland, 9–11 April 2003

26. Mayer C (2007) Systme lectrothermique de Dgivrage pour une Pale d'Eolienne, UQAR, Rimouski, Canada

27. Dalili N, Edrisy A, Carriveau R (2009) A review of surface engineering issues critical to wind turbine performance. Renew Sustain Energy Rev 13:428–438

28. Andersen E, Börjesson E, Vainionp P, Undem LS (2011) Wind power in cold climate. WSP Environmental 2011

29. Battisti L, Baggio P, Fedrizzi R (2006) Warm-air intermittent de-icing system for wind turbines. Wind Eng 30(5):361–374

30. Battisti L, Fedrizzi R (2007) 2D numerical simulation of a wind turbine de-icing system using cycled heating. Wind Eng 31(1):33–42

31. Yasilik AD, De Witt KJ, Keith TG (1992) Three-dimensional simulation of electrothermal deicing systems. J Aircr 29(6):1035–1042

32. Gray VH, Bowden DT, von Glahn U (1952) Preliminary results of cyclical de-icing of a gas-heated airfoil. NASA Langley Research Center, Technical report, NACA-RM-E51J29

33. Mingione G, Brandi V (1998) Ice accretion prediction on multielement airfoils. J Aircr 35(2):240–246

34. Özisik MN (1994) Finite difference methods in heat transfer. CRC Press, Boca Raton

35. Battisti L, Fedrizzi R, Dal Savio S, Giovannelli A (2005) Influence of the and size of wind turbines on anti-icing thermal power requirement. In: Proceedings of EUROMECH 2005 wind energy colloquium, Oldenburg, Germany, 4–7 October 2005

36. Battisti L (2002) Anti-icing system for wind turbines. Patents US7637715B2, EP1552143B1 et al., priority 2002

37. Battisti L (2006) Method for implementing wind energy converting systems, Patents US8398368 et al., priority 2006

38. Weighardt K (1946) Hot air discharge for de-icing. Air material command—AAF Trans, technical publication, F-TS-919 RE

39. Rohsenow WM, Hartnett JP, Ganic EN (1985) Mass transfer cooling. Handbook of heat transfer applications, 2nd edn. McGraw-Hill, New York

参 考 阅 读

图书列表

Adamson AW (1990) Physical chemical of surfaces, 5th edn. Wiley, New York

Cebeci T, Smith A (1974) Analysis of turbulent boundary layers, 1st edn. Academic Press, New York

Mason BJ (1971) The physics of the clouds. Oxford University Press, Oxford

Schmid PJ, Henningson DS (2001) Stability and transition in shear flows. Springer, New York

Spalding DB (1963) Convective mass transfer, an introduction. McGraw-Hill, New York

Thwaites B (1960) Incompressible aerodynamics: an account of the theory and observation of the steady flow of incompressible fluid past aerofoils, wings, and other bodies, 1st edn. Dover Publications Inc., New York

White FM (2000) Viscous fluid flow, 2nd edn. McGraw-Hill, New York

文章列表

Abid R (1993) Evaluation of two-equation turbulence models for predicting transitional flows. Int J Eng Sci 31(6):831–840

Abu-Ghannam B, Shaw R (1980) Natural transition of boundary layers—the effects of turbulence, pressure gradient and flow history. J Mech Eng Sci 22(5): 213–228

Achenbach E (1977) The effect of surface roughness on the heat transfer from a circular cylinder to the cross flow of air. Int J Heat Mass Transf 20:359–369

Addy H (2000) Ice accretions and icing effects for modern airfoils. NASA report, TP-2000–210031

Addy H et al (2003) A wind tunnel study of icing effects on a business jet airfoil. NASA report, TM-2003–212124

Addy H, Chung J (2000) A wind tunnel study of icing on natural laminar flow airfoil. AIAA paper 2000–0095, 38th aerospace sciences meeting and exhibit, Reno (NY), 10–13 Jan 2000

Aihara T (1990) Augmentation of convective heat transfer by gas-liquid mist. In: International heat transfer conference, vol 1. Hemisphere Publishing Co., New York, pp 445–461

Al-Khalil KM (1991) Numerical simulation of a an aircraft anti-icing system incorporating a rivulet model for the runback water. Ph.D thesis—University of Toledo, Ohio, USA

Al-Khalil KM, Horvath C, Miller DR, Wright W (2001) Validation of NASA thermal ice protection computer codes. Part 3—Validation of ANTICE. Contractor Report, 2001–210907, National Aeronautics and Space Agency, Cleveland, OH, p 18

Al-Khalil KM, Keith TG, De Witt J (1994) Development of an improved model for runback water on aircraft surfaces. J Aircr 31(2):271–278

Amick JL (1950) Comparison of the experimental pressure distribution on an NACA 0012 profile at high speeds with that calculated by the relaxation method. National Advisory Committee for Aeronautics, Technical Note, TN-2174

Anderson DN (2004) Manual of scaling methods. Technical report, NASA/CR 2004-212875

Arnal D (1971) Description and prediction of transition in two-dimensional incompressible flow. Minimum thickness of a draining liquid film. Int J Heat Mass Transf 14:2143–2146

Bankoff SG (1971) Stability of liquid flow down a heated inclined plate. Int J Heat Mass Transf 14:377

Baxxter DC, Reynolds WC (1958) Fundamental solutions for heat transfer from nonisothermal plates. J Aeronaut Sci 25:403–404

Beaugendre H, Morency F, Habashi WG (2003) Fensap-ice three-dimensional in-flight ice accretion module: Ice3d. J. Aircr 40(2):239–247

Bentwich M, Glasser D, Kern J, Williams D (1976) Analysis of rectilinear rivulet flow. AIChE J 22(4):772–779

Bernardin JD, Mudawar I, Christopher F, Walsh B, Frensesi EI (1997) Contact angle temperature dependence for water droplets on practical aluminum surfaces. Int J Heat Mass Transf 40(5):1017–1033

Bragg MB, Cummings SL, Henze CM (1996) Boundary-layer and heat transfer measurements on an airfoil with simulated ice roughness. 34th Aerospace sciences and meeting, Reno, pp 1–16

Bragg MB, Heinrich D, Valarezo W (1994) Effect of underwing frost on a transport aircraft airfoil at flight Reynolds number. J Aircr 31(6):1372–1379

Bragg MB (1981) Rime ice accretion and its effect on airfoil performance. Ph.D Thesis, The Ohio State University

Bragg MB (1986) An experimental study of the aerodynamics of a NACA 0012 airfoil with a simulated glaze ice accretion. Urbana, Ohio

Bragg MB, Broeren AP, Blumenthal LA (2005) Iced-airfoil aerodynamics. Prog Aerosp Sci 41(July):323–362

Cebeci T, Hefazi H, Roknaldin F, Carr LW (1995) Predicting stall and post-stall behavior of airfoils at low mach numbers. AIAA J 33(4):595–602

Cebeci T, Kafyeke F (2003) Aircraft icing. Ann Rev Fluid Mech 35:11–21

Collyer M, Lock R (1979) Prediction of viscous effects in steady transonic flow past an airfoil. Aeronaultical Q 30:485–505

Crawford ME, Kays WM (1976) A program for numerical computation of two-dimensional internal and external boundary layer flows. National aeronautics and space administration, Washington, Contractor Report, 2742. p 140

Croce G, Beaugendre H, Habashi WC (2002) Fensap-ice conjugate heat transfer computations with droplet impingement and runback effects. In: Proceedings of 40th aerospace sciences meeting & exhibit, Reno, Nevada, America institute of aeronautics and astronautics paper 2002-0386:1–10

Dey J (2000) On the momentum balance in linear-combination for the transition zone. J. Turbomach 122:587–588

Dhawan S, Narasimha R (1958) Some properties of boundary layer flow during the transition from laminar to turbulent motion. J Fluid Mech 3:418–436

Diprey DF, Sabersky RH (1963) Heat and momentum transfer in smooth and rough tubes at various prandtl numbers. Int Heat Mass Transf 6:329–353

Doenhoff AEV, Horton EA (1956) Low-speed experimental investigation of the effect of sandpaper type roughness on boundary—layer transition report NACA TN 3858

Domingos RH, Pustelnik M, Trapp LG, Silva GAL, Campo W, Santos LCC (2007) Development of an engine anti-ice protection system using experimental and numerical approaches. Proceedings of SAE aircraft and engine icing international conference, Society of Automotive Engineers, Warrendale, SAE paper 2007-01-3355

Downs SJ, James EH (1988) Heat transfer characteristics of an aero-engine intake fitted with a hot air jet impingement anti-icing system. Proceedings of 25th national heat transfer conference, American society of mechanical engineers, New York 1:163–170

Drazin PG, Reid WH (2004) Hydrodynamic Stability, 2nd edn. Cambridge University Press, Cambridge

Drela M, Giles M (1987) Viscous-inviscid analysis of transonic and low Reynolds number airfoils. AIAA J 25(10):1347–1355

Dukhan N, Masiuániec KC, De Witt KJ (1999) Experimental heat transfer coefficients from ice-roughened surfaces for aircraft deicing design. J Aircr 36(6): 948–956

Eckert ERG (1955) Engineering relations for friction and heat transfer to surfaces in high velocity flow. J Aeronaut Sci 22:585–587

El-Genk MS, Saber HH (2001) Minimum thickness of a flowing down liquid film on a vertical surface. Int J Heat Mass Transf 44:2809–2825

El-Genk MS, Saber HH (2002) An investigation of the break-up of an evaporating liquid film, falling down a vertical, uniformly heated wall. Trans. ASME J Heat Transf 124:39–50

Emmons H (1951) The laminar-turbulent transition in a boundary layer—Part I. J Aeronaut Sci 234(2348):490–498

Flemming R, Lednicer R (1985) High speed ice accretion on rotorcraft airfoils. Sikorsky Aircraft Division, CR 3910

Frick CW, McCullough GB (1942) A method for determining the rate of heat transfer from a wing or streamline body. Moffet Field, National Advisory Committee for Aeronautics, NACA Report 830

Gelder TF, Lewis JP (1951) Comparison of heat transfer from airfoil in natural and simulated icing conditions. Ashington, National Advisory Committee for Aeronautics, Technical Note 2480)

Gent R, Trajice A (1990) Combined water droplet trajectory and ice accretion prediction program for aerofoils, Farnborough, Royal Aerospace Establishment, Technical report 90054

Gent RW, Dart NP, Cansdale J (2000) Aircraft icing. Phil Trans Roy Soc Lond A 358:2873–2911

Gile-Laflin BE, Papadakis M (2001) Experimental investigation of simulated ice accretions on a natural laminar flow airfoil. Proceedings of 39th American institute of aeronautics and astronautics meeting and exhibit, AIAA Paper 2001–0088, Reno, Nevada, 8–11 Jan 2001

Gray VH (1958) Correlations among ice measurements, impingement rates, icing conditions, and drag coefficients for unswept, NACA 65A004 Airfoil, United

States. National advisory committee for aeronautics, technical note 4151

Gray VH (1964) Prediction of aerodynamic penalties caused by ice formations on various airfoils. NASA-TN-D-2166

Gray VH, von Glahn UH (1964) Aerodynamics effects caused by icing of an unswept NACA 65A004 airfoil. United States. National Advisory Committee for Aeronautics, Technical note NACA TN 4155

Hartley DE, Murgatroyd W (1964) Criteria for the break-up of thin liquid layers flowing isothermally over solid surfaces. Int J Heat Mass Transf 7:1003

Havugimana P, Lutz C, Saeed F, Paraschivoiu I, Kerevanian G, Sidorenko HCM, Bragg MB, Kim HS (1998) Freestream turbulence measurements in icing condition. Proceedings of 36th American institute of aeronautics and astronautics meeting and exhibit, AIAA Paper 1998–1996, Reno, 12–15 Jan 1998

Hess J, Smith A (1967) Calculation of potential flow about arbitrary bodies. Prog Aeronaut Sci 8:1–138

Jackson D, Bragg M (1999) Aerodynamic performance of an NLF airfoil with simulated ice. American institute of aeronautics and astronautics, Reno, Nevada, EUA, AIAA Paper 99–0373

Johnson MW, Fashifar A (1994) Statistical properties of turbulent bursts in transitional boundary layers. Int J Heat Fluid Flow 15(4):283–290

Kays WM, Crawford ME, Weigand B (2004) Convective heat and mass transfer, 4th edn. McGraw-Hill, New York

Kays WM, Moffat RJ (1975) The behaviour of transpired turbulent boundary layers. In: Lauder B (ed) Studies in convection theory, measurements and applications, vol 1. Academic Press, New York, pp 223–319

Kennedy J, Marsen D (1976) Potential flow velocity distributions on multi-component airfoils ections. Can Aeronaut Space J 22(5):243–256

Kerho MF, Bragg M (1997) Airfoil boundary-layer development and transition with large leading-edge roughness. AIAA J 35(1):75–84

Kim H, Bragg M (1999) Effects of leading-edge ice accretion geometry on airfoil aerodynamics. American institute of aeronautics and astronautics, Reno, Nevada, EUA, AIAA Paper 99–3150

Korkan Jr KD, Cross Jr EJ, Cornell CC (1985) Experimental aerodynamic characteristics of an NACA 0012 airfoil with simulated ice. J Aircr 2(22):130–134

Kuhns IE, MAson BJ (1968) The supercooling and freezing of small droplets falling in air and other gases. Proc Roy Soc A302:437–452

Langmuir I (1961) Supercooled water droplets in rising of cold saturated air. The collected works of iorving Langmuir, the atmospheric phenomena. Pergamon Press Reprints 10:199–334

Leary WM (2002) We freeze to please. A history of NASA's icing research tunnel and the quest for flight safety. National aeronautics and space administration, The NASA history series, NASA SP-2002-4226

Ludlam FH (1951) The heat economy of a rimed cylinder. Q J Roy Meteorol Soc 77(334):663–666

Macarthur C, Keller J, Luers J (1982) Mathematical modeling of airfoil ice accretion on airfoils. 20th Aerospace sciences meeting and exhibit, America institute of aeronautics and astronautics, Reno, AIAA paper 82-36042

Makkonen L (2000) Models for the growth of rime, glaze, icicles and wet snow on structures. Philos Trans Roy Soc 358(1776):2913–2939

Makkonen L (1985) Heat transfer and icing of a rough cylinder. Cold Reg Technol 10:105–116

Mateer GG, Monson DJ, Menter FR (1996) Skin-friction measurements and calculations on a lifting airfoil. AIAA J 34(2):231–236

Mayle R (1991) The role of laminar-turbulent transition in gas turbine engines. ASME J Turbomach 113(5):509–537

Messinger BL (1953) Equilibrium temperature of an unheated icing surface as a function of air speed. J Aeronaut Sci 20(1):29–42

Mikielewicz J, Moszynsky JR (1978) An improved analysis of breakdown of thin liquid films. Arch Mech 30:489–500

Mikielewicz J, Moszynsky JR (1982) Breakdown and evaporation of thin shear driven liquid films. Proceedings international centre of heat and mass transfer, Gdanski, 467–481

Morency F, Tezok F, Paraschivoiu I (1999) Anti-icing system simulation using Canice. J Aircr 36(6):999–1006

Morency F, Tezok F, Paraschivoiu I (1999) Heat and mass transfer in the case of an anti-icing system modelisation. 37th Aerospace sciences meeting and exhibit, America institute of aeronautics and astronautics, Reno, AIAA paper 99-0623

Moretti PM, Kays WM (1965) Heat transfer to a turbulent boundary layer with varying free-stream velocity and varying surface temperature - an experimental study. Int J Heat Mass Transf 8:1187–1202

Mortensen K (2008) CFD simulations of an airfoil with leading edge ice accretion. Ph.D. thesis, Technical University of Denmark

Narasimha R (1957) On the distribution of intermittency in the transition region of a boundary layer. J Aerosp Sci 24:711–712

Newton JE et al (1988) Measurement of local convective heat transfer coefficients from a smooth and roughened NACA 0012 airfoil: flight test data. National aeronautics and space agency, Cleveland, Technical Memorandum 1000284, 17

Neel JCB, Bergrun NR (1947) The calculation of the heat required for wing thermal ice prevention in specified icing conditions. National advisory committee for aeronautics, Washington, Technical Note 1472

Owen PR, Thomson WR (1963) Heat transfer accross rough surfaces. J Fluid Mech 15:321–334

Papadakis M, Alansatan S, Seltmann M (1999) Experimental study of simulated ice shapes on a NACA 0011. America institute of aeronautics and astronautics, Reno, Nevada, EUA, AIAA Paper 99-0096

Papadakis M, Alansatan S, Wonng S (2000) Aerodynamic characteristics of a symmetric NACA section with simulated ice shapes. America institute of aeronautics and astronautics, Reno, Nevada, EUA, AIAA Paper 2000-0098

Potapczuk MGA (1999) Review of NASA LEWIS' development plans for computational simulation of aircraft icing. AIAA-99-0243

Raw M, Schneider GA (1985) New implicit solution procedure for multidimensional finite-difference modeling of the Stefan problem. Numer Heat Transf 8:559–571

Rothmayer AP, Tsao JC (2000) Water film runback on an airfoil surface. 38th aerospace sciences meeting and exhibit, America Institute of Aeronautics and Astronautics, Reno, AIAA Paper 2000-0237

Rothmayer AP, Tsao JC (2001) On the incipient motion of air driven water beads. 39th aerospace sciences meeting and exhibit, America Institute of Aeronautics and Astronautics, Reno, AIAA 2001-0676

Ruff GA, Berkowitz BM (1990) Users manual for the NASA Lewis ice accretion prediction code (LEWICE). National aernautics and space administration, Cleveland

Saber HH, El-Genk MS (2004) On the break-up of a thin liquid film subject to interfacial shear. J Fluid Mech 500(113)

Schlichting H, Gersten K (2000) Boundary-layer theory, 8th edn. Springer, Berlin

Schlichting H (1937) Experimental investigation of the problem of surface roughness. Technical memorandum n.823, Washington, DC, April 1937

Schmuki P. and Laso M. (1990) On the stability of rivulet flow. J. Fluid Mechanics, 215:125–143

Schubauer G, Klebanoff P (1955) Contributions on the mechanics of boundary-layer transition. National advisory committee for aeronautics, Washington, Contractor Report 1289

Schubauer G, Skramstad H (1948) Laminar boundary layer oscillations and transition on a flat plate. National advisory committee for aeronautics, Washington, Technical Report 909

Sharma OP (1987) Momentum and thermal boundary layer development on turbine airfoil suction surfaces. 23th AIAA/SAE/ASME joint propusion conference, America Institute of Aeronautics and Astronautics, AIAA Paper 87-1918:1–11

Shin J, Bond TH (1994) Repeatability of ice shapes in the NASA LEWISis icing research tunnel. J Aircr 31(5):1057–1063

Shin J, Chen HH, Cebeci TA (1992) Turbulence model for iced airfoils and its validation. National Aeronautics and Space Administration, Washington, Technical Memorandum 105373

Silva GAL, Silvares OM, Zerbini EJGJ (2003) Airfoil anti-ice system modeling and simulation. 43rd aerospace sciences meeting and exhibit, America Institute of Aeronautics and Astronautics, Reno, AIAA Paper 2003-734

Silva GAL, Silvares OM, Zerbini EJGJ (2005) Simulation of an airfoil electro-thermal anti-ice system operating in running wet regime. 41st aerospace sciences meeting and exhibit, America Institute of Aeronautics and Astronautics, Reno, AIAA Paper 2005-1374

Silva GAL, Silvares OM, Zerbini EJGJ (2006) Water film breakdown and rivulets formation effects on thermal anti-ice operation simulation. 9th AIAA/ASME joint thermophysics and heat tranfer conference, San Francisco, AIAA Paper 2006-3785

Silva GAL, Silvares OM, Zerbini EJGJ (2007) Numerical simulation of airfoil thermal anti-ice operation. Part 1: mathematical modeling. J Aircr 44(2):627–633

Silva GAL, Silvares OM and Zerbini EJGJ (2006) Numerical simulation of airfoil thermal anti-ice operation. Part 2: implementation and results. J Aircr 44(2):634–641

Silva GAL, Silvares OM, Zerbini EJGJ (2008) Aircraft wing electrothermal anti-icing: heat and mass transfer effects. 5th European thermalsciences conference, Eindhoven, European committee for the advancement of thermal sciences and heat transfer

Silva GAL, Silvares OM, Zerbini EJGJ (2008) Boundary-layers integral analysis - heated airfoils in ice conditions. 46th AIAA aerospace sciences meeting and exhibit, Reno, AIAA Paper 2008-0475

Smith AG, Spalding DG (1958) Heat transfer in a laminar boundary layer with constant fluid properties and constant wall temperature. J Roy Aeronaut Soc 62:60–64

Sogin HH (1954) A design manual for thermal anti-icing systems. Wright air development center technical, illinois, technical report, pp 54-13

Spalart PR (1996) Topics in industrial viscous flow calculations. Transitional boundary layer in aeronautics. Amsterdam, North-Holland, pp 269–282

Spaldig DB (1958) Heat transfer from surfaces of non-uniform temperature. J Fluid Mech 4:22–32

Steelant J, Dick E (1996) Modeling of bypass transition with conditioned average Navier Stokes equations coupled to an intermittency transport equation. Int J Numer Methods Fluids 23:193–220

Stefanini LM, Silva GAL, Silvares OM, Zerbini EJGJ (2007) Convective heat transfer effects in airfoil icing. 19th international congress of mechanical engineering. Procedings of COBEM 2007, Rio de Janeiro: Brazilian Society of Mechanical Sciences and Engineering

Stefanini LM, Silva GAL, Silvares OM, Zerbini EJGJ (2008) Boundary-layers integral analysis—airfoil icing. 46th AIAA aerospace sciences meeting and exhibit, reno, AIAA Paper 2008-474

Thwaites B (1949) Approximate calculation of the laminar boundary layer. Aero Quart 10:245–279

Tobaldini NL, Pimenta MM, Silva GAL (2008) Laminar-turbulent transition modeling strategies for thermally protected airfoils. ASME fluids engineering conference, Proceedings of FEDSM2008

Towell GD, Rothfeld lB (1966) Hydrodynamics of rivulet flow. AICHE J 12(5): 972–980

Trela M, Mikielewicz J (1992) An analysis of rivulet formation during flow of an air/water mist across a heated cylinder. Int J Heat Mass Transf 35(10):2429–2434

Vargas M, Tsao JC (2007) Parametric study of ice accretion formation on a swept wing at sld conditions. SAE Aircraft and Engine Icing international Conference, SAE Paper 2007-01-3345

Vinod N, Govindarajan R (2007) The signature of laminar instabilities in the zone of transition to turbulence. J Turbul 8:2

Volino RJ, Simon TW (1995) NASA CR. measurements in transitional boundary layers under high free-stream turbulence and strong acceleration conditions, National aeronautics and space administration, Washington, Contractor Report 198413

Von Doenhoff AE, Horton EA (1956) A low-speed experimental investigation of the effect of a sandpaper type of roughness on boundary-layer transition. National advisory committee for aeronautics, Washington, Technical Note 3858

Wade SJ Modeling of the performance of a thermal anti-icing system for use on aero-engine

Wright W, Gent R, Guffond D (1997) DRA/NASA/ONERA collaboration on icing research part II—prediction of airfoil ice accretion, National aeronautics and space administration, Cleveland, Contractor Report 202349

Wright WB (1995) NASA CR. user manual for the improved NASA Lewis ice accretion code LEWICE 1.6, National aeronautics and space administration, Cleveland, Contractor Report 198355

Wright WB (1999) User manual for the NASA Glenn ice accretion code LEWICE version 2.0. National aeronautics and space administration, Cleveland, Contractor Report 209409

物 理 量 表

A

a　轴向诱导因子或年金因子

a_d　液滴加速度

A　风轮扫掠面积或一般面积

A_c　通道截面面积

A_{ext}　面板外表面积

A_{heat}　加热叶片面积

A_{int}　面板内表面积

A_m　面板平均表面积，介于外表面积和内表面积之间

A_p　总平面面积

A_w　被水覆盖的总面积

AoA 攻角

B

BR　吹气比参数

C

c_{el}　电能成本按净值定价

c'_{el}　电能成本

c_f　摩擦系数

c_p　比定压热容

$c_{p,air}$　干燥空气比定压热容

$c_{p,eq}$　等效比定压热容

$c_{p,vap}$　蒸汽比定压热容

c_{opt}　理想的弦长度

$c_{opt,P}$　最优的弦长度

c_u　线性化弦长度

c_V　比定容热容

c_w　水的比热容

C　威布尔函数的尺度参数

C_D　阻力系数

C_L　升力系数

$C_{L,max}$　最大升力系数

C_M　俯仰力矩系数

$C_{P,aero}$　空气动力系数

$C_{P,elmax}$　最大电力系数

$C_{P,R}$　额定功率系数

$C_{P,\max}$ 最大功率系数

D

d 最大投掷距离或液滴直径

d_b 表面水滴直径

D 阻力或转子直径或机头直径

D_{ev} 水蒸气在空气中的扩散系数

D_h 水力直径

D_s 球体阻力

DoI   不平顺度

E

e_v 空气蒸气压

$e_{v,s}$ 表面空气蒸气压

$e_{v,s}^{sat}$ 表面空气饱和蒸气压

E 总收集效率

$E_{ice,ave}$ IPS 运行阶段的发电量

E_l 防冻能量

E_{IPS} 防冻系统年用电量

F

f 冻结系数或摩擦系数

f_g 雨凇的冻结系数

f_r 雾凇的冻结系数

$f(\cdot)$ 概率密度函数

$F(V)$ 累积概率分布函数

F_c 离心力

F_u 容量系数

F_o 傅里叶数

G

g 重力加速度

H

h_{amb} 总换热系数

h_b 表面水滴高度

h_c 表面传热系数

$h_{c,ext}$ 外表面传热系数

$h_{c,int}$ 内表面传热系数

$h_{eq,ext}$ 等效外表面传热系数

h_{in} 入射比焓

h_m 蒸汽传质系数

h_out　出射比焓

$h_\text{w,imp}$　冲击水比焓

$h_\text{w,in}$　入射水比焓

$h_\text{w,out}$　出射水比焓

$h_\text{w,sh}$　水脱落比焓

h^0　总比焓

H　风机轮毂高度或赫维赛德阶跃函数

H_i　加热板弦长

I

I　通过导体的湍流强度或电流强度

I_icing　仪器结冰事件

I_IPS　防冰装置的投资成本

I_WT　WT 的投资成本

I_0　磁场强度

I_{15}　15 m/s 时的湍流强度

K

k　威布尔函数或表面粗糙度的形状参数

k_air　空气导热系数

k_b　叶片材料的导热系数

k_s　当量颗粒的粗糙度或安全系数

K_0　修正惯性系数

K_A　面积比

K_I　湍流动能

K_L　修正的朗格缪尔参数

K_st　斯托克斯数

L

L　一般宽度或刘易斯数

L_i　加热板的纵向长度

M

m　热力学过程或质量的多方指数

m_a　流入管道的热空气质量

m_air　干空气质量

$\dot{m}_\text{ev,subl}$　蒸发或升华过程中水的质量

m_ice　单位长度上叶片冰层的质量

$m_\text{ice,avg}$　叶片冰层的平均质量

$m_\text{idy,avg}$　转子上每天的平均积冰量

$m_\text{w,vap}$　空气中的水蒸气质量

m_w　空气中水的质量

$\dot{m}$　质量流量

$\dot{m}_{w,ev}$　回水进入给定断面的质量流量

$\dot{m}_{w,ev}^{pot}$　潜在水势流

$\dot{m}_{in}$　入口质量流量

$\dot{m}_{ice}$　水在给定断面冻结的质量流量

$\dot{m}_{w,imp}$　冲击水的质量流量

$\dot{m}_{w,imp,t}$　冲击水的总质量流量

$\dot{m}_{out}$　出口质量流量

$\dot{m}_{w,sh}$　排水的质量流量

$\dot{m}_{w,st}$　由表面张力引起的静水质量流量

$\dot{m}_{w,in}$　回水入流质量流量

$\dot{m}_{w,out}$　回水出流质量流量

mm_w　水分子质量

M　弯矩或马赫数或弦向叶片板的总数

M_{icing}　气象结冰事件持续时间

M_{IPS}　防冰系统年度维护费用

Ma　马赫数

N

n_{idy}　每年结冰天数

N　冰击数或总叶片数

Nu　努塞尔数

Nu_c　弦向努塞尔数

O

$O\&M_{IPS}$　防冰系统年度运行维护费用

P

p　气压

p_e　边界层边缘的局部压力

p_{out}　热空气流入管道的出口压力

p^0　总气压

p_∞^0　总自由流压力

p_∞　自由流压力

P　功率

P_{ab}　液态水或冰里的吸收功率

$P_{clean\,blade}$　无冰转子的平均出力

$P_{el,max}$　最大电功率

$P_{i.\,blade,i}$　结冰转子的平均出力

P_{ice}　结冰期间的平均电功率

$\overline{P}_m$　促进热风流动的平均机械功率

P_R　额定功率

PI　性能指标

Pr　普朗特数

Q

q_{aer}　气动力比热容

$q_{conv,ext}$　在叶片壁面外侧的对流比通量

q_{ev}　蒸发比热容

q_{sens}　显热比热容

$\dot{q}_{ab}$　液态水吸收的热通量

$\dot{q}_{cond}$　传导热通量

$\dot{q}_{conv}$　对流热通量

$\dot{q}_{conv,int}$　叶片壁面内侧的对流热通量

$\dot{q}_{de-icing,ave}$　平均除冰热通量

$\dot{q}_{gen}$　发热量

$\dot{q}_{ice}$　叶片壁理想的特定防冰热通量

$\dot{q}_{IPS,ave}$　平均除冰热通量

$\dot{q}_k$　K 阶热通量

$\dot{q}_{kin}$　液滴动能热量

$\dot{q}_{lr}$　长波辐射通量

$\dot{q}_{out}$　叶片壁面外侧的比热容

$\dot{q}_{sr}$　短波辐射通量

$\dot{Q}_{ice}$　理想抗冻热功率

$\dot{Q}_{IPS}$　抗冻热功率

$\dot{Q}_{IPS,ave}$　平均抗冻热功率

R

r　恢复因子或局部半径

R　理想气体常数或最大半径或壁热阻或重热系数

R_{eq}　等效疲劳载荷或转子半径

R_0　非异型转子半径

R_G　冰质心半径

$\overline{R}_{air}$　空气气体常数

RH（%）　空气相对湿度

$\overline{R}_{vap}$　水蒸气的气体常数

$R^{i,j}$ (i,j) 面板热阻

Re 雷诺数

Re_c 弦向雷诺数

$Re_{c\,ott}$ 与理想弦长相关的雷诺数

$Re_{c\,ott,P}$ 与最佳弦长相关的雷诺数

$Re_{c\,u}$ 与线性化弦长相关的雷诺数

Re_d 水粒子雷诺数

Re_{Dh} 与水力半径相等的雷诺数

Re_k 基于临界粗糙度的雷诺数

Re_s 雷诺数在坐标 s 处的值

Re_∞ 自由流雷诺数

Re_θ 雷诺数在坐标 θ 处的值

RR_{eq} 等效疲劳载荷比

S

S_s 入射的总散射辐射通量

SRO 特定的输出功率

T

t 叶片厚度或倍数

t_b 叶片壳厚度

$t_{heat-on}$ 防冻系统启动时间

$t_{heat-off}$ 防冻系统关闭时间

t_i 总结冰事件持续时间

$t_{i,blade,i}$ i 期间的结冰事件持续时间

t_{ice} 冰层的厚度

t_{ice}^* 临界冰雾厚度

t_{ice}^{**} 临界冰雨凇厚度

t_w^* 临界水膜厚度（无量纲）

t_w 临界水膜厚度

t_0 初始时间

T 空气温度或空气动力推力

T_a 流入管道的热空气的温度

$T_{a,in}$ 注入管道的热空气的温度

T_e 边界层边缘的局部气温

T^i i 阶面板表面温度

T_{ice} 冰温

$T_{heat-on}$ 防冻系统开启的叶片表面温度

$T_{heat-off}$ 防冻系统关闭的叶片表面温度

T_{rec} 恢复温度

T_{max} IPS 连续操作的最大允许材料工作温度

T_{min} 防止结冰的最低外表面温度

T_{out} 热空气流入风道的出口温度

T_s 表面温度

$T_{s,ext}$ 外表面温度

$T_{s,int}$ 内表面温度

T_w 水温

$T_{w,imp}$ 冲击水温

$T_{w,in}$ 入流温度

$T_{w,out}$ 出流温度

T^0 总温度

T_∞ 总自由流温度或自由流温度

$\overline{T}_{a,m}$ 热空气流入管道的平均温度

$T^{i,j}$ (i,j) 面板温度

TSR   叶尖速比

U

u_{ice} 冰内能

u_w 水内能

U 总传热系数

V

v 空气体积

v_d 液滴速度

v_e 边界层边缘的局部流速

v_k 表层局部流速

V 风速

V_0 上游风速

V_{ave} 场地平均风速

$V_{cut,in}$ 切入风速

$V_{cut,out}$ 切出风速

V_{design} 转子设计风速.

V_{e1} 1 年一遇的极端风速

V_{e50} 50 年一遇的极端风速

V_{hub} 轮毂高度风速

V_R 额定风速

V_{ref} 参考风速

V_∞ 自由流速度

W

W_0 液滴终极速度

W 相对风速

W_{ave} 平均纵断面相对风速

W_e 在边界层边缘某一给定位置的相对风速

W_{in} 进口相对流速

W_{out} 出口相对流速

We 韦伯数

We_{cr} 临界韦伯数

Z

z 距地面高度

z_h 地表以上轮毂高度

Z 转子叶片数量

坐标系

s 机翼表面坐标

x，y，z 初始坐标系

x_0，y_0，z_0 初始坐标值

r，θ，z 圆柱极坐标系

u，v，w 用于描述风电场的坐标系

希腊符号

α 单位长度的吸收系数

β 局部碰撞系数

β_{Cott} 理想弦长对应的叶片扭角

$\beta_{Cott,P}$ 最佳弦长对应的叶片扭角

β_{Cu} 线性化弦长对应的叶片扭角

β_{twist} 叶片扭角

β_0 停滞碰撞系数

β_{2D} 局部二维收集效率

β_{3D} 局部三维收集效率

γ 热力学过程的等熵指数

$\Gamma(V)$ V 的函数

δ 幂律指数或边界层高度

Δh_{ev} 汽化比热容

Δh_f 熔化比热容

Δh_{subl} 升华比热容

Δh_f 融合潜热

$\Delta \dot{Q}_{ice}$ 叶片段的抗冻抗冻热动力

Δt 时间间隔

Δt_0 初始时间间隔

ΔW_d 摩擦损失

Δx x – 坐标间隔

Δy y – 坐标间隔

ε 等熵系数或体发射率

ε_g 发电机总热效率

ε_{IPS} 防冰系统加热效率

ε_τ 能源消费比例

η_{aux} 辅助设备效率

η_{IPS} 防冰系统总效率

η_{el} 发电机的效率

$\eta_{el,R}$ 发电机额定功率

$\eta_{el,g}$ 发电机热功率

η_{film} 膜效率

η_m 机械效率

$\eta_{m,R}$ 额定功率下的机械效率

θ 方位或径向位置

λ_d 在不考虑重力情况时的下降范围

λ_D 阻力范围

$\lambda_{d,st}$ 在 Stokes 定律有效范围内不考虑重力情况时的下降范围

λ_m 叶片材料的导热性

μ 流体动力黏度

μ_{air} 空气动力黏度

μ_{ice} 每米叶片的冰质量分布

ξ 除冰所需的额外功率

Φ 朗缪尔参数

Ω 转动速度

Ω_{ave} 平均转动速度

Ω_{max} 最大转动速度

Ω_{min} 最小转动速度

ρ 流体密度

ρ_0 ISO 标准大气中的空气密度（$1.225 \mathrm{kg/m^3}$）

ρ_{air} 空气密度

ρ_e 边界层边缘某一特定位置的空气密度

ρ_{ice} 冰密度

$\rho_{ice,g}$ 雨凇密度

$\rho_{\text{ice,r}}$ 雾凇密度

ρ_{mat} 材料的密度

ρ_{v} 水蒸气密度

$\rho_{\text{v,e}}$ 边界层边缘的水蒸气密度

$\rho_{\text{v,s}}$ 表面的水蒸气密度

ρ_{w} 水的密度

ρ_{∞} 自由流密度

σ 水与空气之间的表面张力或斯蒂芬 – 玻尔兹曼常数

σ_{k} k 参数的标准差

τ 防冰系统交替系数

1961—1990年1月平均最低气温/℃

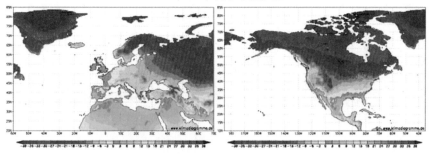

1961—1990年1月平均霜冻日数/d

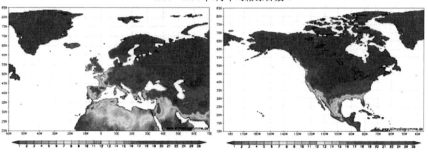

图 1.2　欧洲和北美洲 1 月平均最低温度（1961—1990 年）和平均霜冻日数
（来源：www.klimadiagramme.de）

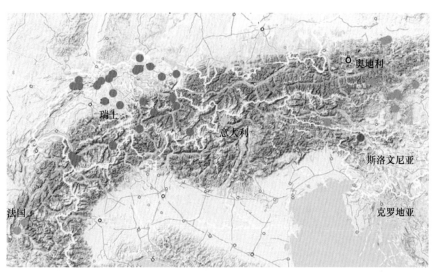

图 1.3　截至 2012 年的阿尔卑斯山地区风电场分布图
注：瑞士（红点）、奥地利（橙点）、意大利（黄点）、法国（绿点）和斯洛文尼亚（蓝点）。

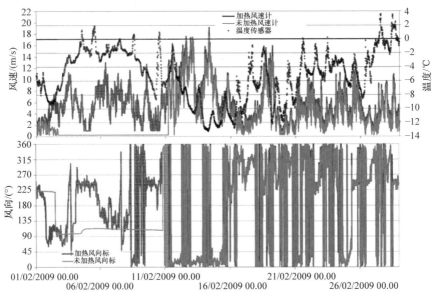

图 2.24　2009 年 2 月（意大利阿加罗山气象站）加热的（红线）和
未加热的（蓝线）风速和风向对比

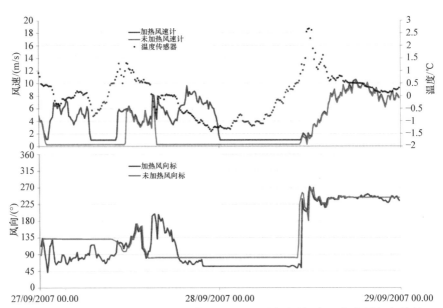

图 2.25　2007 年 9 月 27 日—2007 年 9 月 29 日（意大利阿加罗气象站）加热的
（红线）和未加热的（蓝线）风速和风向对比

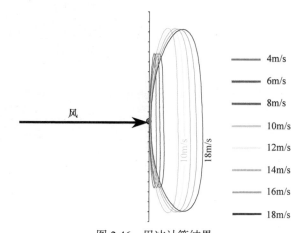

图 2.46　甩冰计算结果

注：曲线表示各风速下的最大范围。[39]

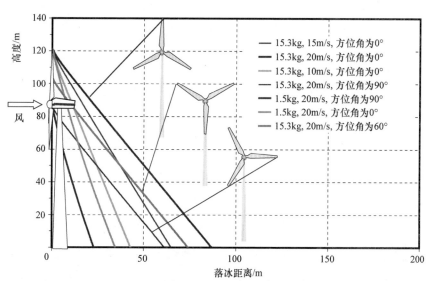

图 2.47　静止状态下叶轮的典型落冰距离（参数：风速、叶轮位置和冰块尺寸）[39]

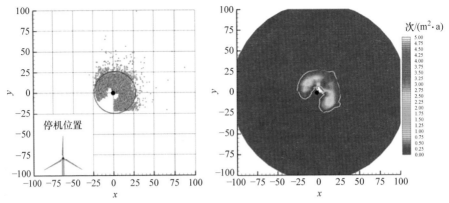

图 2.57 停机时冰块在地面上的分布以及冰击概率

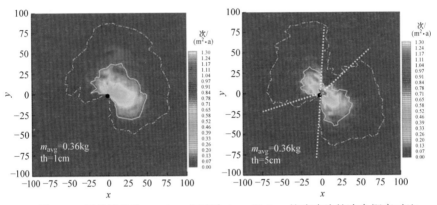

图 2.58 平均质量为 0.36kg，厚度为 1cm 和 5cm 的碎冰片的冰击概率对比

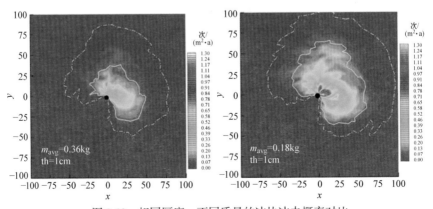

图 2.59 相同厚度，不同质量的冰块冰击概率对比

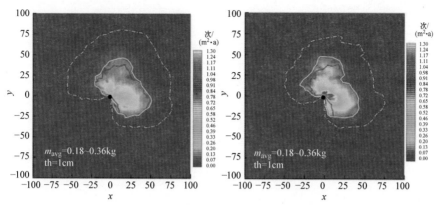

图 2.61　叶轮直径为 50m（左）和 25m（右）的三叶片风机冰击概率模拟结果

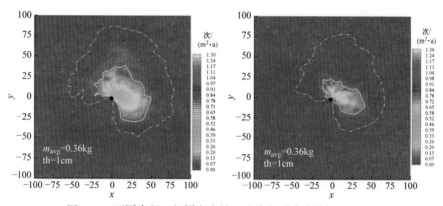

图 2.62　不同直径、相同实度的三叶片和两叶片风机上 0.36kg
冰块的冰击概率模拟结果

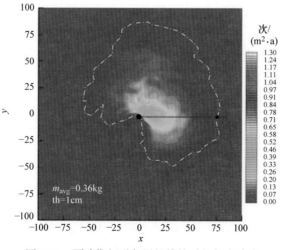

图 2.64　覆冰期间进行风机维护时的行走路线

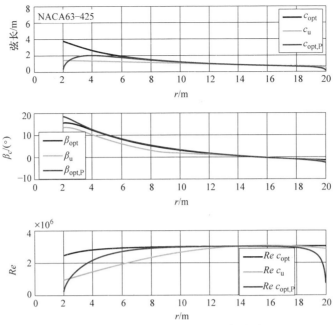

图 3.43 NACA 63-425 翼型几何设计

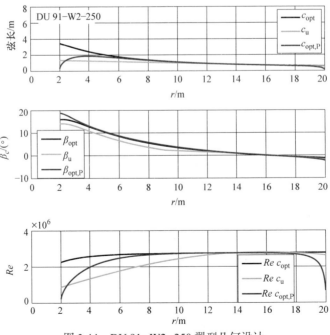

图 3.44 DU 91-W2-250 翼型几何设计

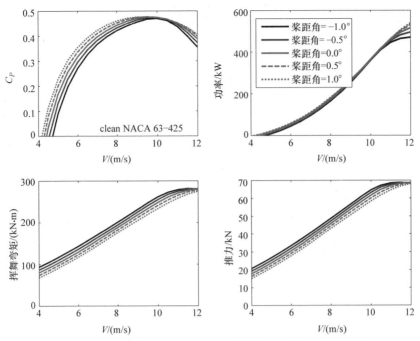

图 3.45 无冰工况下 NACA 63–425 翼型的 C_P 曲线、功率曲线、
挥舞弯矩和推力

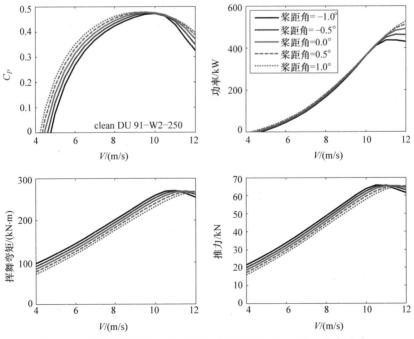

图 3.46 无冰工况下 DU 91–W2–250 翼型的 C_P 曲线、功率曲线、
挥舞弯矩和推力

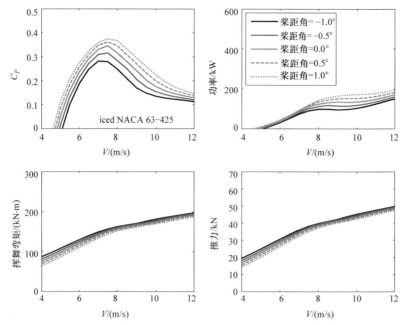

图 3.47　覆冰工况下 NACA 63-425 翼型的 C_P 曲线、功率曲线、挥舞弯矩和推力

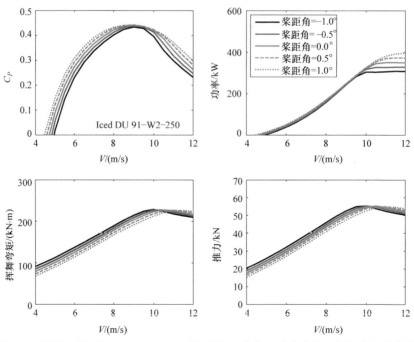

图 3.48　覆冰工况下 DU 91-W2-250 翼型的 C_P 曲线、功率曲线、挥舞弯矩和推力

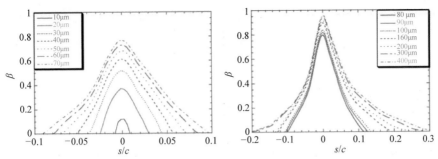

图 4.21　NACA 23012 翼型，液滴直径 10~400μm 时的局部收集率 β

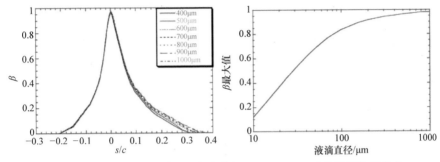

图 4.22　NACA 23012 翼型，液滴直径 400~1000μm 时的局部收集率 β

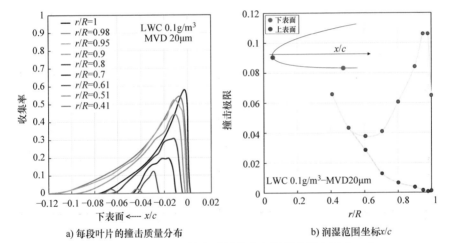

a) 每段叶片的撞击质量分布　　　　b) 润湿范围坐标x/c

图 4.33　每段叶片的撞击质量分布和润湿范围坐标（x/c）

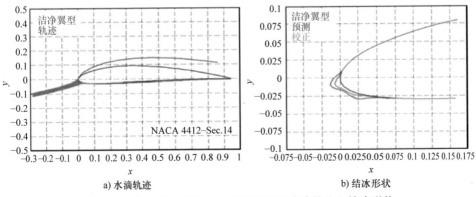

a) 水滴轨迹　　　　b) 结冰形状

图 4.49　第 14 节的结果：洁净翼型上的水滴轨迹和结冰形状

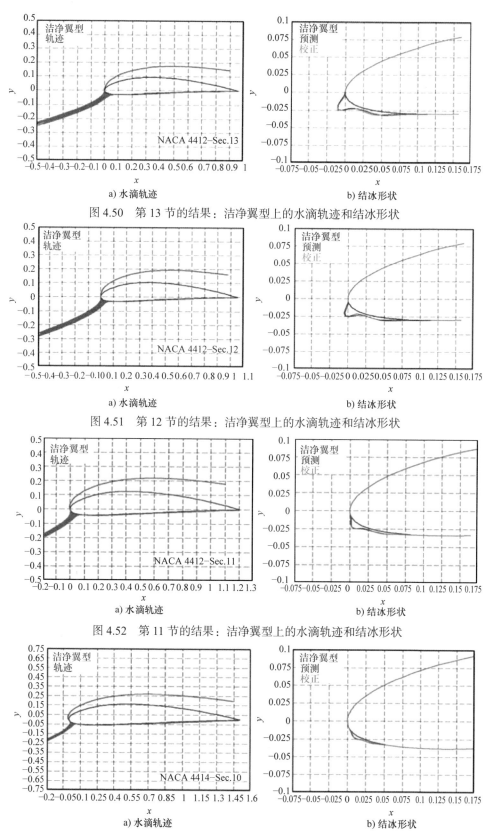

a) 水滴轨迹   b) 结冰形状

图 4.50   第 13 节的结果：洁净翼型上的水滴轨迹和结冰形状

a) 水滴轨迹   b) 结冰形状

图 4.51   第 12 节的结果：洁净翼型上的水滴轨迹和结冰形状

a) 水滴轨迹   b) 结冰形状

图 4.52   第 11 节的结果：洁净翼型上的水滴轨迹和结冰形状

a) 水滴轨迹   b) 结冰形状

图 4.53   第 10 节的结果：洁净翼型上的水滴轨迹和结冰形状

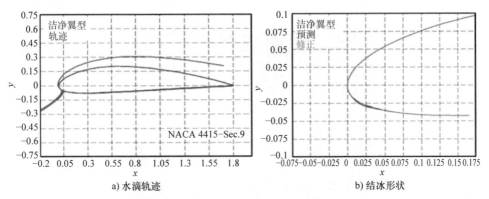

图 4.54　第 9 节的结果：洁净翼型上的水滴轨迹和结冰形状

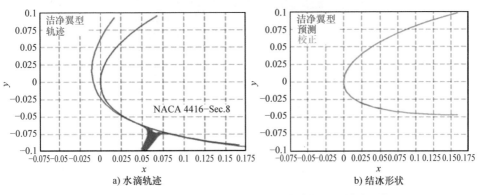

图 4.55　第 8 节的结果：洁净翼型上的水滴轨迹和结冰形状

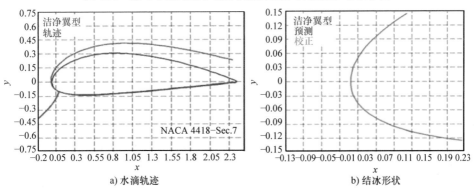

图 4.56　第 7 节的结果：洁净翼型上的水滴轨迹和结冰形状

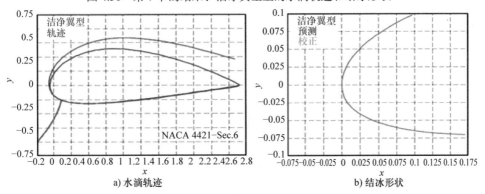

图 4.57　第 6 节的结果：洁净翼型上的水滴轨迹和结冰形状

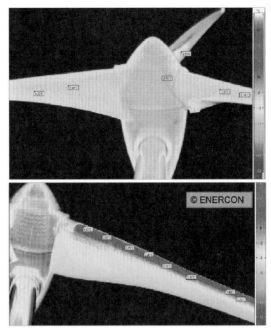

图 5.18　奥地利阿尔卑斯山海拔 1600m 的 moschkogela 风电场中 E70 风机
叶片表面温度的红外探测结果[18]

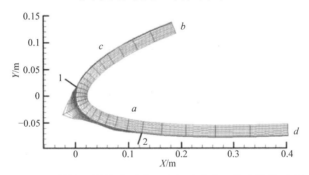

图 5.43　前缘区域结冰时典型风机叶片截面的离散化示意图

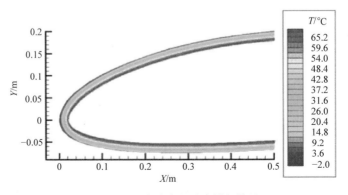

图 5.44　温度分布的稳态模拟结果